Holzbau Deutschland – Bund Deutscher Zimmermeister im Zentralverband des Deutschen Baugewerbes (Hrsg.)

Schiften nach der Flächenmethode

AF901362

Schiften nach der Flächenmethode

Eine Sammlung von Aufgaben zum flächigen Schiften

Herausgeber:

Holzbau Deutschland – Bund Deutscher Zimmermeister im Zentralverband des Deutschen Baugewerbes

Mit Beiträgen von

Heinz Bächle
Manfred Euchner
Peter Kübler
Elmar Mette
Roland Schumacher
Hans Wittmann

Besonderer Dank gilt dem Entwickler der Flächenmethode, dem Schweizer **Michael Riggenbach**, der sein Wissen jederzeit kollegial geteilt hat.

BRUDERVERLAG

Bibliografische Information der Deutschen Nationalbibliothek
Die Deutsche Nationalbibliothek verzeichnet diese Publikation in der Deutschen Nationalbibliografie; detaillierte bibliografische Daten sind im Internet über https://dnb.de abrufbar.

2. Auflage 2012 / unveränderter Nachdruck 2025

Herausgegeben von: Holzbau Deutschland – Bund Deutscher Zimmermeister im Zentralverband des Deutschen Baugewerbes

© 2025 RM Rudolf Müller Medien GmbH & Co. KG, Stolberger Straße 84, 50933 Köln, info@rudolf-mueller.de / Alle Rechte vorbehalten

Jede Verwendung der hier veröffentlichten Inhalte ist außerhalb der engen Grenzen des UrhG ohne Zustimmung des hier genannten Rechteinhabers unzulässig und strafbar. Die Inhalte dürfen nicht zur Entwicklung, zum Training, zur Anreicherung und / oder Anwendung von, insbesondere generativen, KI-Systemen verwendet werden. Die Nutzung der Inhalte für Text- und Data-Minig ist ausdrücklich vorbehalten und daher untersagt.

Maßgebend für das Anwenden von Regelwerken, Richtlinien, Merkblättern, Normen, Hinweisen, Verordnungen usw. ist deren Fassung mit dem neuesten Ausgabedatum, die bei der jeweiligen herausgebenden Institution erhältlich ist. Zitate aus Normen, Merkblättern usw. wurden, unabhängig von ihrem Ausgabedatum, in neuer deutscher Rechtschreibung abgedruckt.

Das vorliegende Werk wurde mit größter Sorgfalt erstellt. Verlag, Herausgeber und Autor können dennoch für die inhaltliche und technische Fehlerfreiheit, Aktualität und Vollständigkeit des Werkes keine Haftung übernehmen.

Wir freuen uns, Ihre Meinung über dieses Fachbuch zu erfahren. Bitte teilen Sie uns Ihre Anregungen, Hinweise oder Fragen per E-Mail rudolf-mueller@vuservice.de oder telefonisch 06123 9238-258 mit.

Grafik, Satz und Umschlaggestaltung: Peter Kübler, Unterkirnach
Druck und Bindearbeiten:
Westermann Druck Zwickau GmbH, Crimmitschauer Straße 43, 08058 Zwickau
Printed in Germany

ISBN 978-3-87104-194-5 (Buch-Ausgabe), Produktionscharge *004

Vorwort zur Ausgabe 2012

Als im Jahr 1998 die erste Auflage des Fachbuchs „Schiften nach der Flächenmethode" vom damaligen Bund Deutscher Zimmermeister im Zentralverband des Deutschen Baugewerbes (ZDB) herausgegeben wurde, gab es in den Kreisen der Zimmermeister und Holzbauunternehmer vielfältige Diskussionen, ob Zimmerergesellen in der Schiftung so weit gehen müssen.

Über 14 Jahre später können wir feststellen: der eingeschlagene Weg war der Richtige. Dafür sprechen zum einen die inzwischen deutlich besseren Platzierungen deutscher Gesellen bei internationalen Berufswettbewerben. Zum anderen hat sich vieles in den Betrieben und der Bearbeitung von Holz verändert. Diesen Herausforderungen können Mitarbeiter umso besser nachkommen, wenn sie umfassendere Schiftkenntnisse haben.

Trotz moderner Abbundtechniken und Abbundanlagen in den Betrieben braucht es qualifizierte Zimmerer, die diese Maschinen und Anlagen sachkundig bedienen. Da Zimmermeister und Holzbauunternehmer inzwischen in der Betriebs- und Unternehmensführung in viel stärkerem Maße gefordert sind, ist es unerlässlich, Mitarbeiter für Abbundaufgaben zu qualifizieren.

Bei der Einführung des „Schiftens nach der Flächenmethode" ging es Zimmermeister Heinz Hellmuth, dem damaligen Vorsitzenden des Berufsbildungsausschusses und lange Jahre deutscher Experte bei europäischen und internationalen Berufswettbewerben, darum, den Überbetrieblichen Ausbildungsstätten, Ausbildungsbetrieben und Lehrlingen eine Ausbildungsunterlage an die Hand zu geben. Diese sollte das systematische Schiften in verständlicher Weise darstellen und auch zum Selbststudium geeignet sein. Waren die Berufswettbewerbe der Ausgangspunkt für das Erscheinen der ersten Auflage, so zeigte sich bald, dass die Verlagerung des Schiftens, insbesondere bei schwierigen Dachkonstruktionen, vom Meister auf einen qualifizierten und handwerklich versierten Gesellen ein weiterer Aspekt für den Erfolg dieses Fachbuches war.

Wir freuen uns, dass das Schiften nach der Flächenmethode in einer zweiten Auflage erscheint. Diese zweite Auflage ist zum einen um eine allgemeine Einführung ergänzt. Zum anderen sind die Aufgaben aufgrund der in den letzten Jahren gesammelten Erfahrungen überarbeitet worden. Beides verbessert diese Ausbildungsunterlage weiter.

Wir danken an dieser Stelle dem Verlag, der den Preis dieser Unterlage für Auszubildende und Gesellen erschwinglich gestaltet hat. Unser Dank gilt vor allem aber den Autoren dieses Buches, die mit Engagement und Sorgfalt diese Unterlage überarbeitet und ergänzt haben.

Wir wünschen den Anwendern viel Erfolg beim Studium dieser Unterlage und freuen uns, wenn sie sich dieser hohen Kunst des Zimmererhandwerks mit Interesse zuwenden.

Holzbau Deutschland –
Bund Deutscher Zimmermeister im ZDB

Ullrich Huth
Vorsitzender

Karl Hoffmeister
Vorsitzender
Berufsbildungsausschuss

Roland Bernardi
Teamleiter
der Zimmerer-Nationalmannschaft

Inhaltsverzeichnis

Einführung

Zimmerleute benutzen in den verschiedenen deutschsprachigen Gebieten eine Reihe von sehr unterschiedlichen Begriffen für die gleichen Bauteile, Verfahren, Vorgehensweisen und so fort. Um für dieses Buch eine einheitliche Wortwahl herzustellen, sollen hier einige Begriffe erläutert werden.

Ausklappung

Die Begriffe **„Flächenprofil“**, **„Flächenansicht“**, **Flächenklappung“**, **„Abklappung“** und **„Ausklappung“** beschreiben ein geometrisches Verfahren, bei dem eine beliebig im Raum befindliche Fläche, die dort **nicht in ihrer wahren Größe** sichtbar gemacht werden kann, in eine Darstellungsebene gedreht wird, in der sie **in ihrer wahren Größe** vorliegt. Das dabei entstehende Bild ist eine **Ansicht der Fläche**. (siehe Schrägbilder rechts).

In diesem Buch wird die **„Ausklappung“** bevorzugt, weil damit ein sehr übersichtlicher Aufriss möglich ist. Die „Abklappung“ ist platzsparend und sinnvoll bei begrenzter Anreißplatte (beispielsweise bei Wettkämpfen). Sie ist vor allem dann weniger übersichtlich, wenn mehrere Flächen übereinander gerissen werden.

Da Ausklappungen und Abklappungen meist in die Grundrissebene erfolgen, ist die Drehachse meist eine **waagerechte** Trauflinie und damit eine **Höhenlinie**. Die Drehachse wird im Grundriss mit einem „Scharnier“ bezeichnet, im Profil mit einem Doppelkreis.

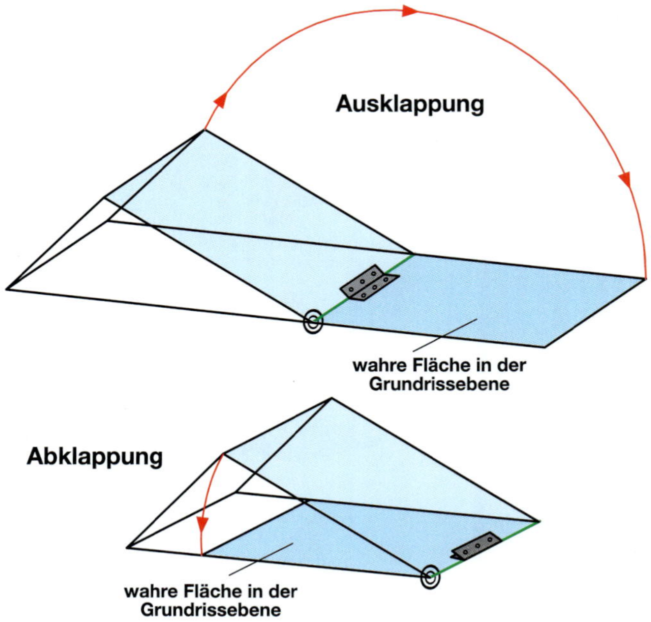

Auf Überschneidung

Die Begriffe **„Kreuzverstich“**, **„auf Überschneidung“**, **„Zimmermannskreuz“** beziehen sich auf ein Verfahren, bei dem Schnittebenen sehr genau an einem Bauteil festgelegt werden können.

Im Beispiel rechts werden die kervenbildenden Kanten der Pfetten auf die gegenüberliegende Seite des Gratsparrens verlängert. Es lässt sich nun jeweils eine Schnittebene am Gratsparrenholz anreißen. Die Schnittebenen der beiden Pfetten überschneiden sich „im“ Gratsparrenholz, deshalb der Begriff „auf Überschneidung“, der in diesem Buch verwendet wird.

Die Pfettenkerven ließen sich auch mit waagerechten Grundverstichen vom Urlot aus anreißen (siehe beispielsweise Bild 1.7 auf Seite 16). Verstichmaße müssen jedoch übertragen werden und bergen deshalb die Gefahr der Ungenauigkeit.

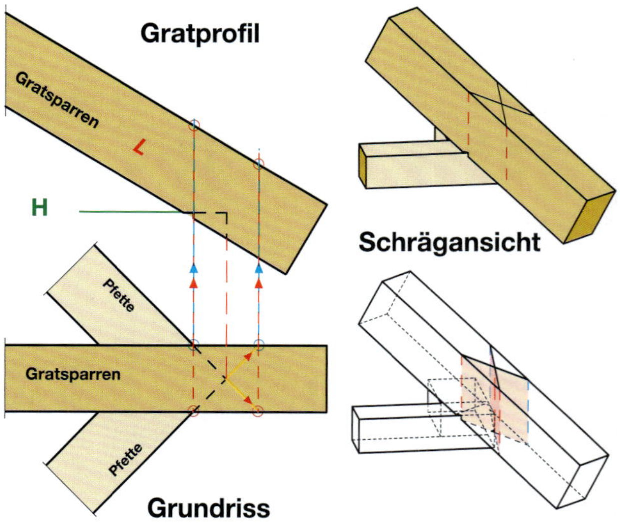

Anreißen der Modellhölzer

Das beste Lernergebnis wird sicherlich erzielt, wenn die Aufgaben nachgezeichnet und die Modellhölzer angerissen und ausgearbeitet werden.

Für das Anreißen der Hölzer durch Auflegen auf den Aufriss (siehe Bild rechts) ist es erforderlich, dass die zum Anreißen benötigten Risse so weit gezeichnet werden, dass sie nicht mehr vom aufgelegten Holz verdeckt werden.

Aus Gründen der Übersichtlichkeit enden viele Übertragungslinien bei den Zeichnungen in diesem Buch unmittelbar an Bauteilkanten.

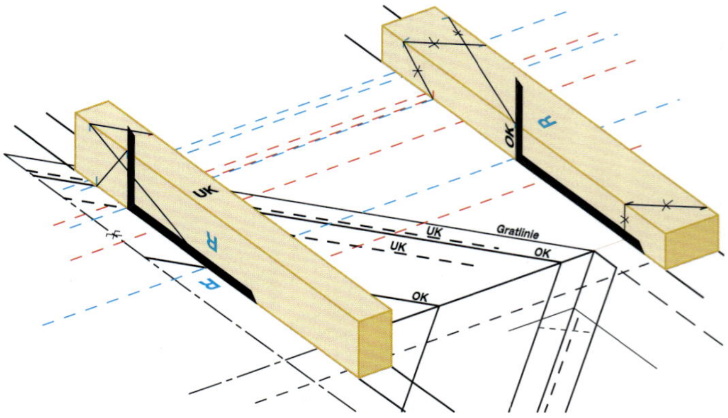

Farblegende, Zeichenerklärung und Bezeichnungen

In den Aufgabenstellungen und Lösungswegen werden die hier aufgeführten Symbole, Flächenfarben, Bearbeitungshinweise, Bauteilbeschreibungen, Linienfarben- und arten und Punktbezeichnungen verwendet.

Grundsätzlich bieten die verwendeten Farben jederzeit eine Orientierungshilfe:

Braun in vier verschiedenen Tönen beschreiben die Oberflächen der Holzbauteile.

Grün bedeutet immer „waagerecht“. In Schrägansichten grün angelegte Flächen sind waagerechte Flächen (Beispiel: Bild 8.6 auf Seite 79). Auch Höhenlinien (die immer waagerecht verlaufen) und ihre Bezeichnungen sind grün.

Rot bedeutet in der Regel „Links“, bezogen auf die „linke Seite“ des betroffenen Bauteils. Ausnahme sind die Ursenkel, die ebenfalls rot dargestellt sind. In Schrägansichten rot angelegte Flächen sind senkrechte Flächen (Beispiel: Bild 3.5 auf Seite 37).

Blau bedeutet in der Regel „Rechts“. In Schrägansichten blau angelegte Flächen sind geneigte Flächen (Beispiel: Bild 1.10 auf Seite 19)

Die Bezeichnung von Bauteilseiten mit „Links“ (*L*) beziehungsweise mit „Rechts“ (*R*) erfolgt grundsätzlich nach der **Blickrichtung von der Traufe in Richtung First.**

Die Pfosten und die grün dargestellte Bodenplatte dienen nur der Standfestigkeit der fertig ausgearbeiteten Modelle und werden in den jeweiligen Lösungen der Aufgaben nicht berücksichtigt.

Symbole

- Zeichen für Firstlot, Firstsenkel
- Drehachse, Klappachse ("Scharnier") im Grundriss
- Drehpunkt, Klapppunkt im Profil
- // Zeichen für "parallel"
- Zeichen für 90°-Winkel

Flächen

- Seitenflächen beim aktuell in Bearbeitung befindlichen Bauteil
- Hirnholzflächen beim aktuell in Bearbeitung befindlichen Bauteil
- Seitenflächen bei untergeordneten, nicht in Bearbeitung stehenden Bauteilen
- Hirnholzflächen bei untergeordneten, nicht in Bearbeitung stehenden Bauteilen
- senkrechte Fläche (allgemein)
- waagerechte Fläche (allgemein)
- geneigte Fläche (allgemein)
- Maßlatte

Bearbeitung

- ④ Bearbeitungsschritt (im Text erklärt)
- Bearbeitungsrichtung

Bauteilbeschreibung

L	Bauteilseite links
R	Bauteilseite rechts
OK	Oberkante (auch "obere Kantenfläche")
UK	Unterkante (auch "untere Kantenfläche")
9 cm	Abtragungsrichtung für Bauteilgröße (Höhe beziehungsweise Breite)

Linien

- Bauteilbegrenzung
- Hilfslinie, Übertragungslinie allgemein
- Hilfslinie, Übertragungslinie rechts
- Hilfslinie, Übertragungslinie links
- Achse
- S — Urlot, Senkel, Senkelriss (Bezeichnung nicht kursiv gestellt)
- H_F — Höhenlinie (hier beisielsweise Höhenlinie First, Bezeichnung nicht kursiv gestellt)

Punkte

Punkte werden immer mit kursiven (schräggestellten) Großbuchstaben und, wenn nötig, mit zusätzlichen arabischen Kennziffern (Indizes) dargestellt.
Beispiele:

F	Firstpunkt
T	Traufpunkt
P_{1u}	Punktbezeichnung (hier beispielsweise: Punkt 1, unten)
○	Umrandung für wichtigen Punkt allgemein
○	Umrandung für wichtigen Punkt links
○	Umrandung für wichtigen Punkt rechts

Die dreidimensionalen Darstellungen und Schrägansichten in diesem Buch wurden mit Hilfe des 3D-CAD/CAM-Systems cadwork® erstellt.

Aufgabe 1

Gratsparren bei gleicher Dachneigung mit Klauenschifter

Diese Aufgabe hat die Konstruktion eines Gratsparrens bei gleich geneigten Dach-Flächen und die dazu gehörigen Gratklauenschifter zum Inhalt.

Die Dimension des Gratsparrens (**b = 7 cm, h = 8,5 cm**) ist so vorgesehen, dass die Gratschifter unter die seitlichen Unterkanten des Gratsparrens hinausragen und deshalb die Ausführung als Gratklauenschifter erforderlich wird.
Das rechtwinklige Obholz beim Normalsparren/Schifter beträgt **5,5 cm**.

Es werden unterschiedliche Lösungswege angeboten, die gleichermaßen zum Ziel führen. Damit wird der Anwender in die Lage versetzt, in ähnlich gelagerten Fällen die optimale Vorgehensweise zu wählen.
So werden zum Beispiel mit der Vorgehensweise zur Ermittlung der Abbundrisse für den rechtwinklig zu Traufe liegenden Klauenschifter durch **Ausklappung** (siehe **1.12** bis **1.14**) bereits die Grundlagen für einen schräg zur Traufe eingebauten Schifter vermittelt.

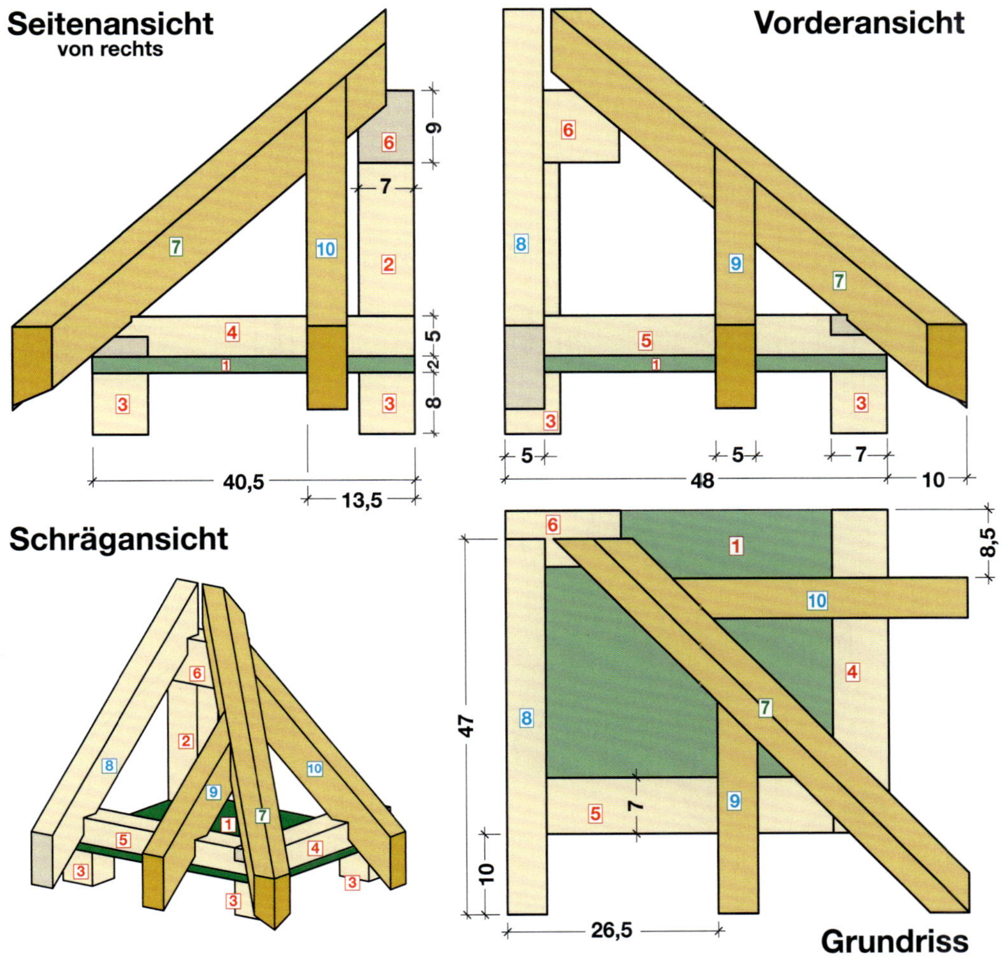

1.1: Das Modell für die Aufgabe 1 in Grundriss, Vorderansicht, Seitenansicht und Schrägansicht. Die Ziffern entsprechen den Positionen der Bauteile in der Holzliste.

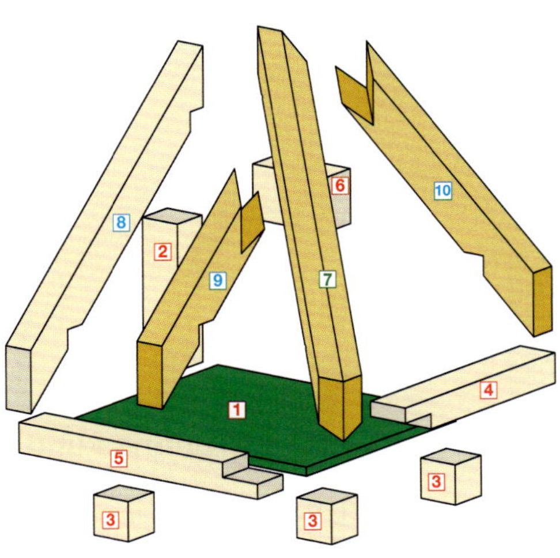

Holzliste

Position	Bezeichnung	Anzahl	Breite [cm]	Höhe [cm]	Länge [cm]
1	Bodenplatte	1	48	2	40,5
2	Pfosten	1	7	7	25
3	Pfosten	4	7	7	8
4	Schwelle	1	7	5	55
5	Schwelle	1	7	5	45
6	Firstpfette	1	7	9	20
7	Gratsparren	1	7	8,5	95
8	Sparren	1	5	8	75
9	Klauenschifter	1	5	8	55
10	Klauenschifter	1	5	8	65

1.2: Explosionszeichnung und Holzliste des Modells. Die Bauteile sind in der Reihenfolge des Aufrichtens aufgeführt: Zuerst die Pfosten und Pfetten (rot), dann der Gratsparren (grün), anschließend die Sparren/Schifter (blau)

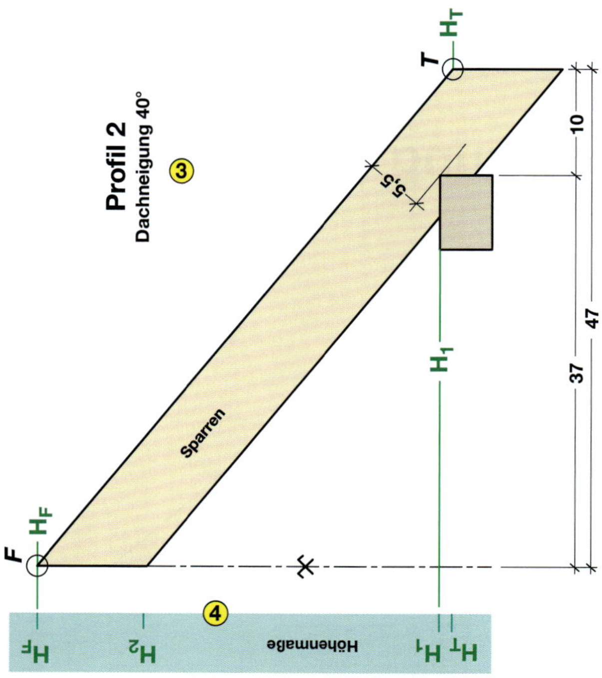

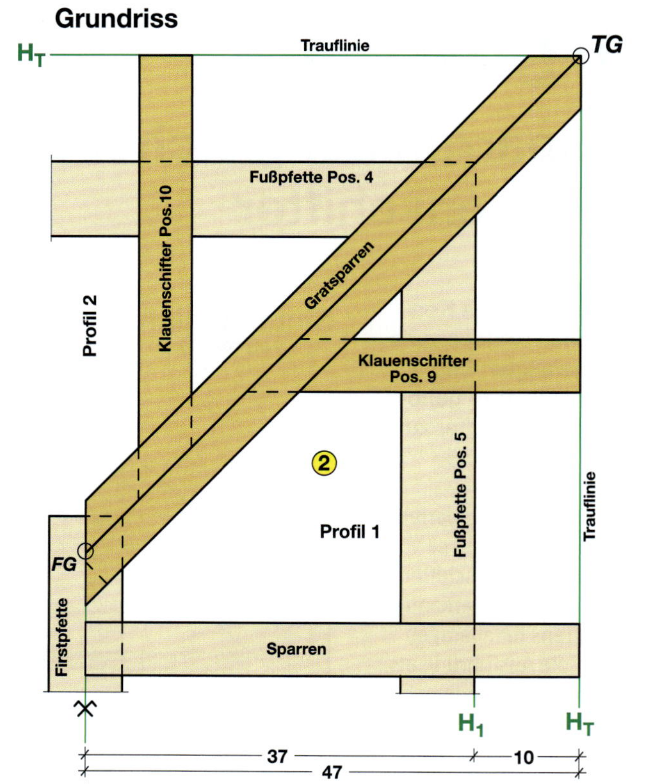

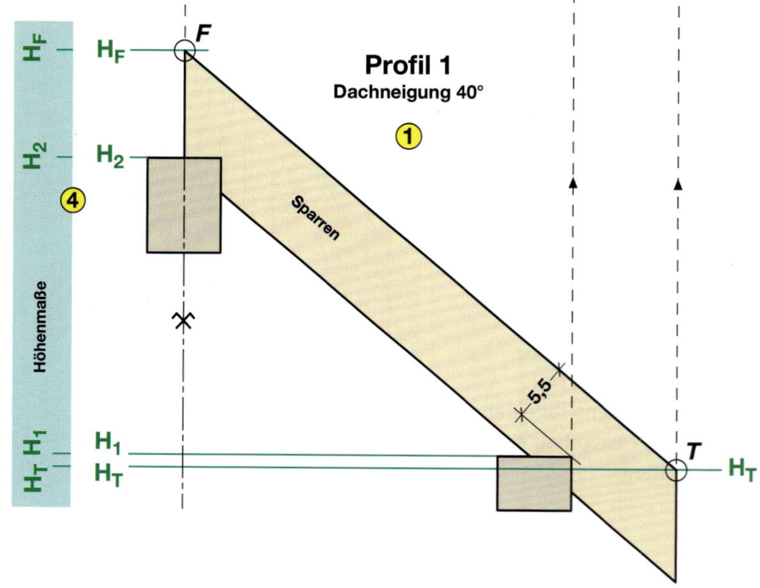

Schrägansicht

Schrägansicht von innen

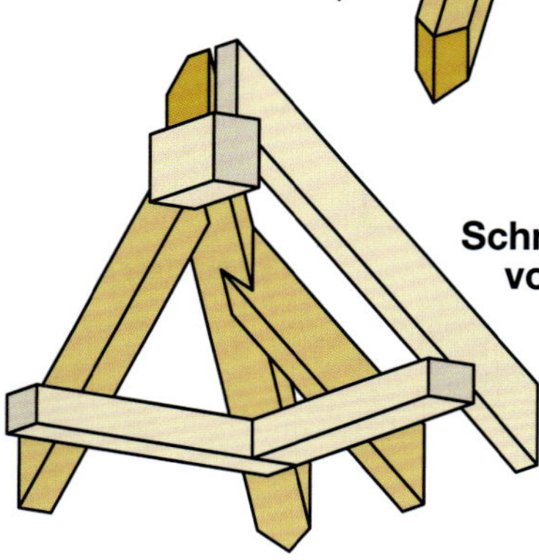

Schrägansicht Dachausmittlung

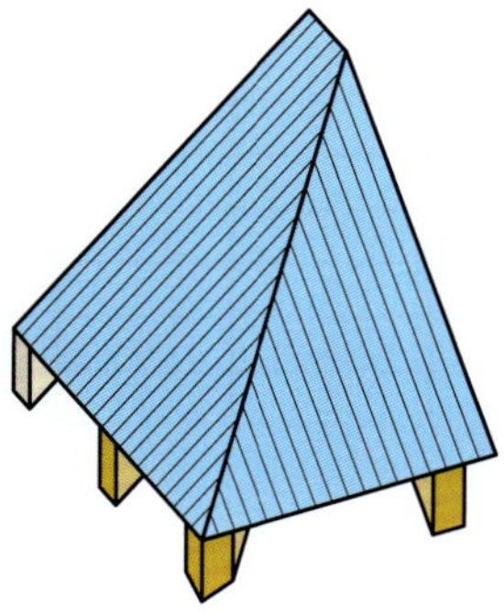

Dachausmittlung
(nicht maßstäblich)

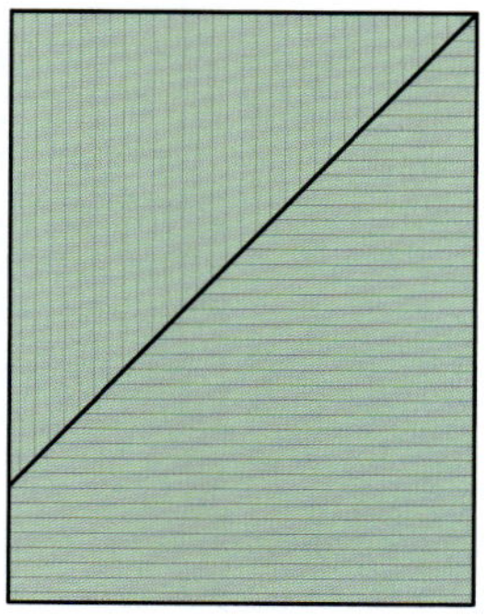

1.3 Grundriss und Profile

① **Profil 1** aufreißen
② Grundriss über dem **Profil 1** anordnen
③ **Profil 2** grundrissbezogen aufreißen
④ Höhenlinien auf Maßlatte übertragen

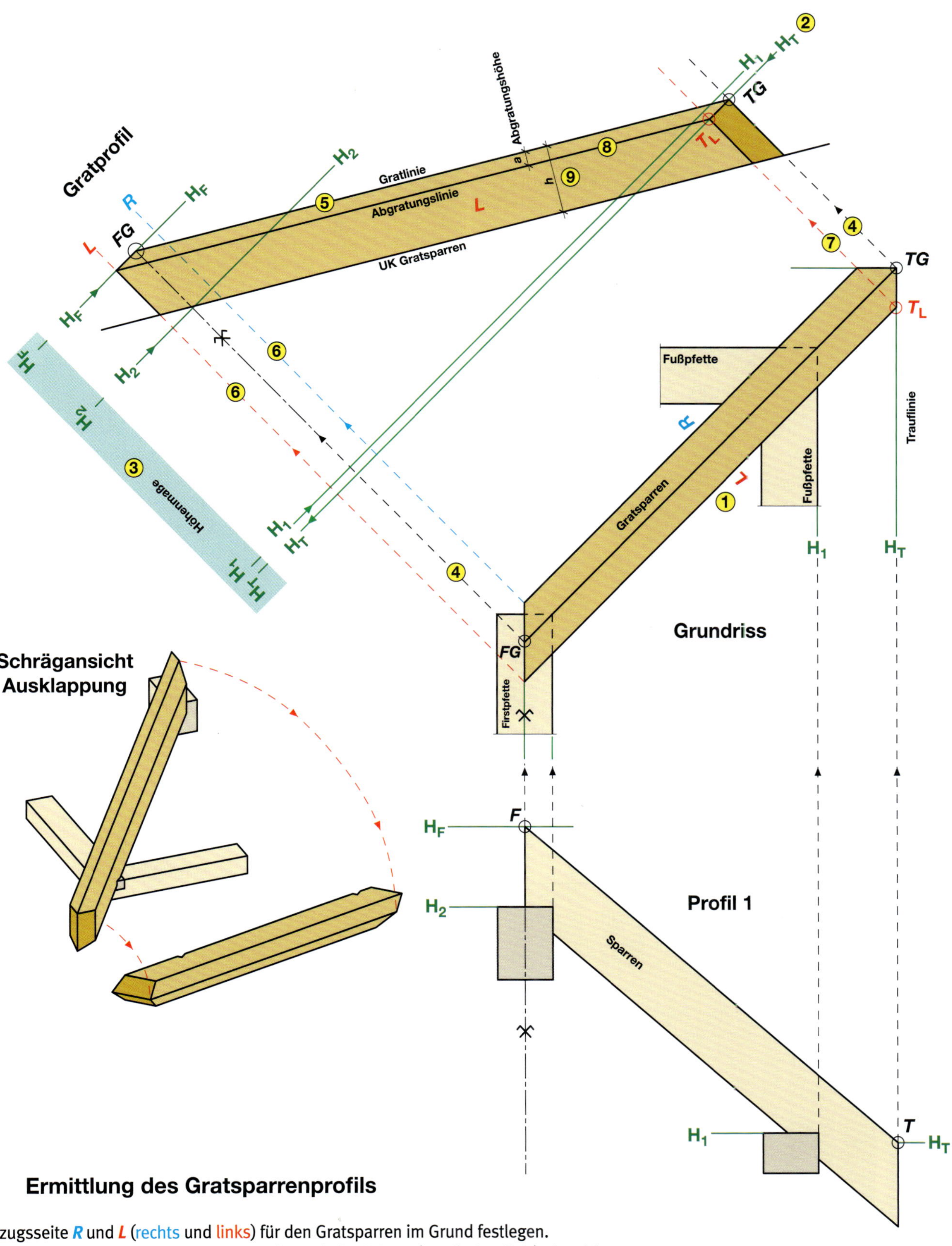

1.4 Ermittlung des Gratsparrenprofils

① Bezugsseite ***R*** und ***L*** (rechts und links) für den Gratsparren im Grund festlegen.
② Parallel zur Gratgrundlinie in variablem Abstand die Linie H_T (Traufhöhenlinie) einzeichnen.
③ Mit Hilfe der Höhenmaßlatte vom **Profil 1** (aus **Bild 1.3**) entsprechend von H_T ausgehend die Höhenlinien H_1, H_2 und H_F ins Gratprofil übertragen.
④ Die Punkte ***TG*** und ***FG*** aus dem **Gratgrund** rechtwinklig an die entsprechenden Höhenlinien (H_T, H_F) ins **Gratprofil** übertragen.
⑤ Die Punkte ***TG*** und ***FG*** werden im Gratprofil zur *Gratlinie* verbunden (wahre Länge).
⑥ Firstabschnittslinie (***R*** und ***L***) aus dem **Grundriss** in das **Gratprofil** übertragen.
⑦ Traufabschnitt aus dem **Grundriss** in das **Gratprofil** übertragen (ergibt Schnittpunkt links T_L).
⑧ Durch Schnittpunkt T_L parallel zur Gratlinie die *Abgratungslinie* einzeichnen.
⑨ Unterkante-Gratsparren mit ***h*** = 8,5 cm parallel zur Gratlinie einzeichnen.

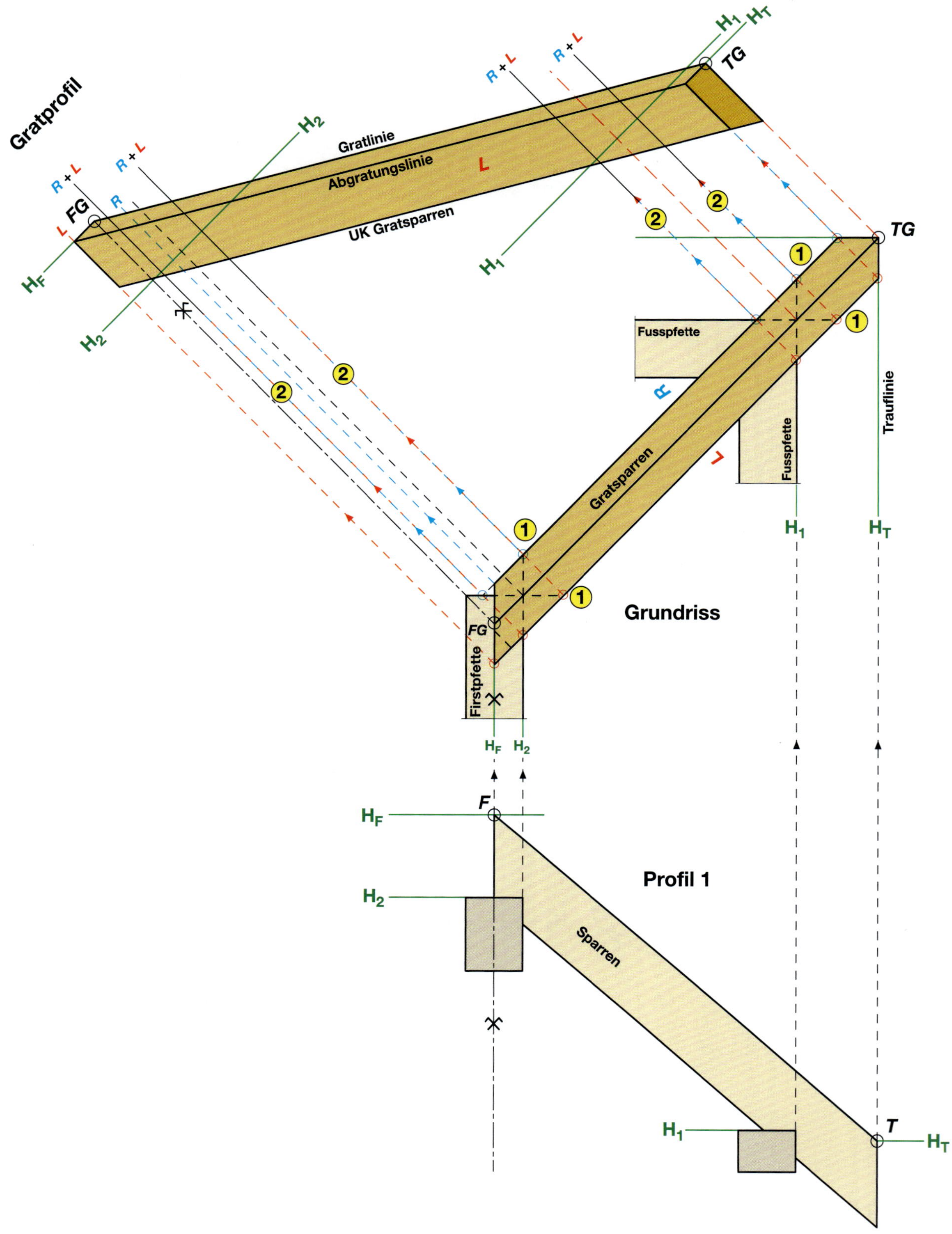

1.5 Ermittlung der Gratsparrenkerven auf Überschneidung

① Pfettenaußenkanten im **Grundriss** auf Überschneidung verlängern.
② Die verlängerten Überschneidungspunkte vom **Grundriss** in das **Gratprofil** übertragen (*R* und *L*).

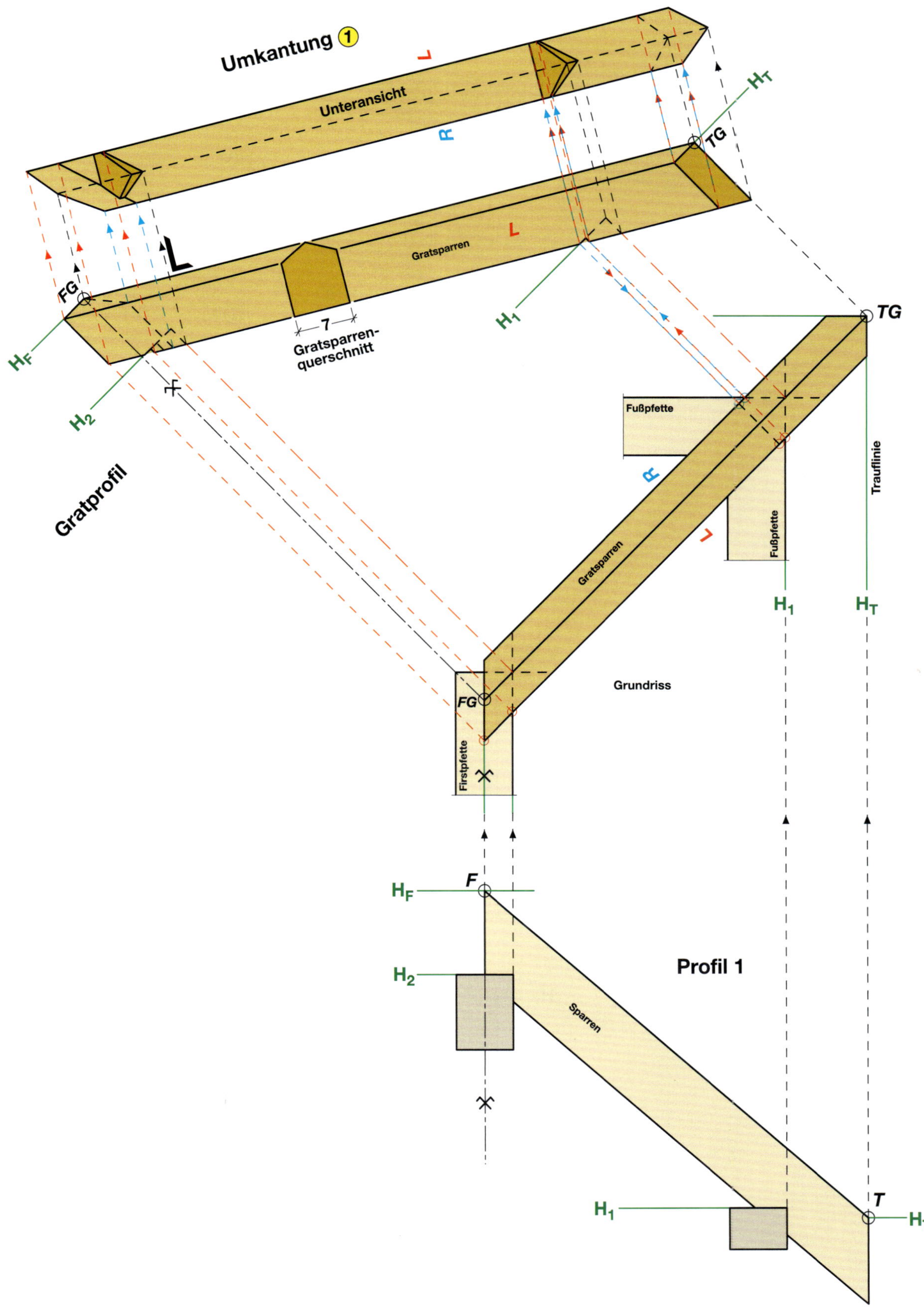

1.6 Gratsparren mit Kerven und Umkantung

① Parallel zum **Gratprofil** die **Umkantung** zeichnen (Übertragung der Punkte gemäß Zeichnung).

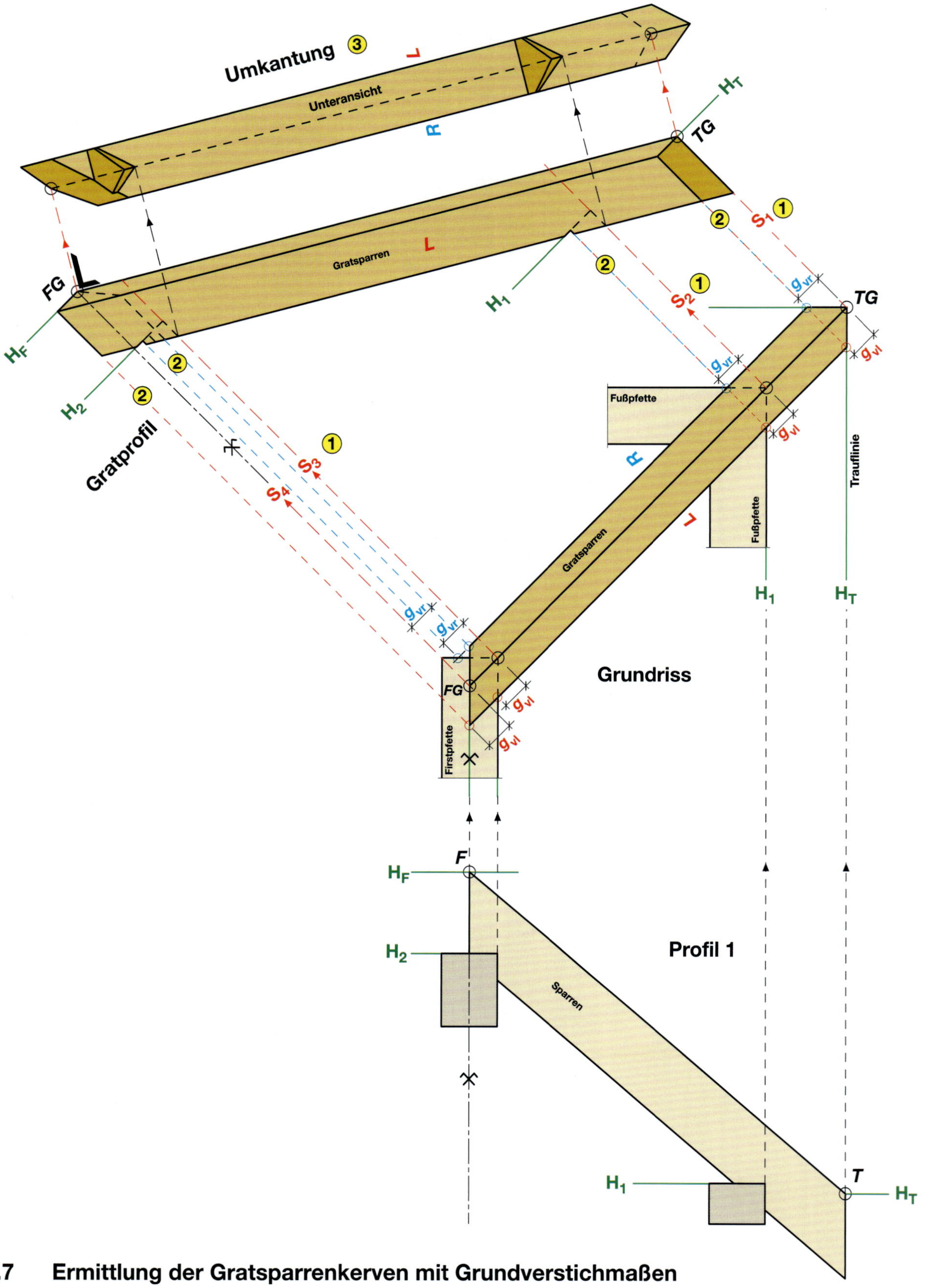

1.7 Ermittlung der Gratsparrenkerven mit Grundverstichmaßen

① Urlote bezeichnen (S_1, S_2, S_3 und S_4)
② Grundverstichmaße links g_{vl} und rechts g_{vr} vom **Grundriss** in das **Gratprofil** übertragen
③ Die Lage der Kervenecken aus dem **Grundriss** in die **Umkantung** übertragen

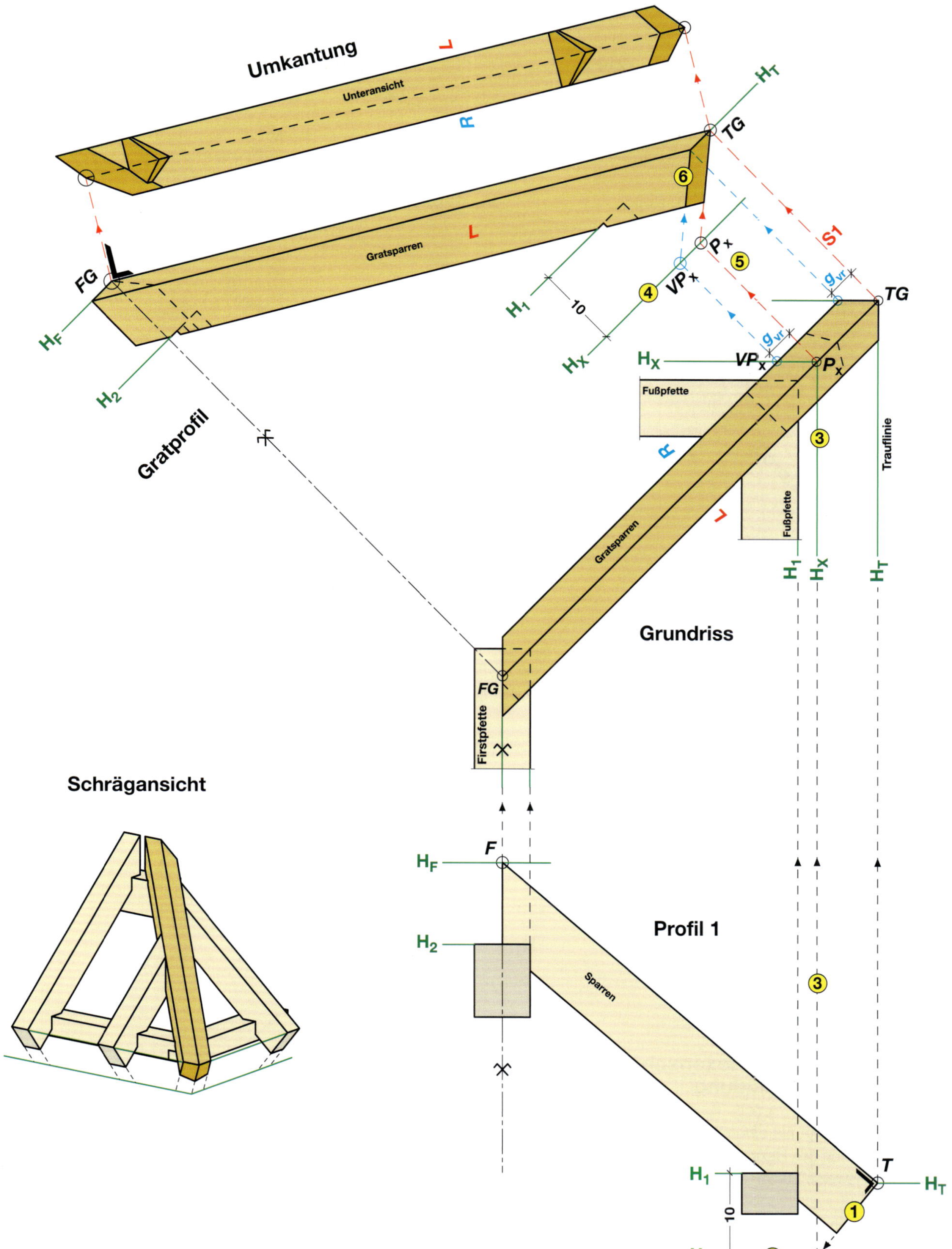

1.8 Konstruktion des Hexenschnitts mit Grundverstichmaßen

① Im **Profil 1** am Traufpunkt einen Winkelabschnitt anreißen.
② Zum Konstruieren des Hexenschnittes eine Höhenlinie H_x (hier beispielsweise 10 cm) tiefer als die Traufhöhe H_T einzeichnen.
③ Aus dem entstandenen Schnittpunkt P_x eine Höhenlinie H_x in den **Grundriss** übertragen.
④ Höhenlinie H_x ins **Gratprofil** einzeichnen.
⑤ Die Schnittpunkte P_x und „VP_x“ aus dem **Grundriss** auf die Höhenlinie H_x im **Gratprofil** übertragen.
⑥ Abschnittsrisse einzeichnen.

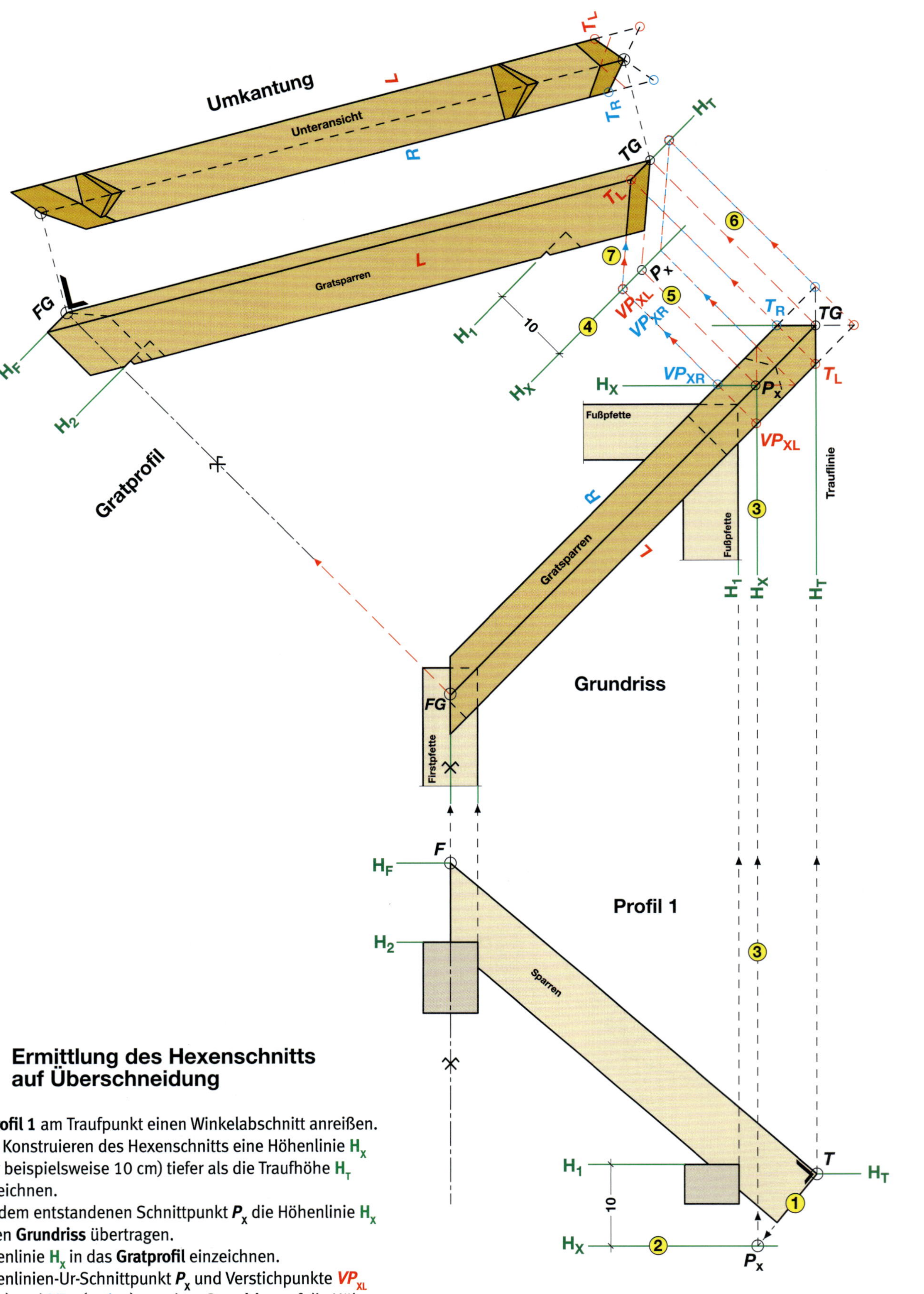

1.9 Ermittlung des Hexenschnitts auf Überschneidung

1. In **Profil 1** am Traufpunkt einen Winkelabschnitt anreißen.
2. Zum Konstruieren des Hexenschnitts eine Höhenlinie H_X (hier beispielsweise 10 cm) tiefer als die Traufhöhe H_T einzeichnen.
3. Aus dem entstandenen Schnittpunkt P_X die Höhenlinie H_X in den **Grundriss** übertragen.
4. Höhenlinie H_X in das **Gratprofil** einzeichnen.
5. Höhenlinien-Ur-Schnittpunkt P_X und Verstichpunkte VP_{XL} (links) und VP_{XR} (rechts) aus dem **Grundriss** auf die Höhenlinie H_X im **Gratprofil** übertragen.
6. Traufpunkte T_L (links) und T_R (rechts) aus dem **Grundriss** auf die Höhenlinie H_T im **Gratprofil** übertragen.
7. Abschnittsrisse links und rechts durch Verbinden der Punkte T_L mit VP_{XL} und T_R mit VP_{XR} reißen.

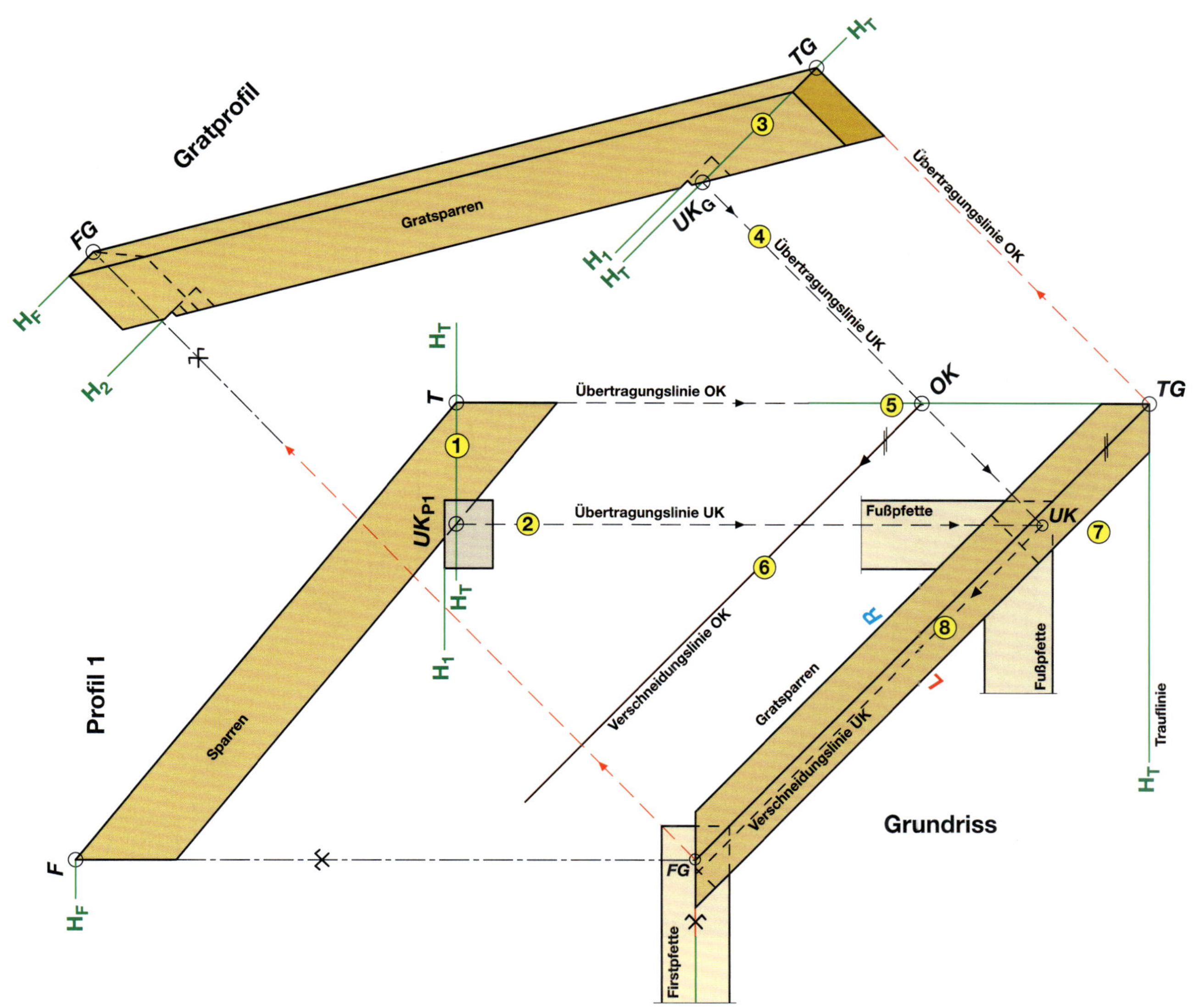

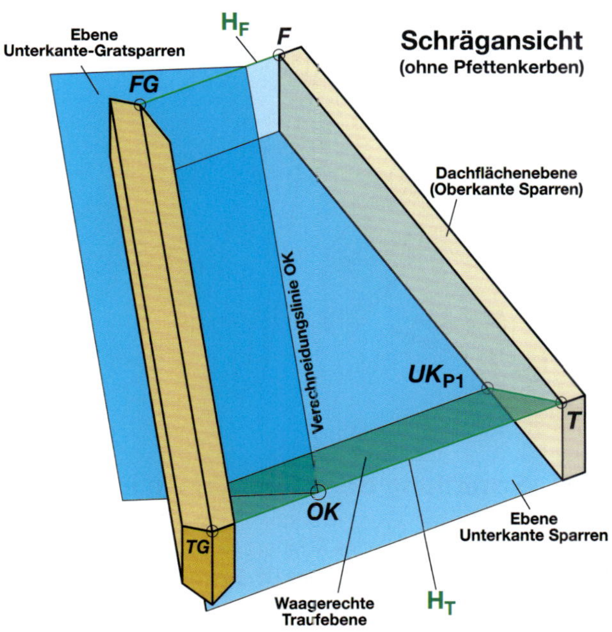

1.10 Ermittlung der Verschneidungslinie an der unteren (UK) Kantenfläche des Gratsparrens und in der Dachflächenebene (OK)

① Höhenlinie H_T (Traufhöhe) im **Profil 1** mit Unterkante-Sparren zum Schnitt bringen. Es entsteht Punkt UK_{P1}.

② Lage von Punkt UK_{P1} in den **Gratgrundriss** übertragen

③ Im **Gratprofil** Höhenlinie H_T (Traufhöhe) mit Unterkante-Gratsparren zum Schnitt bringen. Es entsteht Punkt UK_G.

④ Lage von Punkt UK_G in den Gratgrundriss übertragen

⑤ Die Übertragungslinie aus UK_G schneidet die Trauflinie in Punkt ***OK***

⑥ Die Parallele zur Gratgrundlinie durch ***OK*** stellt die Verschneidungslinie an der Oberkante (der Dachflächenebene) dar.

⑦ Die Übertragungslinien **UK** aus dem Gratprofil und aus **Profil 1** schneiden sich im **Grundriss** in Punkt ***UK.***

⑧ Die Parallele zur Gratgrundlinie durch ***UK*** stellt im **Grundriss** die Verschneidungslinie an der unteren Kantenfläche des Gratsparrens dar.

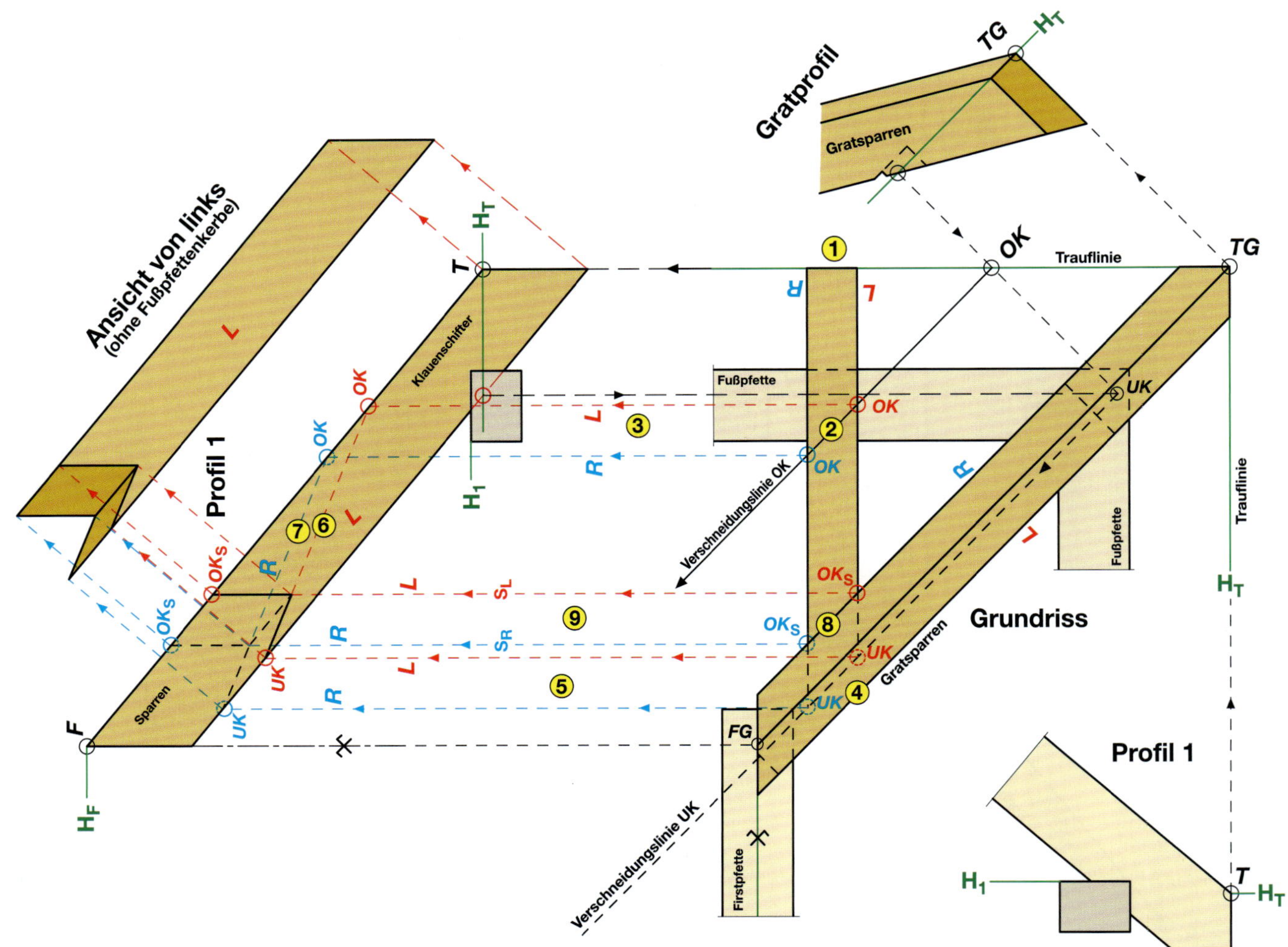

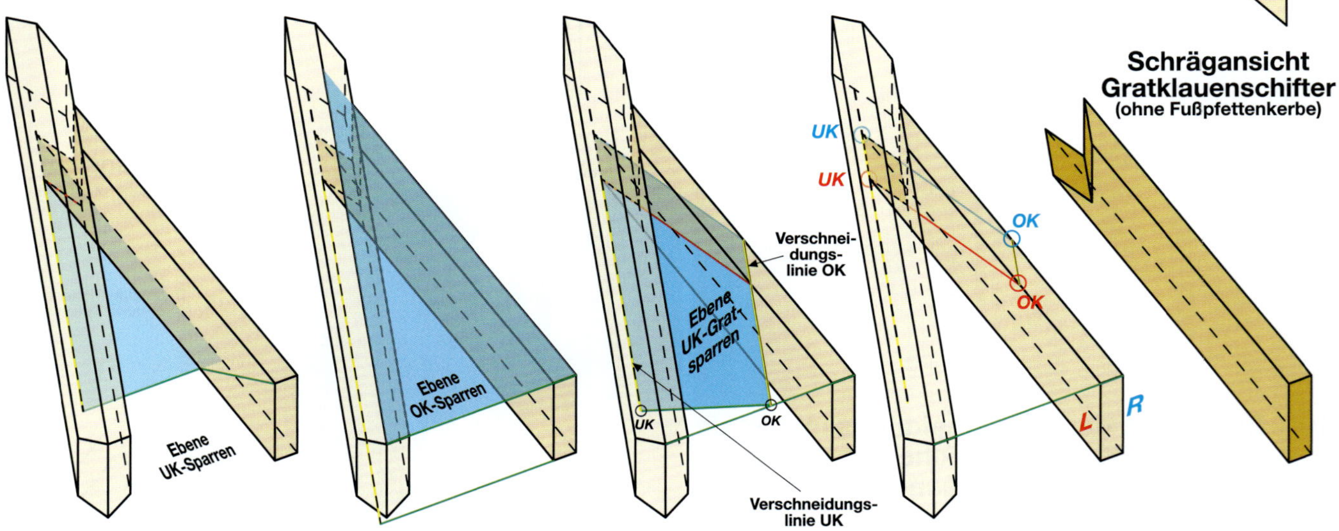

1.11 Ermittlung der Abbundrisse im Klauenschifterprofil

① Rechte und linke Seite des Schifters mit ***R*** und ***L*** bezeichnen (Blickrichtung von der Traufe zum First)
② **Verschneidungslinie OK** (Ebene OK-Sparren) reißen. Es entstehen die Punkte ***OK***, jeweils links und rechts.
③ Punkte ***OK*** und ***OK*** in **Profil 1** übertragen
④ **Verschneidungslinie UK** (Ebene UK-Sparren) reißen. Es entstehen die Punkte ***UK***, jeweils links und rechts.
⑤ Punkte ***UK*** und ***UK*** in **Profil 1** übertragen.
⑥ Klauenrichtung links in **Profil 1** von ***OK*** nach ***UK*** reißen (= Abschnittsriss der Klaue auf der linken Seite des Schifters)
⑦ Klauenrichtung rechts in **Profil 1** von ***OK*** nach ***UK*** reißen (= Abschnittsriss der Klaue auf der rechten Seite des Schifters)
⑧ Anfallspunkte OK_S (links) und OK_S (rechts) der Senkel links S_L und rechts S_R im **Gratgrund** reißen
⑨ Senkellinien S_L und S_R in **Profil 1** reißen. Das Klauenschifterholz kann nun auf das Profil aufgelegt und angerissen werden.

1.12 Ermittlung der Abbundrisse in der Ausklappung (in der Flächenansicht)

① Punkt $\boldsymbol{UK_{P1}}$ wird in **Profil 1** rechtwinklig auf die Sparren-Oberkante nach $\boldsymbol{P_1}$ übertragen.

② Der Sparren wird mit Drehpunkt ***T*** (Drehachse = Trauflinie) in die Traufebene (H_T) ausgeklappt.

③ Die Firstgrundlinie wird aus dem Grundriss In die Ausklappung (Flächenansicht) verlängert

④ ***F***, ***T*** und $\boldsymbol{P_1}$ werden rechtwinklig (parallel zur Trauflinie) in die **Ausklappung** übertragen. Die entstehenden Punkte ***FG*** und ***TG*** sind Elemente der Gratlinie.

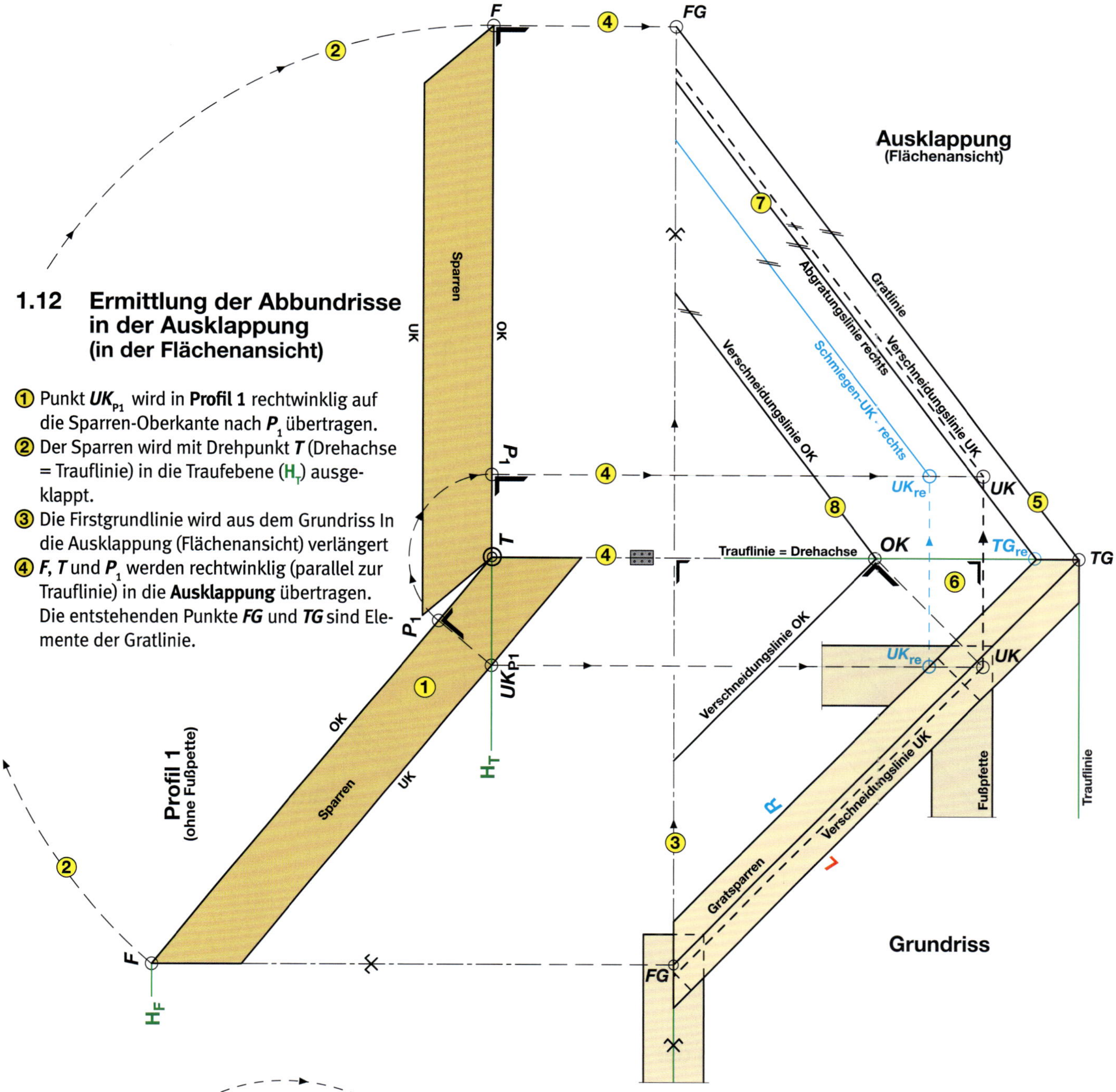

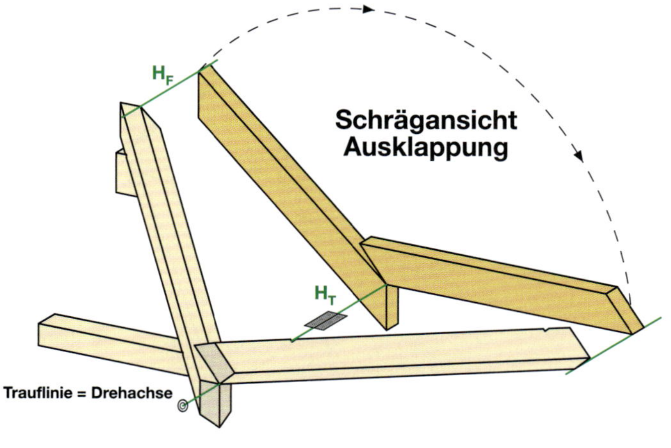

⑤ Die Verbindungslinie ***FG–TG*** stellt die Gratlinie in ihrer wahren Länge dar.

⑥ Aus den Punkten ***UK*** und $\boldsymbol{UK_{re}}$ werden rechtwinklig zur Drehachse (Trauflinie) Übertragungslinien aus dem **Grundriss** in die **Ausklappung** gezogen und mit der Übertragungslinie aus $\boldsymbol{P_1}$ geschnitten. Die Schnittpunkte stellen die Lage der Punkte von ***UK*** und $\boldsymbol{UK_{re}}$ in der **Ausklappung** dar.

⑦ In der **Ausklappung** werden durch $\boldsymbol{TG_{re}}$, ***UK*** und $\boldsymbol{UK_{re}}$ Parallelen zur Gratlinie gezogen. Diese Parallelen sind die **Abgratungslinie**, die **Verschneidungslinie UK** und die **Schmiegen-UK-rechts**.

⑧ Die Parallele zur Gratlinie in der **Ausklappung** durch den Punkt ***OK*** auf der Trauflinie stellt die **Verschneidungslinie OK** in der Ebene Sparren-Oberkante dar.

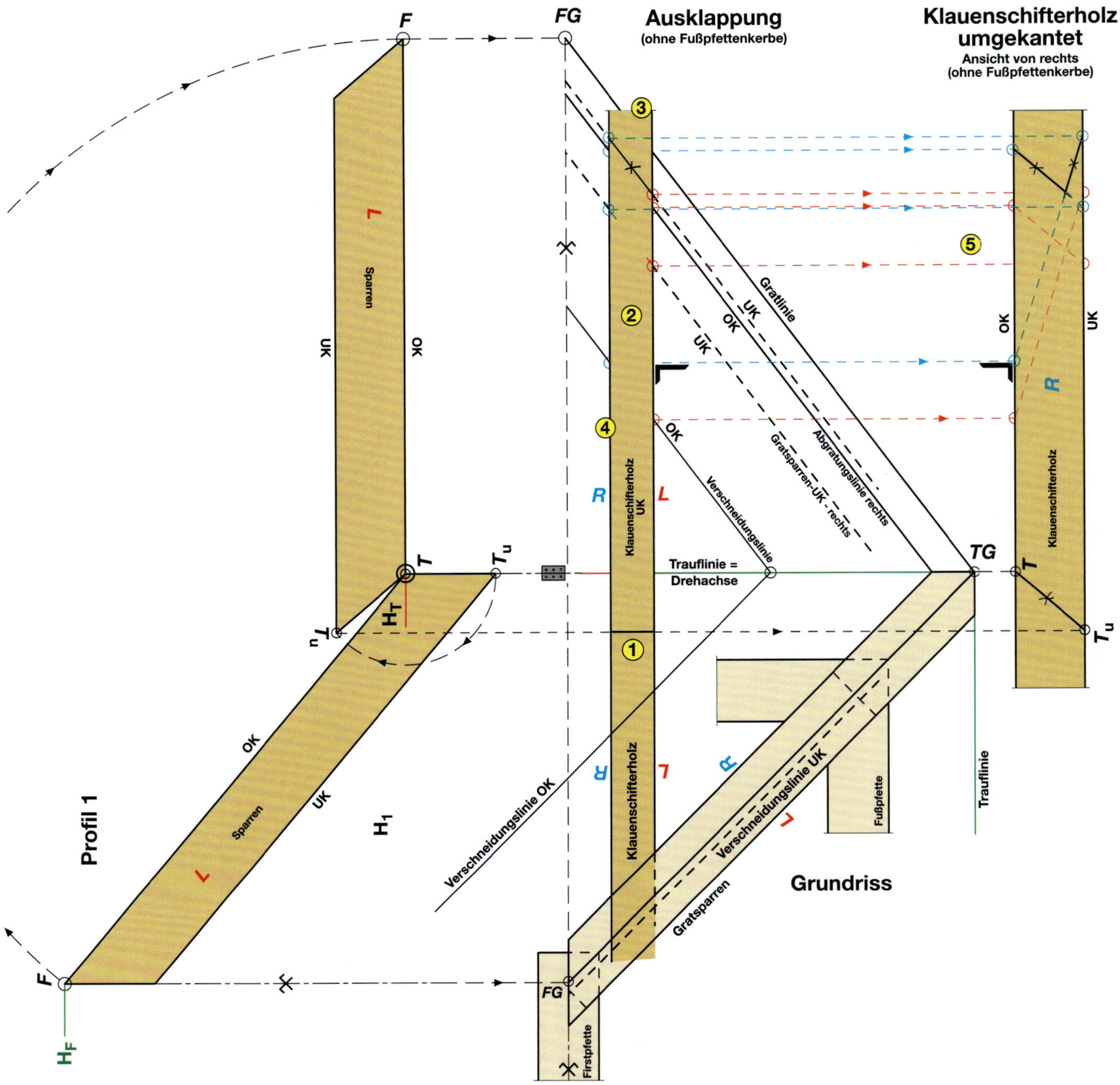

1.13 Ermittlung der Abbundrisse in der Ausklappung

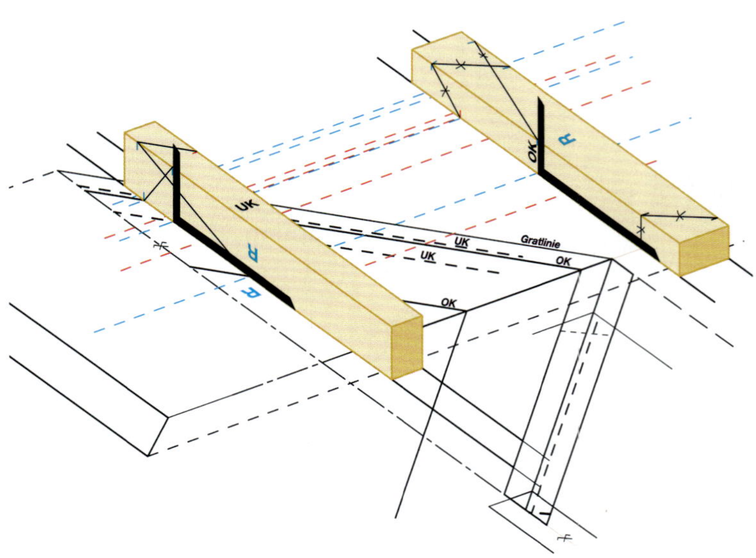

① Klauenschifter nach den gegebenen Maßen im Grundriss einzeichnen.

② Klauenschifter mit Drehachse Trauflinie rechtwinklig zu dieser in die ausgeklappte Dachfläche (Ausklappung) einzeichnen (die untere Kantenfläche = **UK** des Klauenschifters zeigt nun nach oben!)

③ Das Schifterholz zum Anreißen auf die **Ausklappung** legen. Die untere Kantenfläche (**UK**) zeigt nach oben!

④ Rechte Seite ***R***, linke Seite ***L***, untere Kantenfläche (**UK**), obere Kantenfläche (**OK**) bezeichnen.

⑤ Zum besseren Verständnis ist das Klauenschifterholz nach rechts umgekantet. Man blickt nun auf die rechte Seitenfläche des Klauenschifterholzes. Hier kann die Übertragung der Punkte auf Oberkante OK und Unterkante UK, links und rechts, nachvollzogen werden.

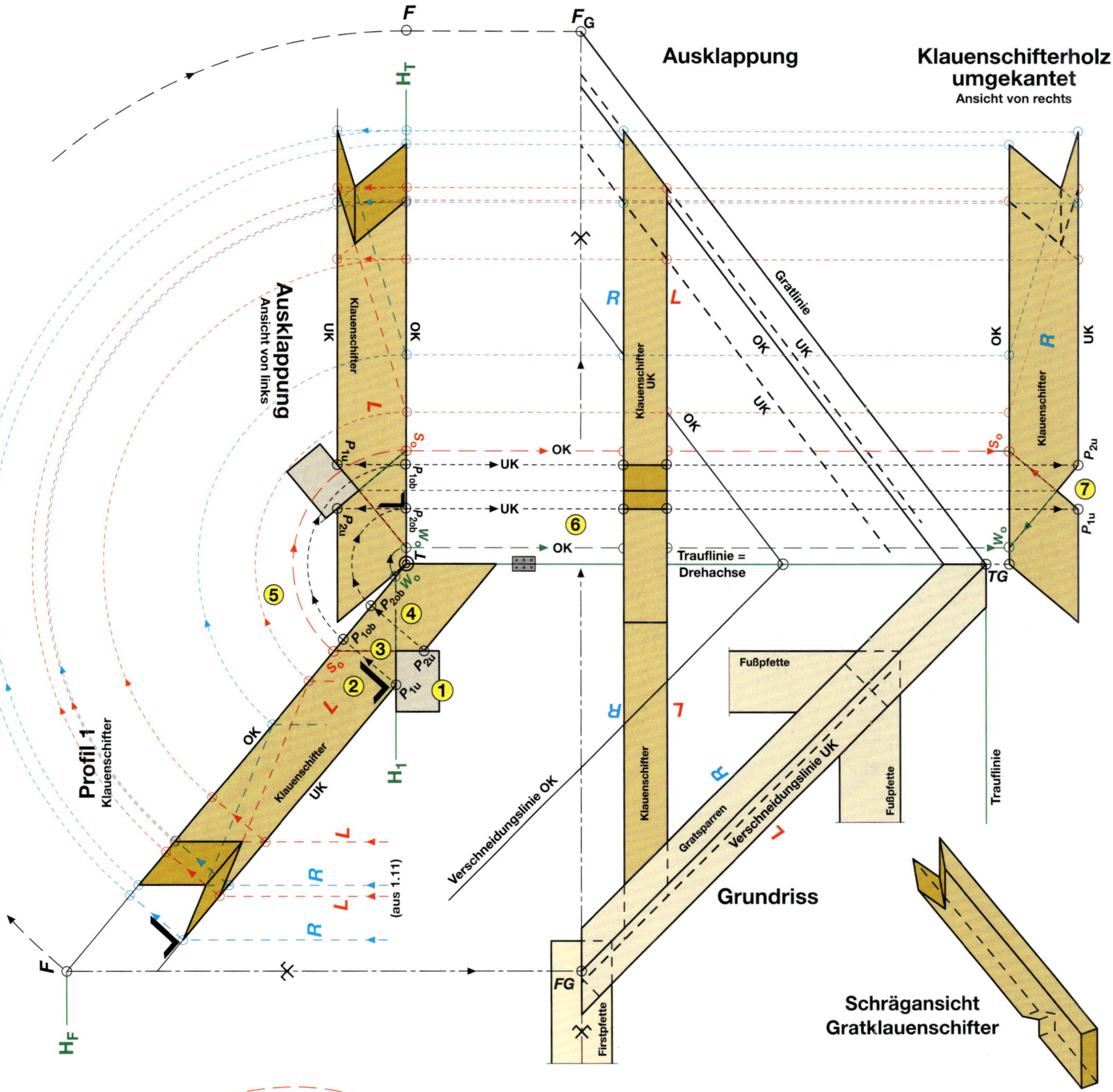

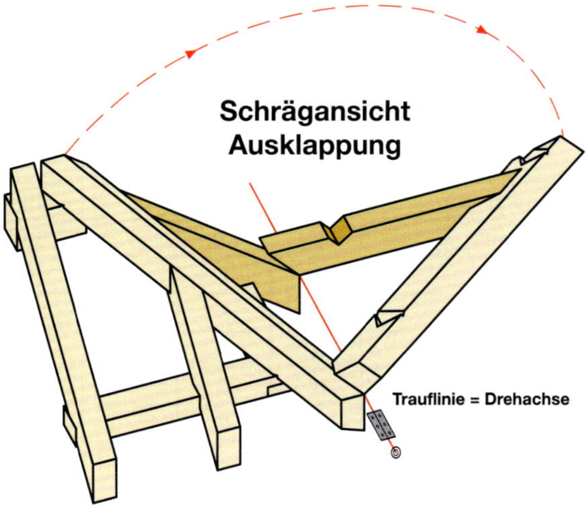

1.14 Ermittlung der Fußpfettenkerve in der Ausklappung

① Schnittpunkte der Sparren-/Klauenschifter-**Unterkante** mit der Fußpfette bezeichnen (hier: P_{1u} und P_{2u})

② Die beiden Punkte rechtwinklig auf Sparren-/Klauenschifter-Oberkante übertragen. Es entstehen P_{1ob} und P_{2ob}. Dies ist erforderlich, weil der Drehpunkt *T* auf der Sparren-/Klauenschifter-Oberkante liegt.

③ Vorderkante-Fußpfette bis Oberkante-Sparren verlängern. Dies ist der „Senkelriss Fußpfette". Es entsteht Punkt S_o.

④ Oberkante-Fußpfette (H_1) bis Oberkante-Sparren verlängern. Dies ist der „Waageriss Fußpfette". Es entsteht Punkt W_o.

⑤ Alle Punkte auf OK Sparren um Drehpunkt *T* in die Traufebene H_T ausklappen.

⑥ Alle Punkte rechtwinklig in die **Ausklappung** übertragen.

⑦ Die Umkantung zeigt, wie durch Verbinden der Punkte P_{1u} und S_o und P_{2u} und W_o die Pfettenkerve entsteht.

Aufgabe 2

Gratklauenwechsel, parallel zur Trauflinie

Diese Aufgabe hat die Konstruktion eines Gratsparrens bei gleich geneigten Dachneigungen und einen parallel zur Traufe verlaufenden, mit seiner oberen Kantenfläche in der Dachfläche liegenden Wechsel zum Inhalt.

Wie in Aufgabe 1 beim Gratklauenschifter soll hier der Wechsel mit Unterklaue an den Gratsparren angeschlossen werden, da bei einfachem Wechselanschluss noch Hirnholz des Wechsels sichtbar wäre.
In der Praxis würde bei Dachkonstruktionen, die von innen sichtbar sind, in einem solchen Fall eher die Höhe des Gratsparrens vergrößert als die aufwändigere Unterklaue auszuführen.

Bei einem unterseitig verkleideten Dachgespärre würde wahrscheinlich niemand einen solchen Aufwand bei einem Gratwechsel betreiben, wenn die Verbindungsmittel in der Kontaktfläche unterzubringen sind. Dennoch hat diese Aufgabenstellung große Bedeutung für die Entwicklung des räumlichen Vorstellungsvermögens.

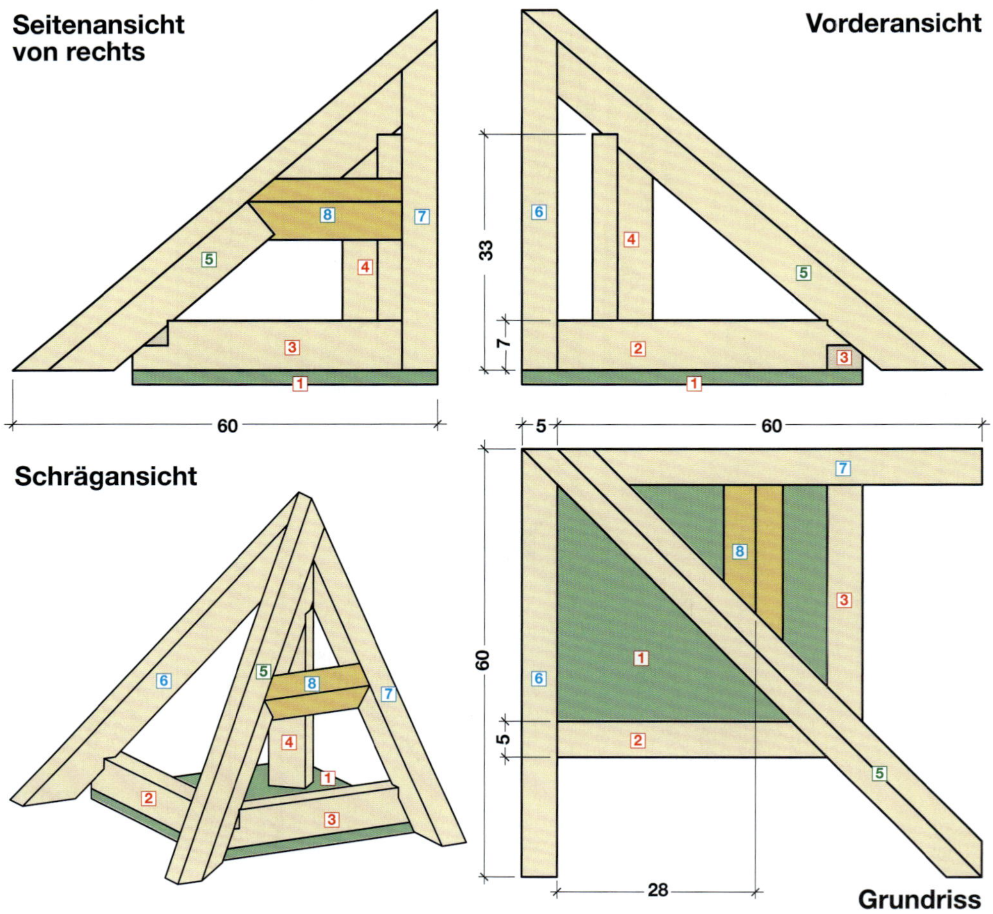

2.1: Das Modell für die Aufgabe 2 in Grundriss, Vorderansicht, Seitenansicht und Schrägansicht. Die Ziffern entsprechen den Positionen der Bauteile in der Holzliste.

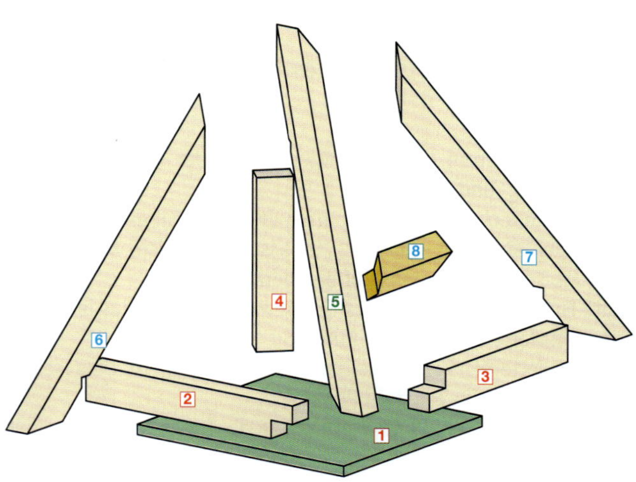

Holzliste

Position	Bezeichnung	Anzahl	Breite [cm]	Höhe [cm]	Länge [cm]
1	Bodenplatte	1	44	2	49
2	Fußpfette	1	7	7	50
3	Fußpfette	1	7	7	45
4	Pfosten	1	5	7	33
5	Gratsparren	1	7	8,5	107
6	Gratschifter	1	5	7	80
7	Gratschifter	1	5	7	75
8	Gratklauenwechsel	1	5	7	25

2.2: Explosionszeichnung und Holzliste des Modells. Die Bauteile sind in der Reihenfolge des Aufrichtens aufgeführt: Zuerst die Pfosten und Pfetten (rot), dann der Gratsparren (grün), anschließend die Sparren/Schifter (blau)

Schrägansicht Dachausmittlung

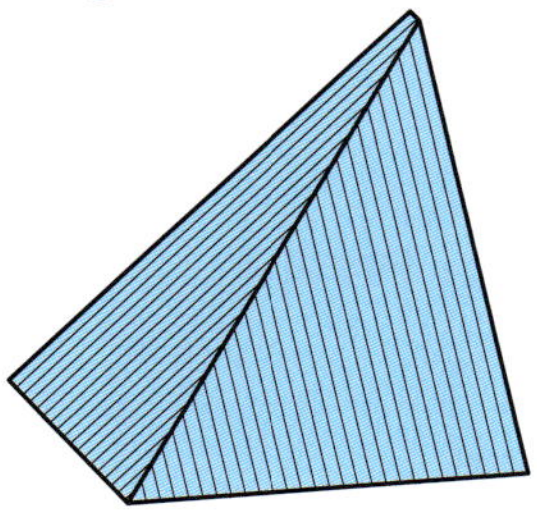

Dachausmittlung
(nicht maßstäblich)

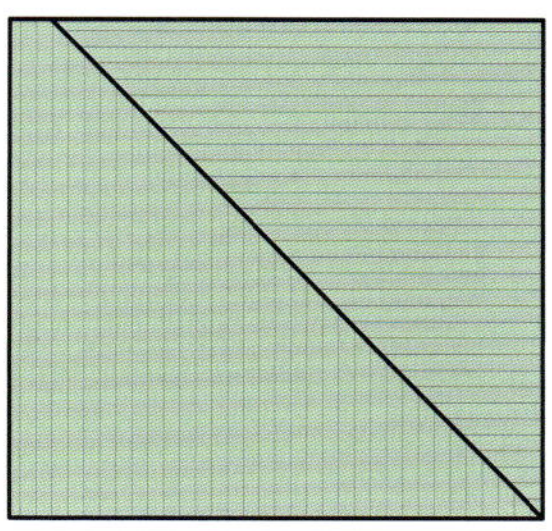

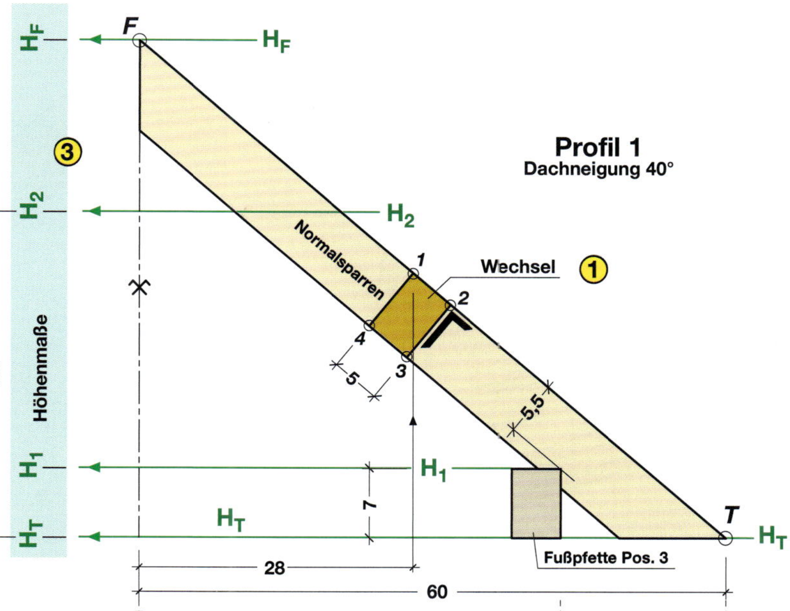

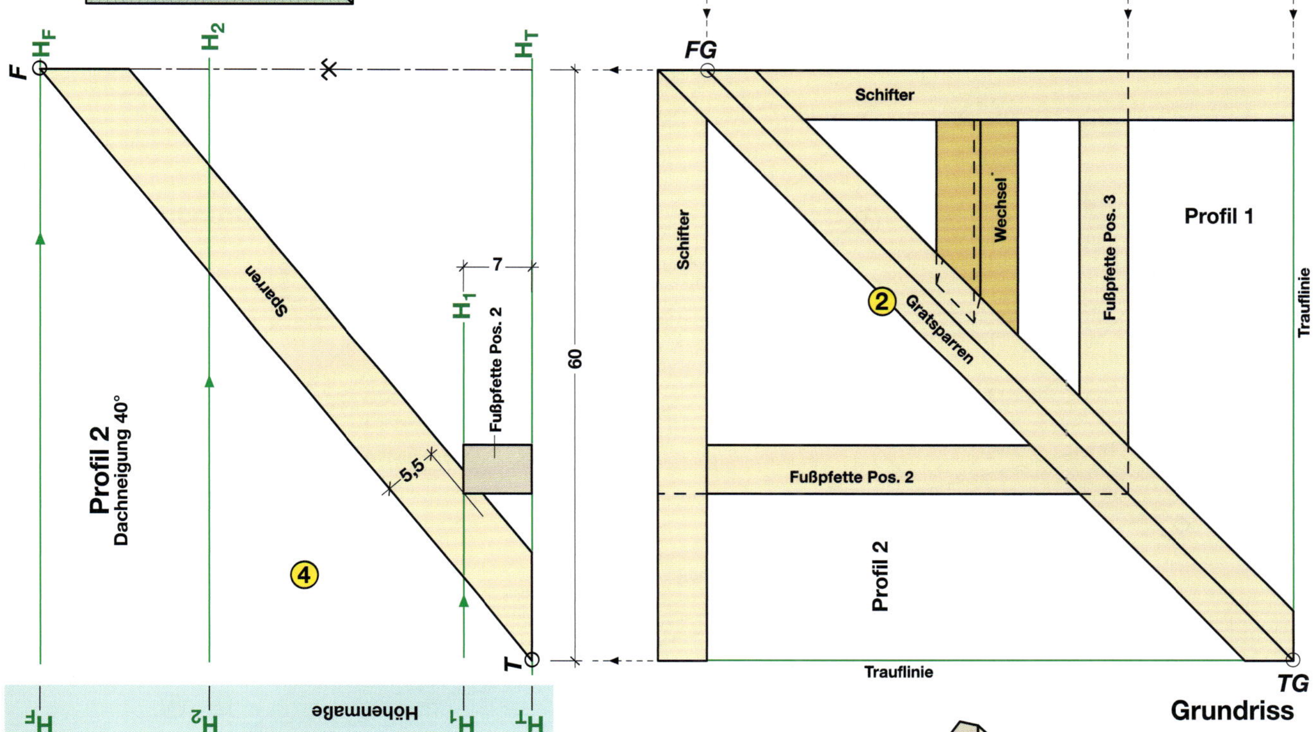

Schrägansicht

Schrägansicht von innen

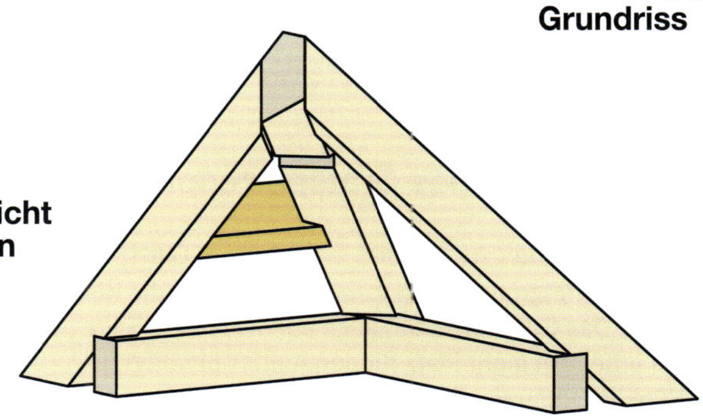

2.3 Grundriss und Profile

① **Profil 1** mit Grundmaß 60 cm und Dachneigung 40° reißen. Wechsel mit Grundmaß 28 cm einzeichnen. Wechsel-Eckpunkte ***1*** bis ***4*** bezeichnen
② Grundriss unter **Profil 1** anordnen
③ Höhenlinien auf Maßlatte übertragen
④ **Profil 2** grundrissbezogen aufreißen

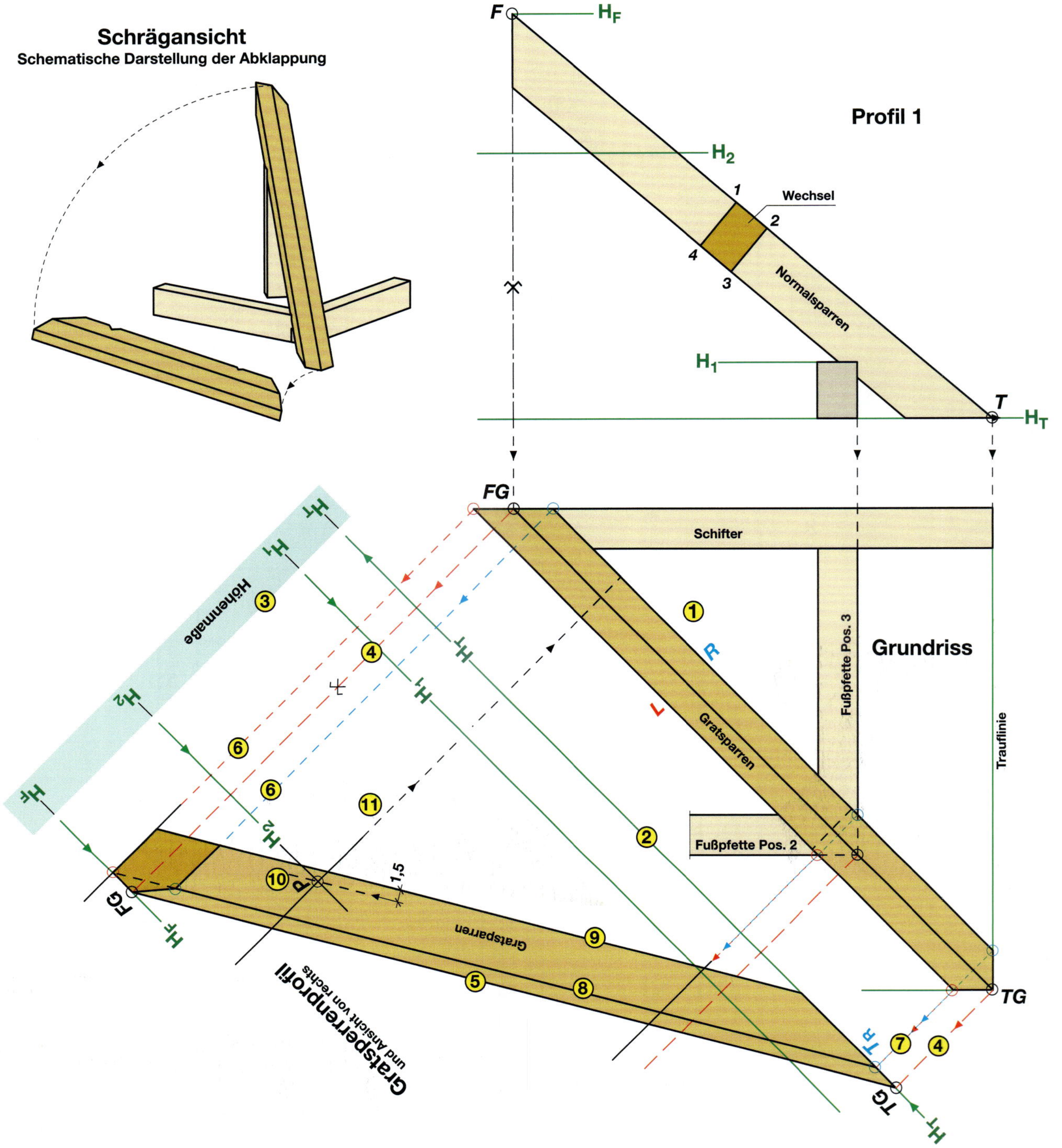

2.4 Ermittlung des Gratsparrenprofils

① Bezugsseite ***R*** und ***L*** (rechts und links) für den Gratsparren im Grund festlegen.
② Parallel zur Gratgrundlinie in variablem Abstand die Höhenlinie H_T (Traufhöhenlinie) als Grundlinie für das Gratprofil einzeichnen. Anmerkung: Das Gratprofil kann auch auf die andere Seite ausgetragen werden. Bei grundrissbezogener Anordnung von Profil 1 wird dann jedoch erheblich mehr Platz für den Aufriss benötigt.
③ Mit Hilfe der Höhenmaßlatte vom **Profil 1** (aus **Bild 2.3**) entsprechend von H_T ausgehend die Höhenlinien H_1, H_2 und H_F ins Gratprofil übertragen.
④ Die Punkte ***TG*** und ***FG*** aus dem **Gratgrund** rechtwinklig an die entsprechenden Höhenlinien (H_T, H_F) ins **Gratprofil** übertragen.
⑤ Die Punkte ***TG*** und ***FG*** werden im Gratprofil zur *Gratlinie* verbunden (wahre Länge).
⑥ Firstabschnittslinie (***R*** und ***L***) aus dem **Grundriss** in das **Gratprofil** übertragen.
⑦ Traufverstichpunkte aus dem **Grundriss** in das **Gratprofil** übertragen (ergibt Schnittpunkt rechts T_R).
⑧ Durch Schnittpunkt T_R parallel zur Gratlinie die *Abgratungslinie* einzeichnen.
⑨ Unterkante-Gratsparren mit ***h*** = 8,5 cm parallel zur Gratlinie einzeichnen.
⑩ Kerventiefe 1,5 cm parallel zu UK-Gratsparren zeichnen.
⑪ Im Schnittpunkt ***P*** mit der Höhenlinie H_2 die Kervenlotschmiege antragen und die Pfostenposition in den Grundriss übertragen.

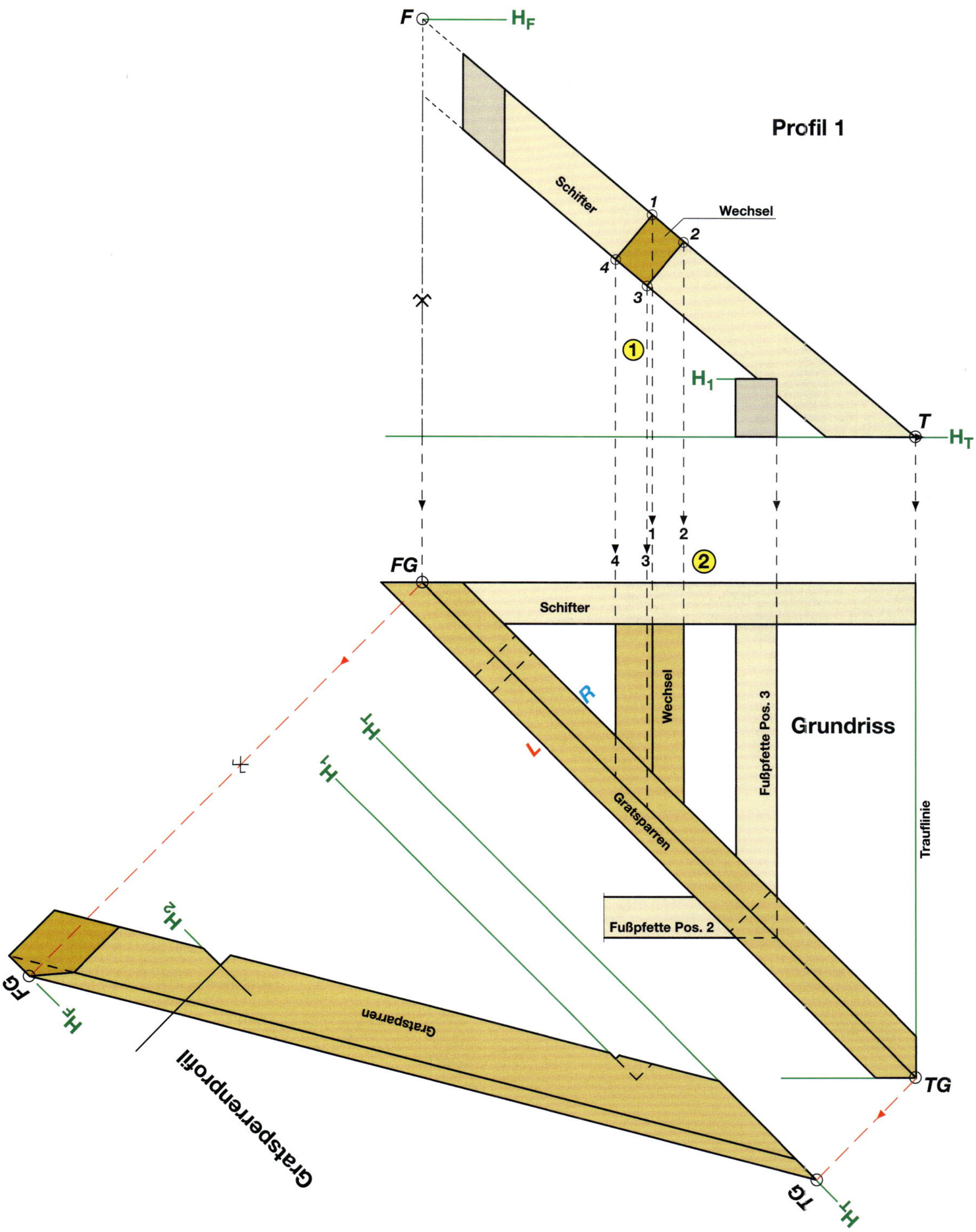

2.5 Übertragung des Wechsels aus Profil 1 in den Grundriss

① Übertragung aller vier Querschnittsecken (Punkte *1*, *2*, *3* und *4*) des Wechsels als Kanten in den **Grundriss.** Kante **3** wird gestrichelt, da in der Draufsicht unsichtbar.

② Nummerierung der Kanten im Grundriss entsprechend der Lage im Profil.

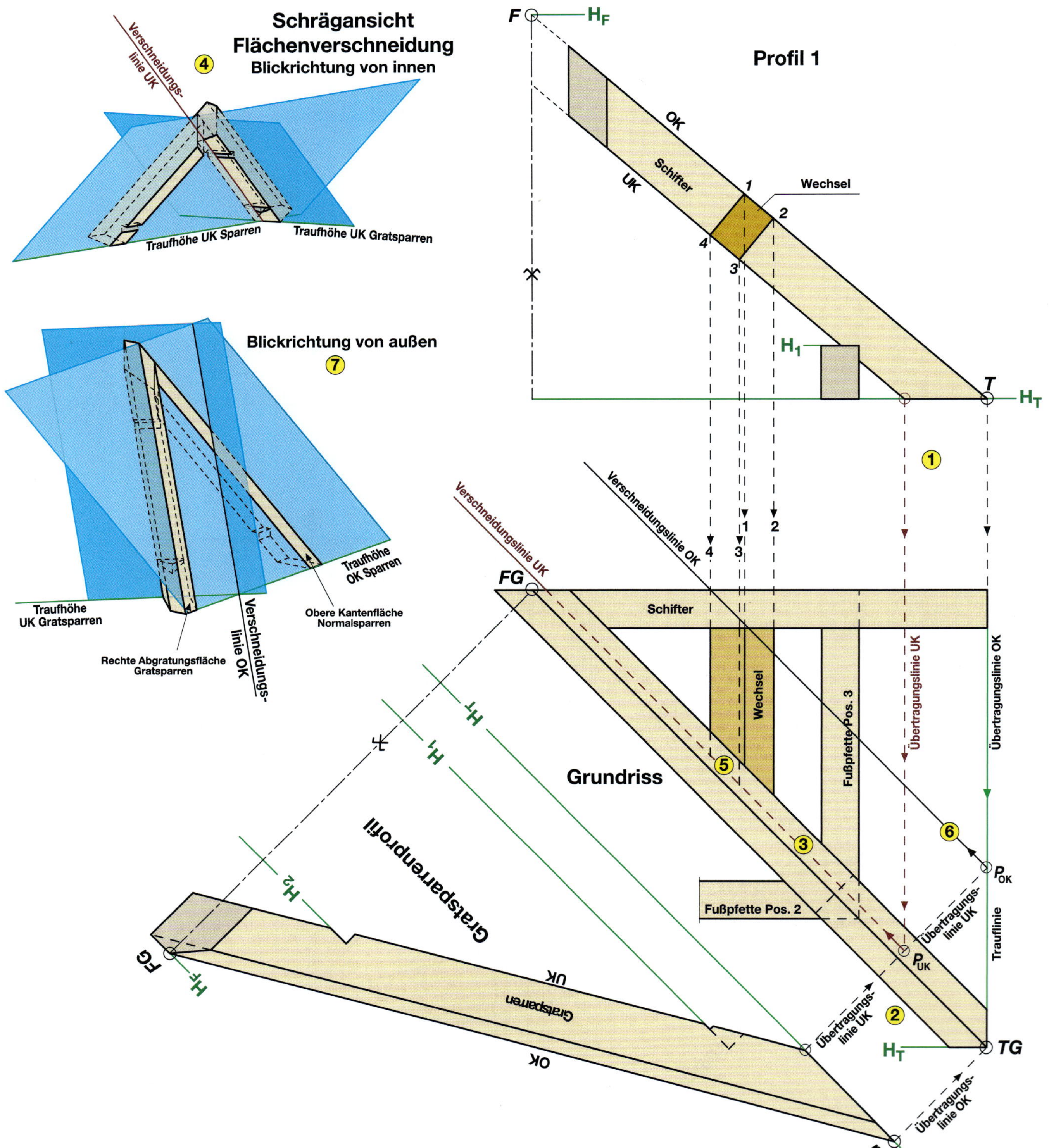

2.6 Verschneidung von OK und UK des Sparrens mit UK des Gratsparrens

① Übertragung der Unterkante (**UK**) des Sparrens in den Grundriss.

② Übertragung der **UK** des Gratsparrens in den Grundriss bis zum Schnittpunkt P_{OK} mit der Trauflinie von Profil 1.

③ Vom Schnittpunkt P_{UK} der **Übertragungslinie UK** des Gratsparrens mit der **Übertragungslinie UK** des Normalsparrens wird im Grundriss eine Parallele zur Gratgrundlinie gezogen. Dies ist die **Verschneidungslinie UK**.

④ Die Isometrie verdeutlicht die Verschneidung der Flächen von UK Sparren/Wechsel und UK Gratsparren.

⑤ An der **Verschneidungslinie UK** enden die beiden Unterkanten **4** und **3** des Wechsels.

⑥ Am Schnittpunkt P_{OK} der **Übertragungslinie UK** Gratsparren mit der **Übertragungslinie OK** des Normalsparrens/Wechsels entsteht die **Verschneidungslinie OK**. Wenn der Gratsparren eine größere Breite hätte, würden sich hier seine rechte Abgratungsfläche und seine untere Kantenfläche treffen. Ein solcher Gratsparren hätte keine lotrechte Seitenfläche mehr. Ein Wechsel, der an diesen Gratsparren angeschlossen würde, hätte nur noch die Schnittrichtung der Unterklaue und würde sich nur unter die untere Kantenfläche des Gratsparrens schmiegen.

⑦ Die Schrägansicht verdeutlicht die Verschneidung der Flächen von OK Sparren/Wechsel/OK Gratsparren mit UK Gratsparren.

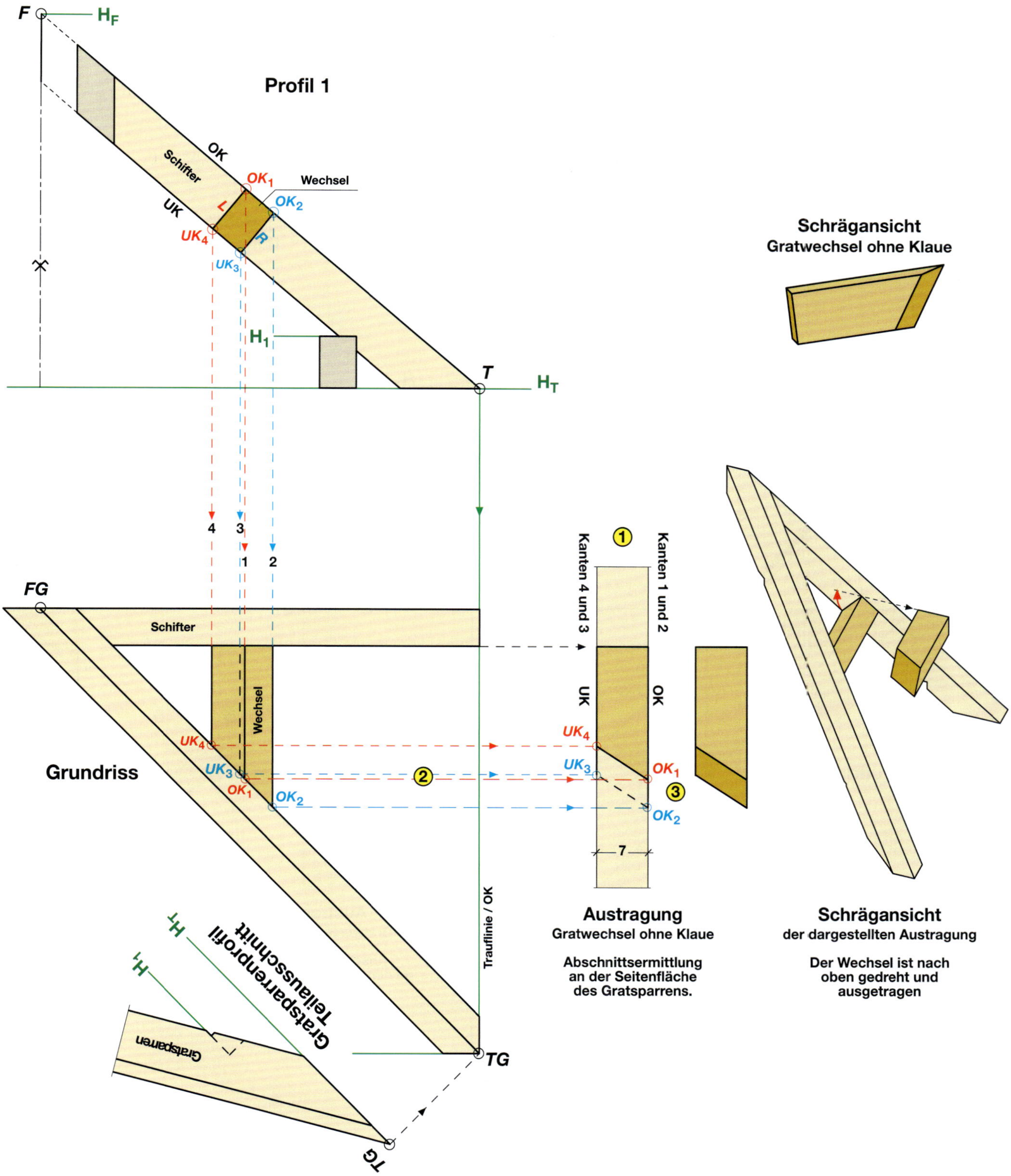

2.7 Austragen des Wechsels über die Traufe mit Umkantung / Schritt 1

① Für die Austragung des Wechsels werden OK-Wechsel und UK-Wechsel parallel zum Grundriss aufgerissen.

② Übertragung aller Schnittpunkte der Wechselkanten im Grundriss mit rechter Außenkante-Gratsparren in die Austragung reißen. Es entstehen auf der Oberkante die Schnittpunkte OK_1 und OK_2 und auf der Unterkante die Schnittpunkte UK_3 und UK_4.

③ Verbinden der Schnittpunkte von OK und UK. Es ergibt sich der Abschnitt des Wechsels ohne Unterklaue.

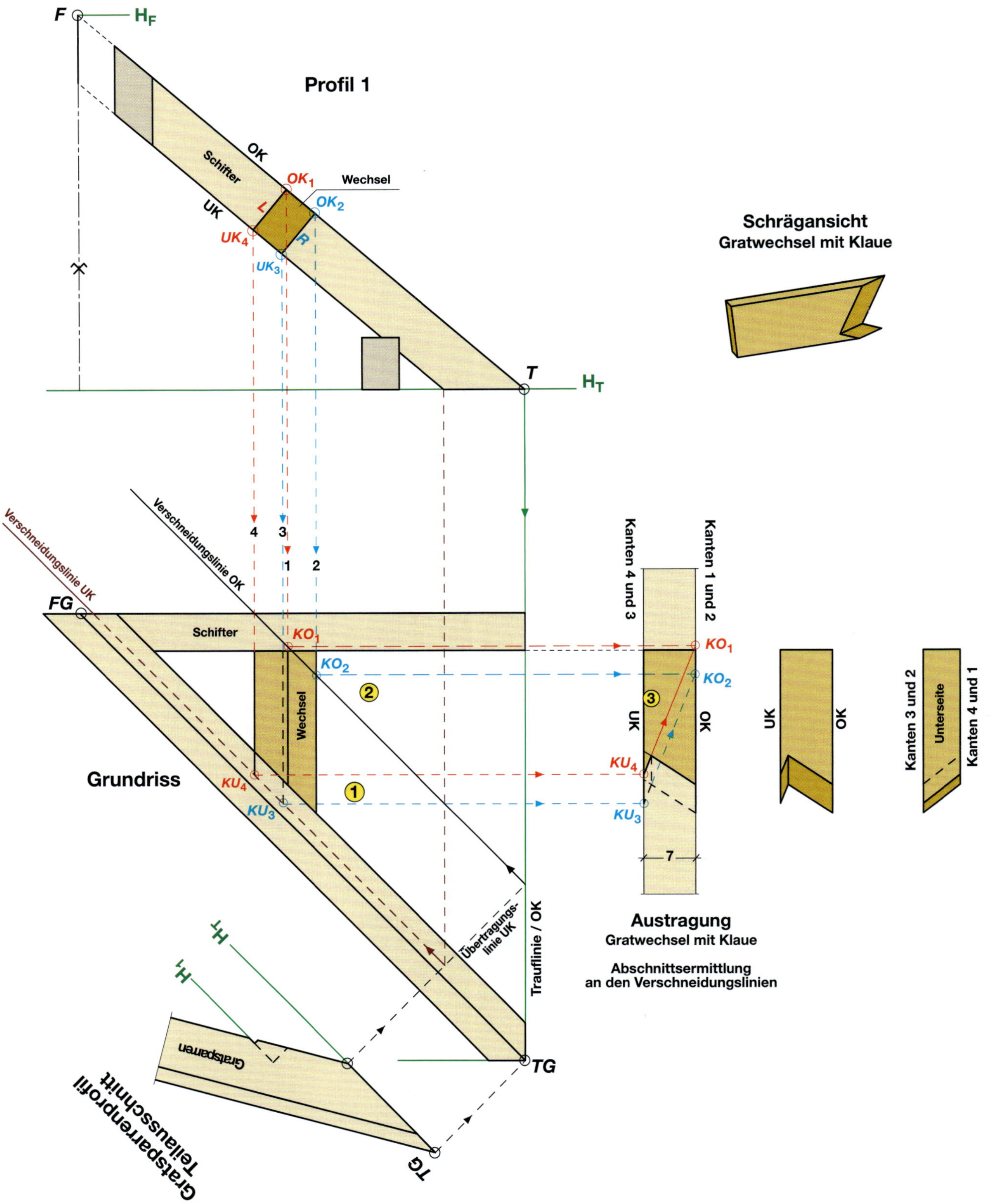

2.8 Austragen des Wechsels über die Traufe mit Umkantung / Schritt 2

① Übertragen der Schnittpunkte KU_3 und KU_4 der **Wechselkanten 3** und **4** (Unterkante Wechsel) mit der **Verschneidungslinie UK** aus dem Grundriss in die Austragung.

② Übertragung der Schnittpunkte KO_1 und KO_2 (Oberkante Wechsel) der **Wechselkanten 1** und **2** mit der **Verschneidungslinie OK** aus dem Grundriss in die Austragung.

③ Verbinden der Schnittpunkte von OK und UK. Es ergibt sich der Abschnitt der Unterklaue.

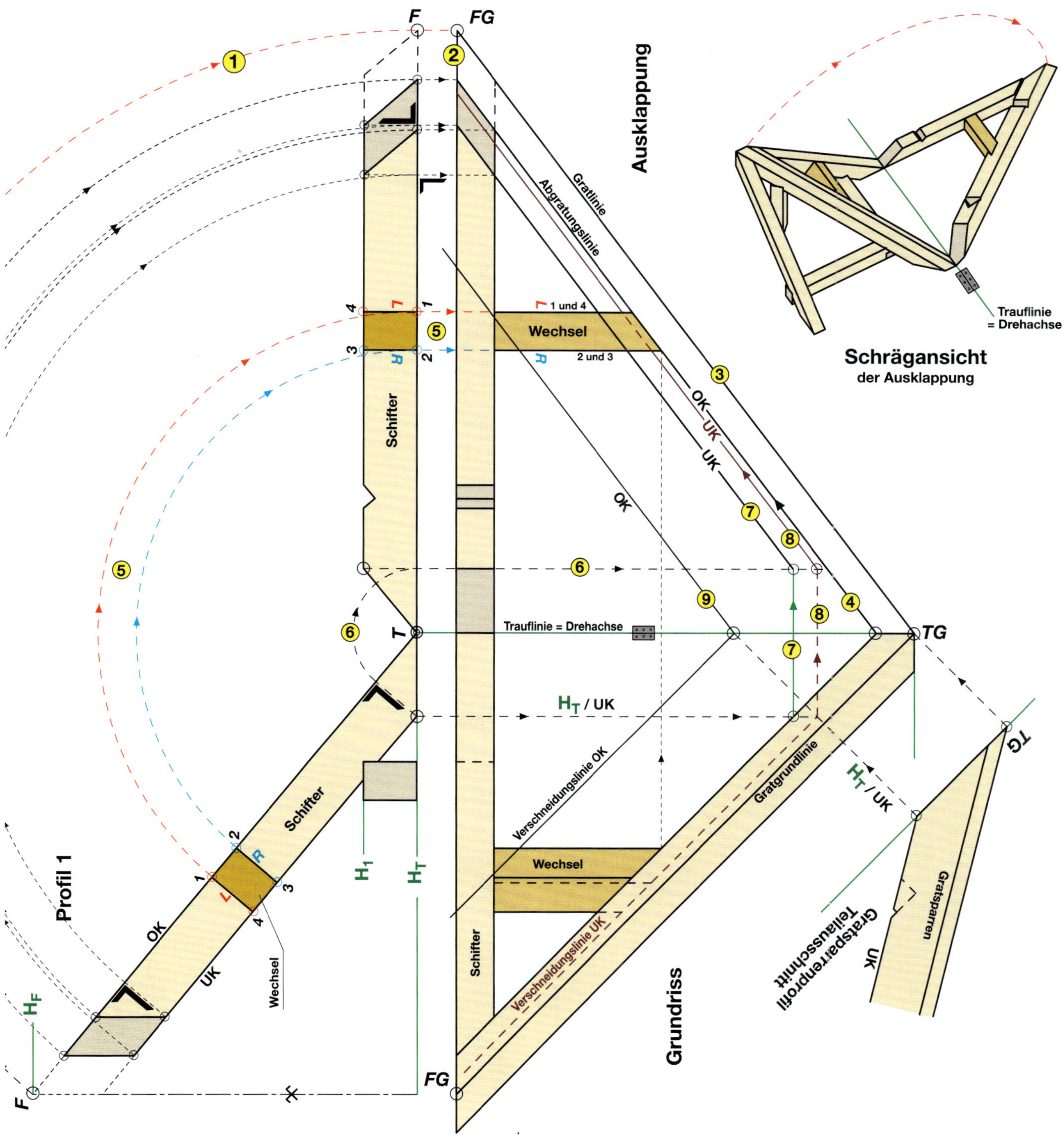

2.9 Ausklappen des Wechsels in die Grundrissebene

Die Darstellung ist aus Platzgründen gedreht.

① Übertragung der wahren Neigungslänge von Profil 1 (mit Zirkelschlag oder Neigungsmaßlatte) in die Grundrissebene (Ausklappung).
② Austragen von Profil 1 in die Ausklappung (es ist der Schifter dargestellt).
③ Austragen der Gratlinie in der Ausklappung.
④ Austragen der Abgratungslinie in die Ausklappung.
⑤ Übertragung der linken (*L*) und rechten (*R*) **Seitenkante des Wechsels** in die Ausklappung.
⑥ Übertragung von **UK Normalsparren** in die Ausklappung.
⑦ Übertragung von **UK Schmiegenfläche** in die Ausklappung und Austragen von **UK-Schmiegenfläche parallel zur Gratlinie** in der Ausklappung.
⑧ Übertragung von **UK Normalsparren** in die Ausklappung und Austragen der **UK Klaue parallel zur Gratlinie** in der Ausklappung.
⑨ Übertragung der Verschneidungslinie **OK Klaue** in die Ausklappung und Austragen der Verschneidungslinie **OK Klaue parallel zur Gratlinie** in der Ausklappung.

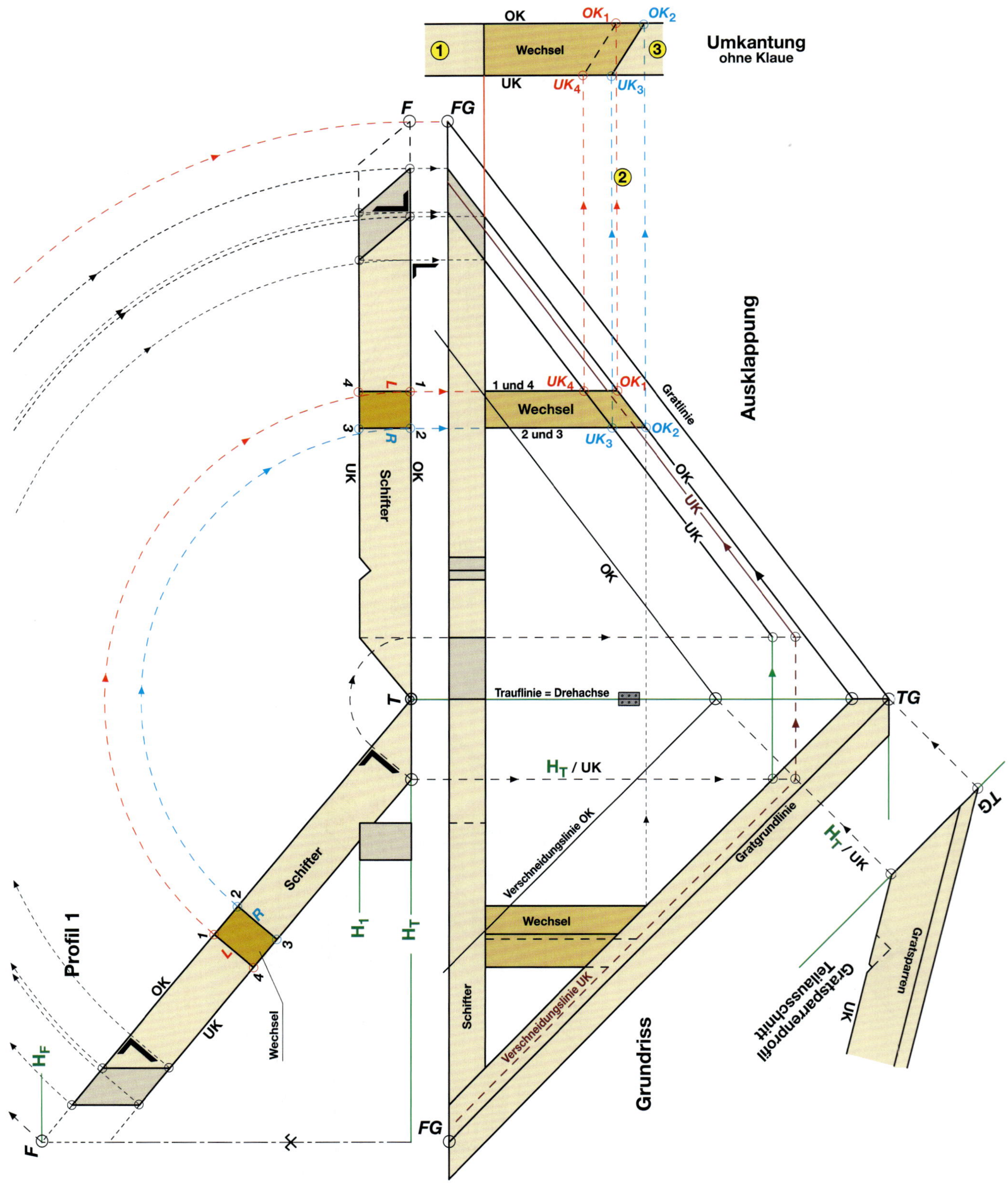

2.10 Austragung der Wechsels ohne Klaue, mit Umkantung

① Für die Ansicht des Wechsels **OK und UK Wechsel** oberhalb der Ausklappung aufreißen.

② Übertragung aller **Schnittpunkte** der Wechselkanten in der Ausklappung mit den **Verschneidungslinien OK** und **UK** in die Umkantung (**OK_1** und **OK_2** auf der Oberkante und **UK_3** und **UK_4** auf der Unterkante)

③ Verbinden der Schnittpunkte von OK und UK. Es ergibt sich der Abschnitt des Wechsels an die lotrechte Gratsparrenseitenfläche, ohne Unterklaue.

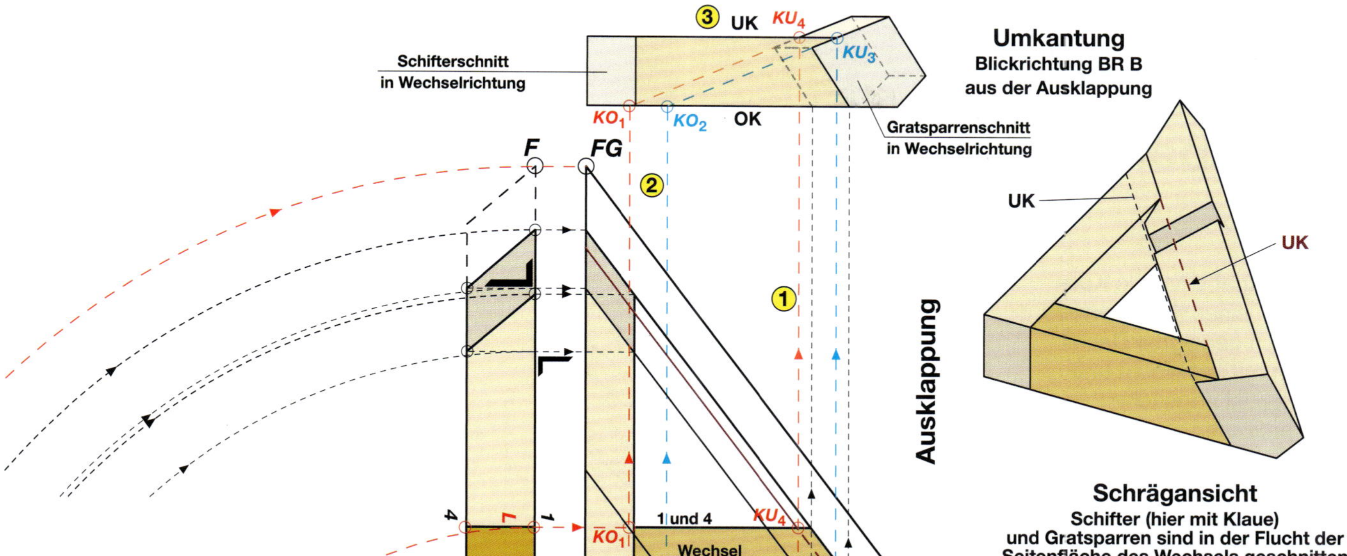

2.11 Ermittlung der Klaue mit Umkantung

① Übertragung der Schnittpunkte KU_3 und KU_4 (Unterkante Wechsel) in der Ausklappung mit der **Verschneidungslinie UK** in die Ansicht (Umkantung).

② Übertragung der Schnittpunkte KO_1 und KO_2 (Oberkante Wechsel) in der Ausklappung mit der **Verschneidungslinie OK** in die Ansicht (Umkantung).

③ Verbinden der **Schnittpunkte von OK und UK**. Es entsteht der Abschnitt der Unterklaue.

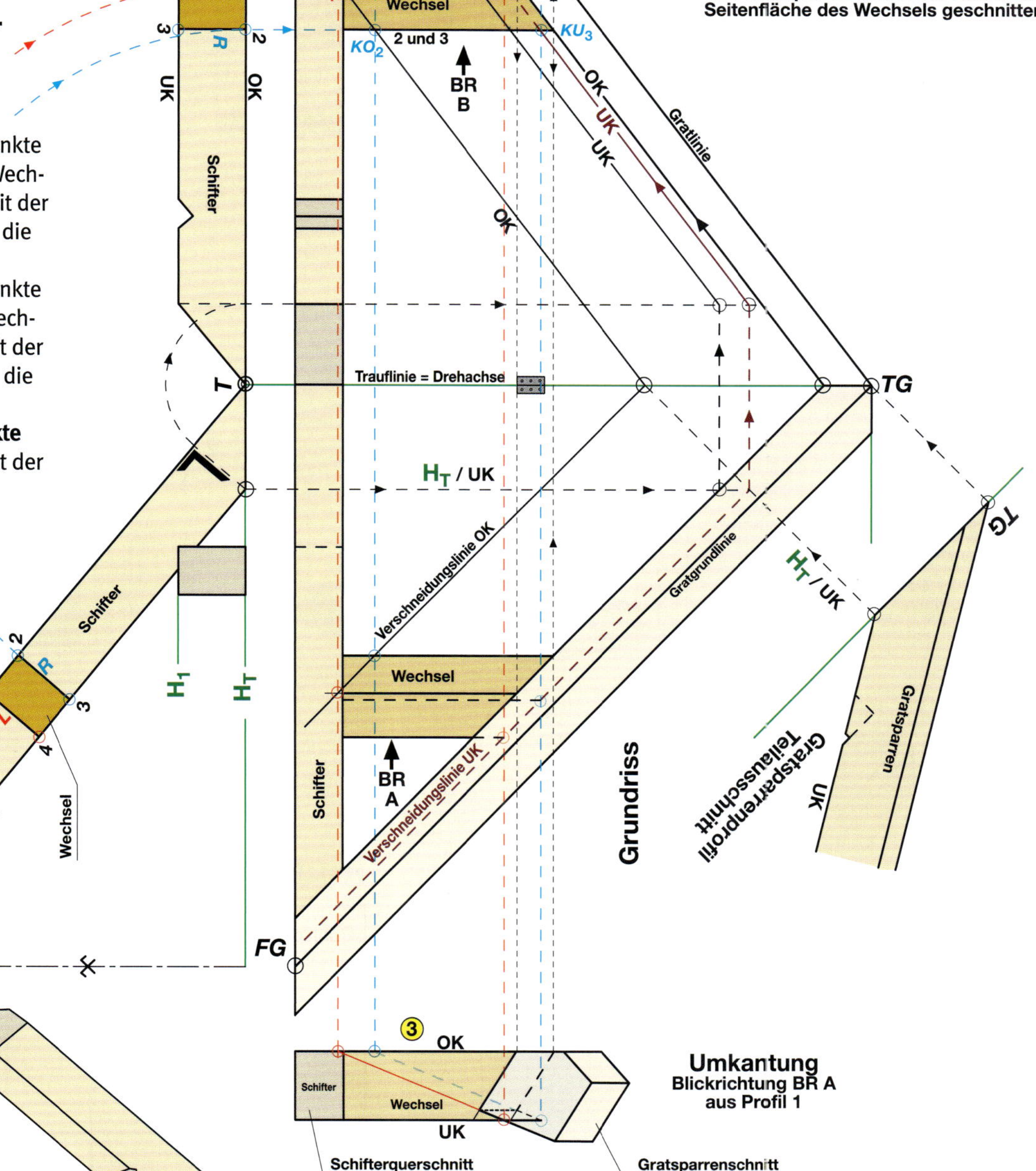

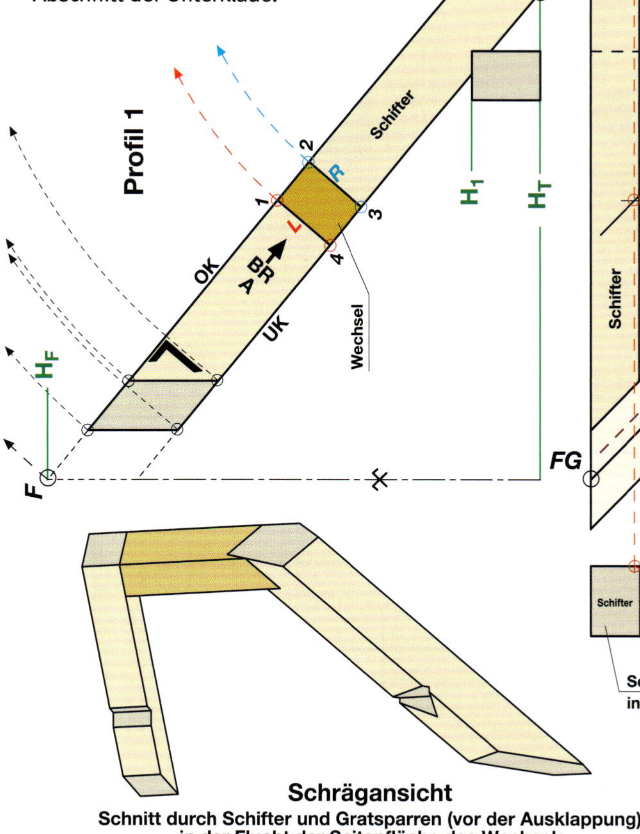

Aufgabe 3

Kehlsparren bei gleicher Dachneigung

Diese Aufgabe hat die Konstruktion eines Kehlsparrens bei gleich geneigten Dachflächen mit senkrecht und waagerecht abgeschnittenen Sparrenköpfen zum Inhalt.

Die Dimension des Kehlsparrens ergibt sich aus der Schifterhöhe (**7 cm**). Das heißt, die Höhe des Kehlsparrens wird so ermittelt, dass die Kehlschifter nicht über die seitlichen Unterkanten des Kehlsparrens hinausragen.

Das rechtwinklige Obholz beträgt **5,5 cm**.

Seitenansicht von rechts

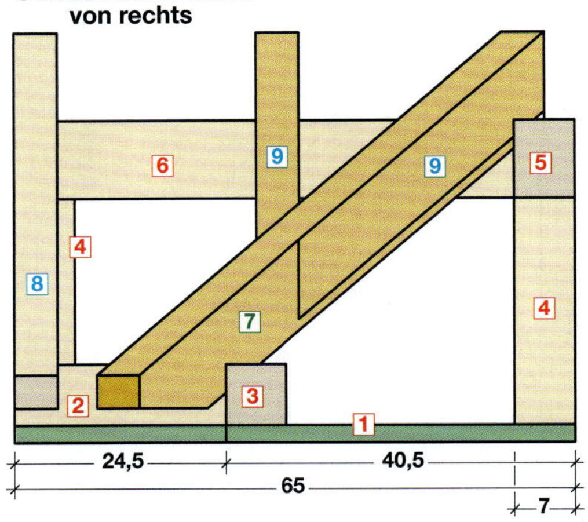

Vorderansicht

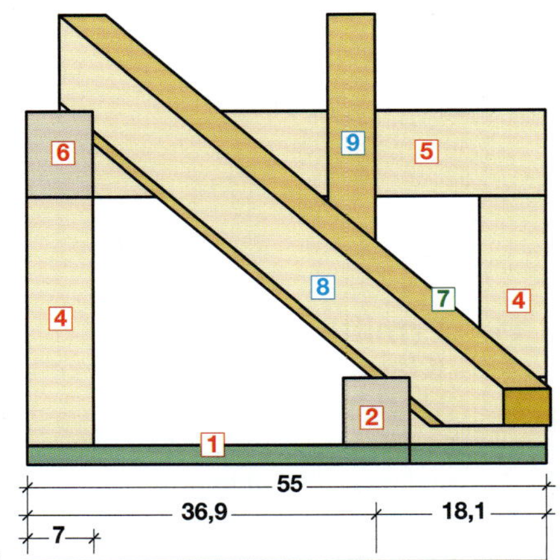

Schrägansicht

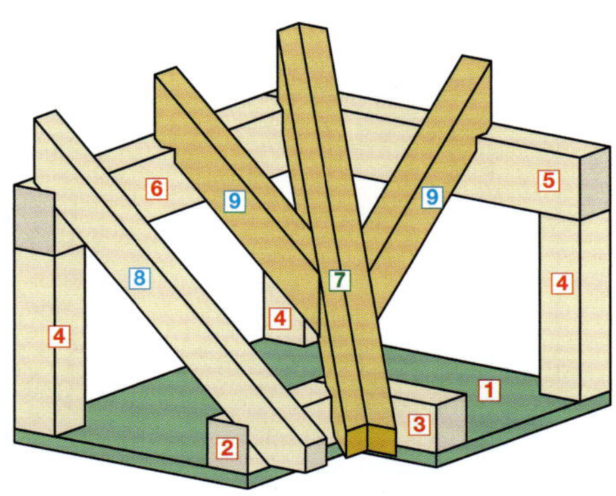

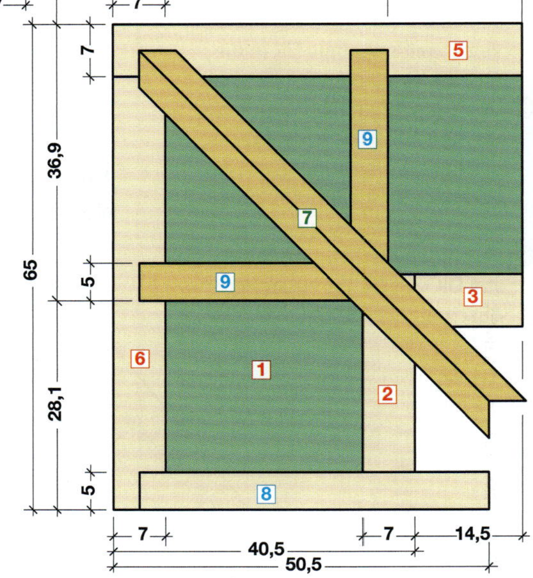

Grundriss

3.1: Das Modell für die Aufgabe 3 in Grundriss, Vorderansicht, Seitenansicht und Schrägansicht. Die Ziffern entsprechen den Positionen der Bauteile in der Holzliste.

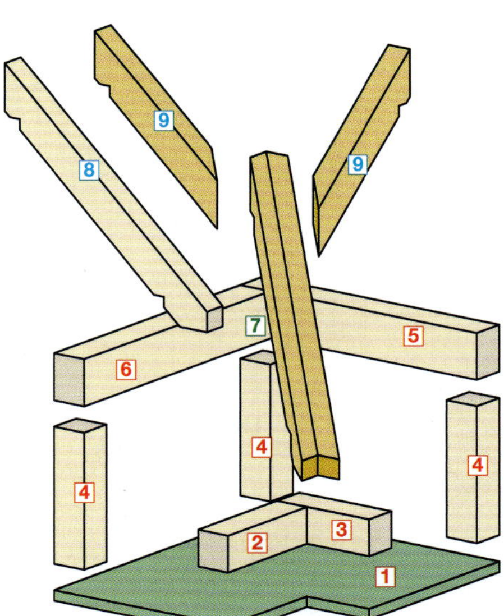

Holzliste

Position	Bezeichnung	Anzahl	Breite [cm]	Höhe [cm]	Länge [cm]
1	Bodenplatte	1	55	2	65
2	Fußpfette	1	7	7	35
3	Fußpfette	1	7	7	25
4	Pfosten	3	7	7	30
5	Firstpfette	1	7	9	60
6	Firstpfette	1	7	9	70
7	Kehlsparren	1	7	9	100
8	Sparren	1	5	7	70
9	Kehlschifter	2	5	7	50

3.2: Explosionszeichnung und Holzliste des Modells. Die Bauteile sind in der Reihenfolge des Aufrichtens aufgeführt: Zuerst die Pfosten und Pfetten (rot), dann der Gratsparren (grün), anschließend die Sparren/Schifter (blau)

Grundriss

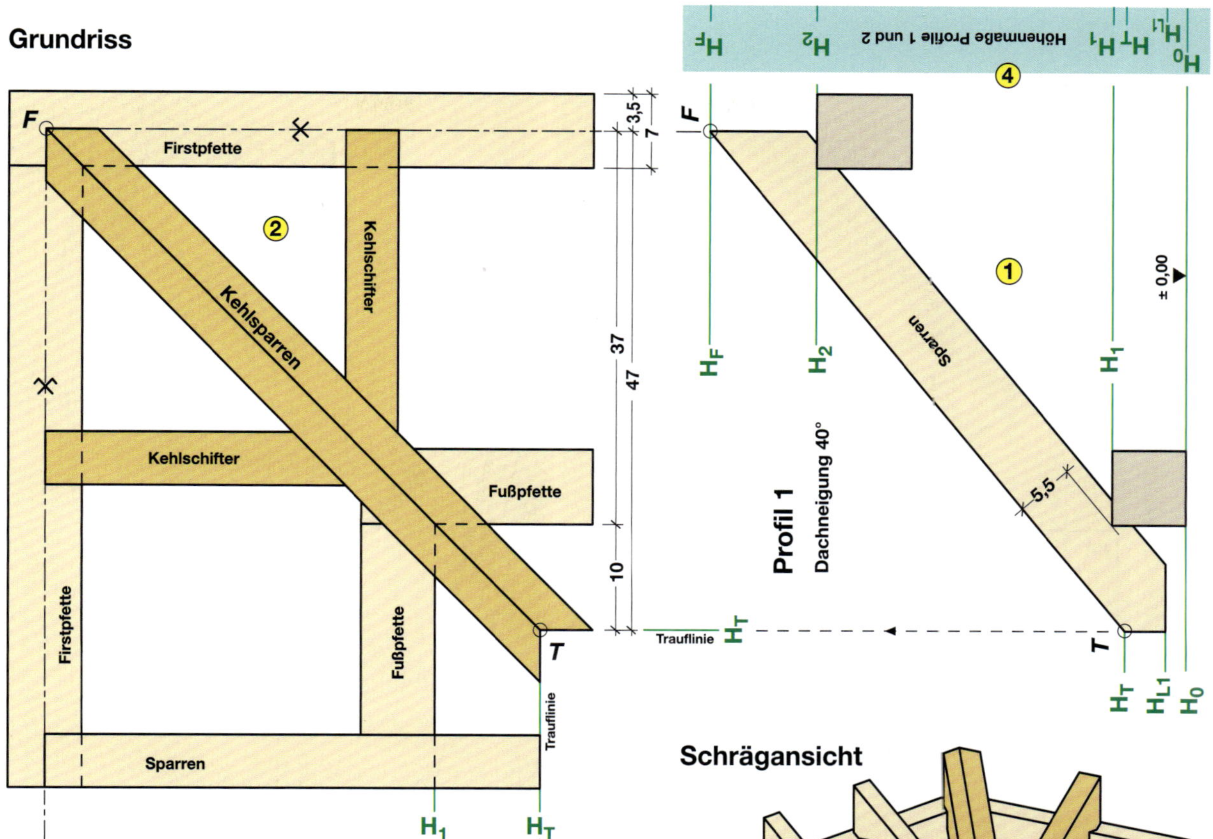

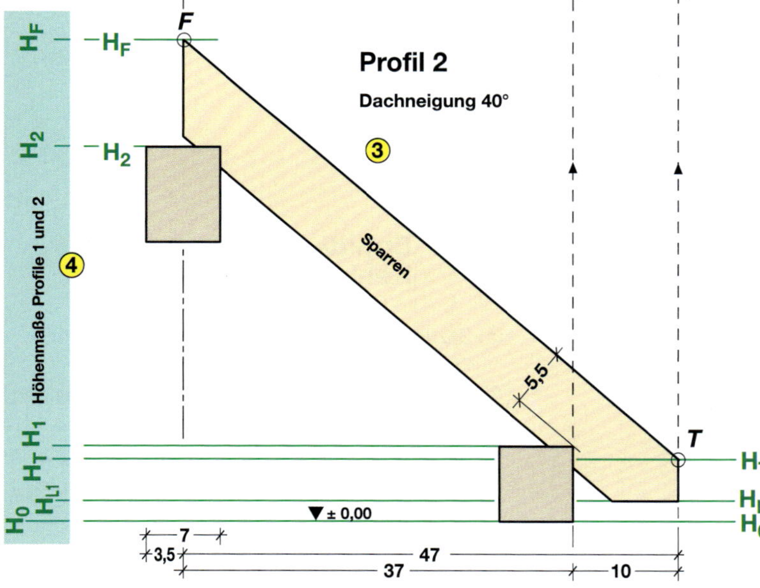

Schrägansicht

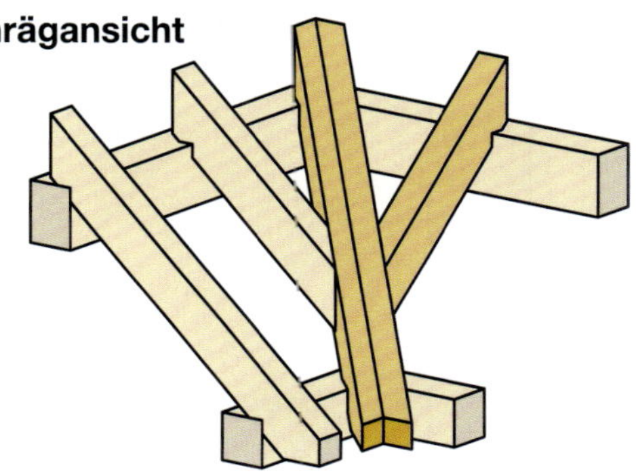

Schrägansicht von innen

Schrägansicht Dachausmittlung

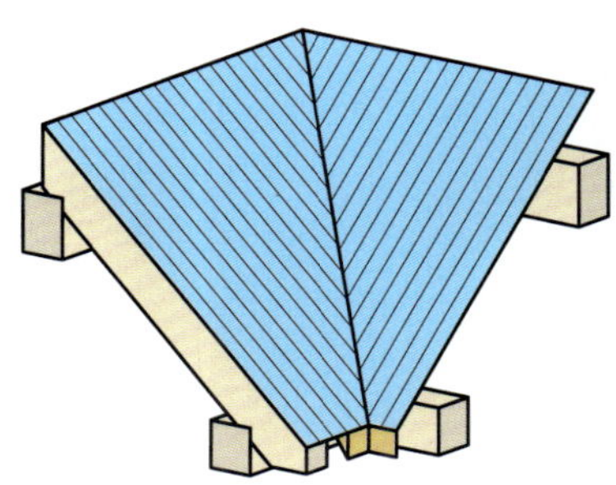

Dachausmittlung (nicht maßstäblich)

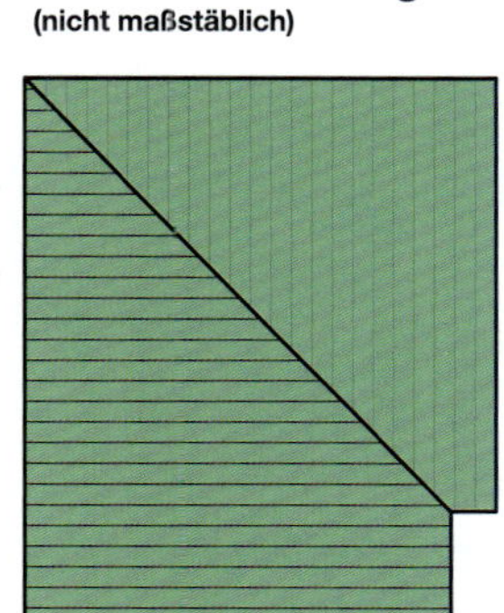

3.3 Grundriss und Profile

① **Profil 1** aufreißen
② Grundriss über dem **Profil 1** anordnen
③ **Profil 2** grundrissbezogen aufreißen
④ Höhenlinien auf Maßlatte übertragen

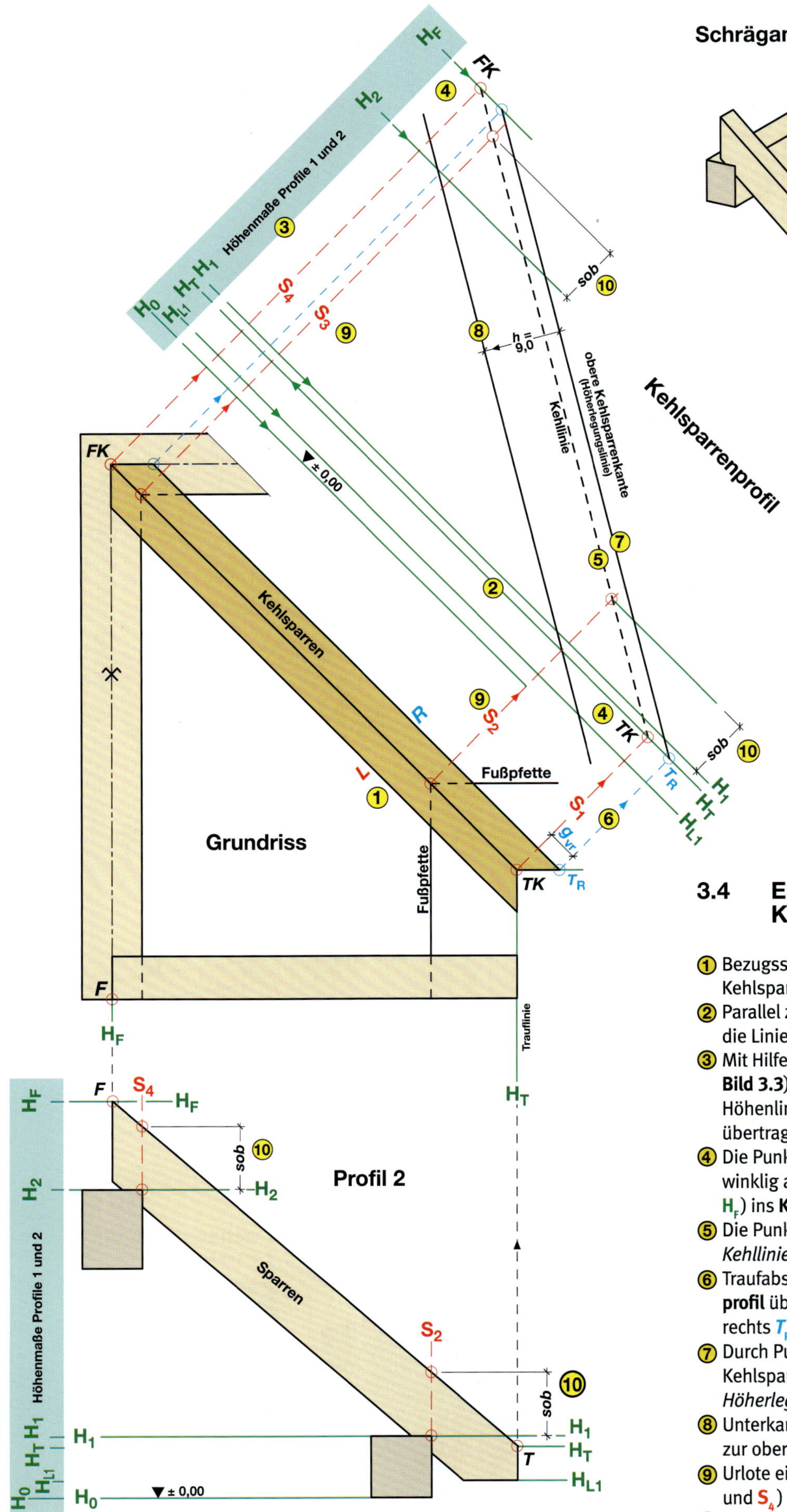

Schrägansicht

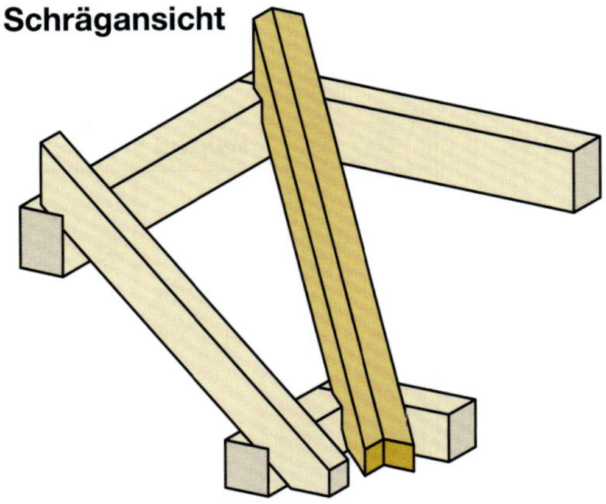

3.4 Ermittlung des Kehlsparrenprofils

① Bezugsseite ***R*** und ***L*** (rechts und links) für den Kehlsparren im Grund festlegen.

② Parallel zur Kehlgrundlinie in variablem Abstand die Linie H_T (Traufhöhenlinie) einzeichnen.

③ Mit Hilfe der Höhenmaßlatte vom **Profil 1** (aus **Bild 3.3**) entsprechend von H_T ausgehend die Höhenlinien H_1, H_{L1}, H_2 und H_F ins Gratprofil übertragen.

④ Die Punkte ***TK*** und ***FK*** aus dem **Kehlgrund** rechtwinklig an die entsprechenden Höhenlinien (H_T, H_F) ins **Kehlprofil** übertragen.

⑤ Die Punkte ***TK*** und ***FK*** werden im Kehlprofil zur *Kehllinie* verbunden (wahre Länge).

⑥ Traufabschnitt aus dem **Grundriss** in das **Kehlprofil** übertragen. Es ergeben sich der Traufpunkt rechts T_R und das Grundverstichmaß rechts g_{vr}.

⑦ Durch Punkt T_R parallel zur Kehllinie die obere Kehlsparrenkante (auch *Überhöhungslinie* oder *Höherlegungslinie)* einzeichnen.

⑧ Unterkante-Kehlsparren mit ***h*** = 9,0 cm parallel zur oberen Kehlsparrenkante einzeichnen.

⑨ Urlote einzeichnen und bezeichnen (S_1, S_2, S_3 und S_4)

⑩ Senkrechtes Obholz ***sob*** ermitteln und vergleichen/kontrollieren.

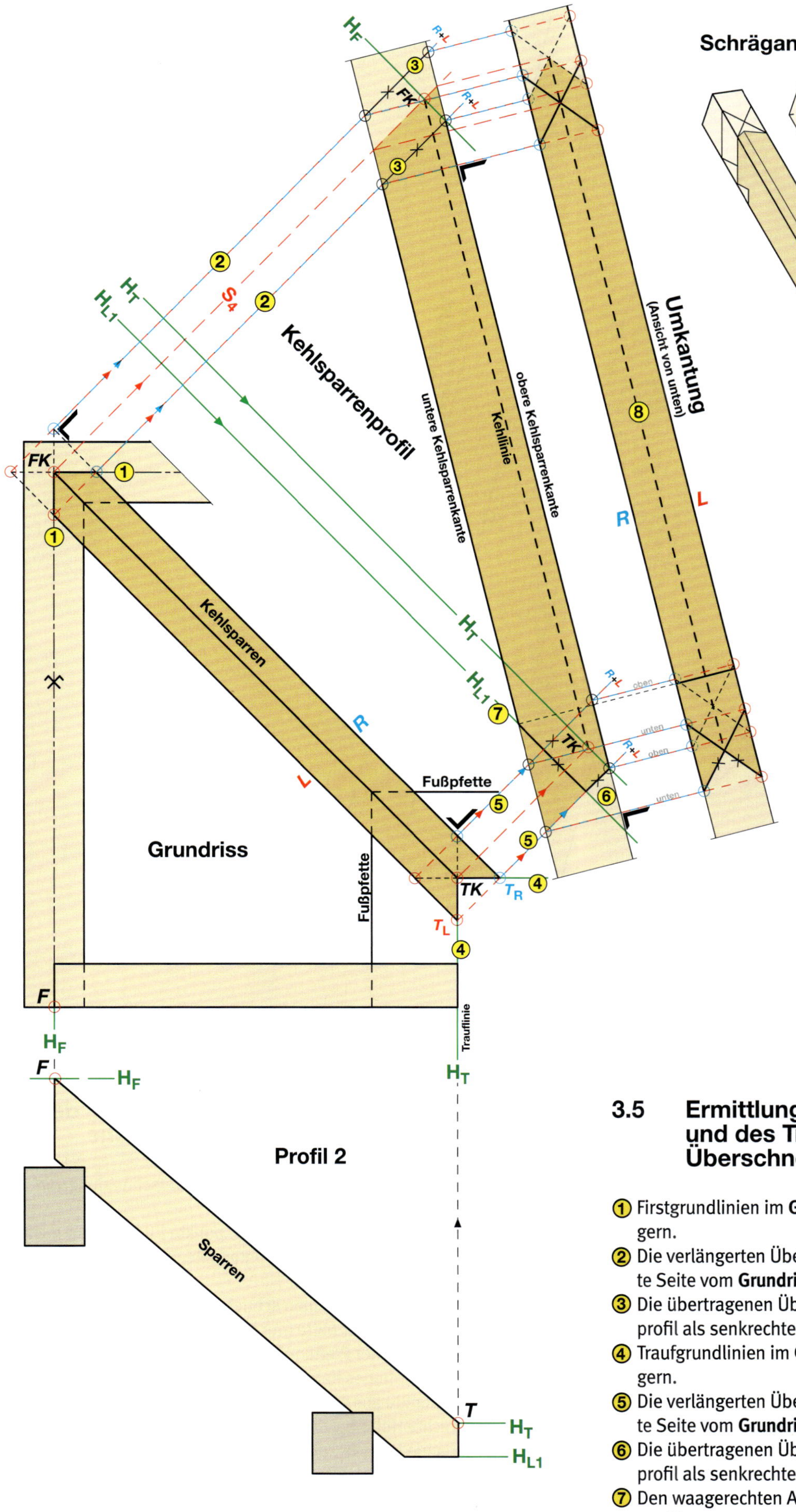

Schrägansichten

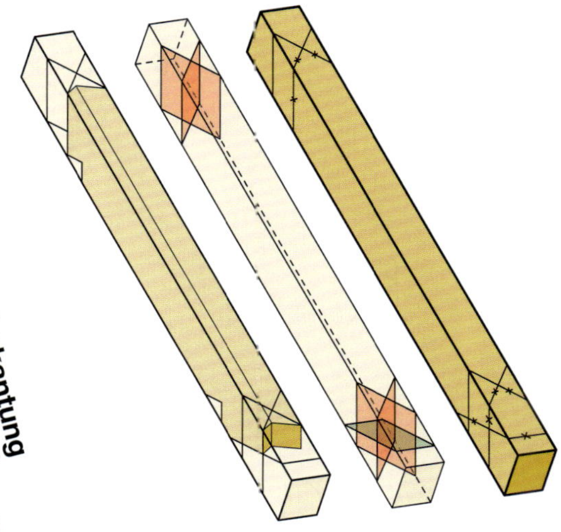

Schrägansicht

3.5 Ermittlung des Firstabschnitts und des Traufabschnitts auf Überschneidung

(1) Firstgrundlinien im **Grundriss** auf Überschneidung verlängern.

(2) Die verlängerten Überschneidungspunkte für linke und rechte Seite vom **Grundriss** in das **Kehlprofil** übertragen (*R* + *L*).

(3) Die übertragenen Überschneidungslinien im Kehlsparrenprofil als senkrechte Abschnitte markieren

(4) Traufgrundlinien im **Grundriss** auf Überschneidung verlängern.

(5) Die verlängerten Überschneidungspunkte für linke und rechte Seite vom **Grundriss** in das **Kehlprofil** übertragen (*R* + *L*).

(6) Die übertragenen Überschneidungslinien im Kehlsparrenprofil als senkrechte Abschnitte markieren.

(7) Den waagerechten Abschnitt in Höhe H_{L1} einzeichnen und markieren.

(8) Parallel zum Kehlsparrenprofil die Umkantung reißen

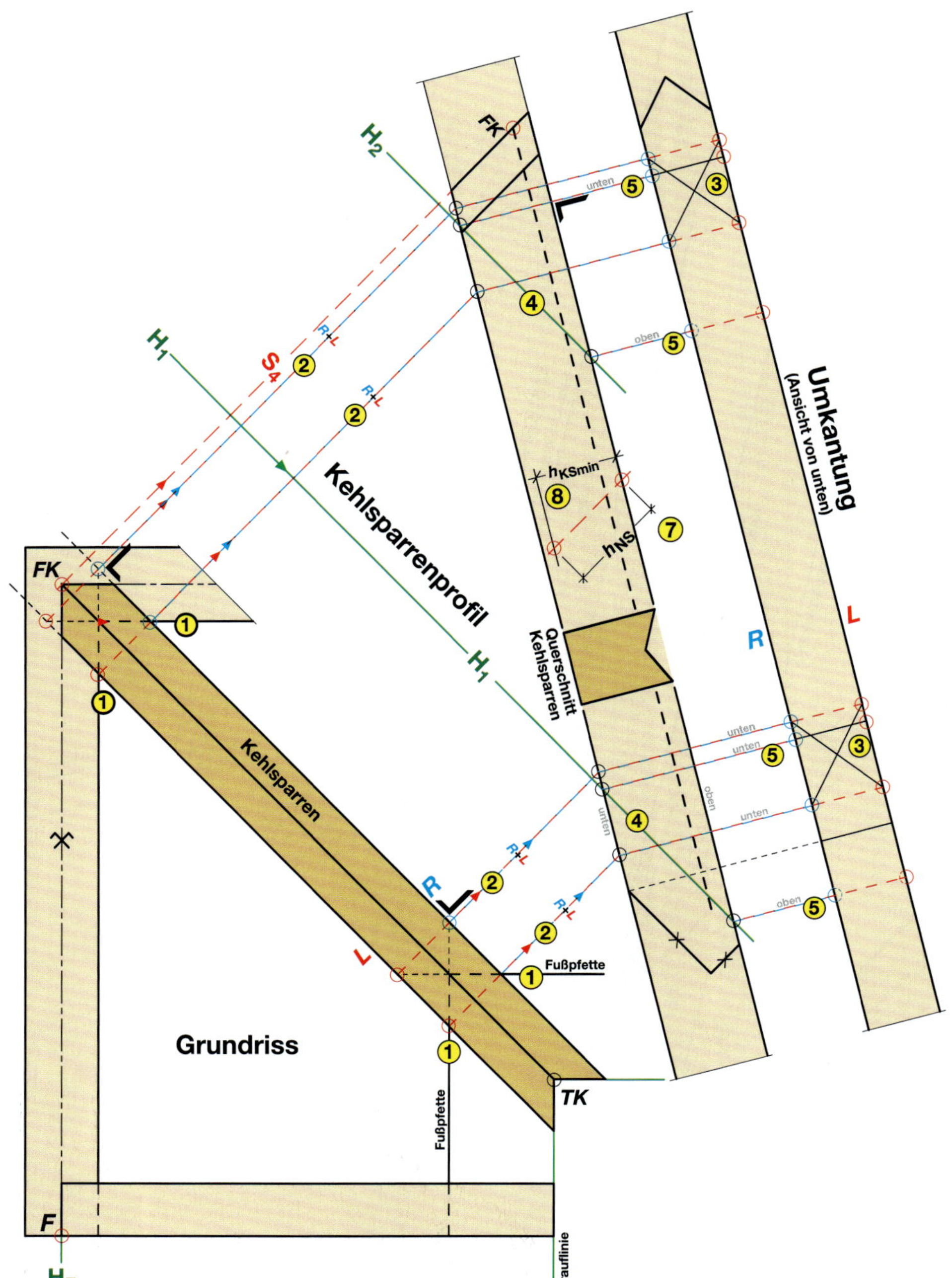
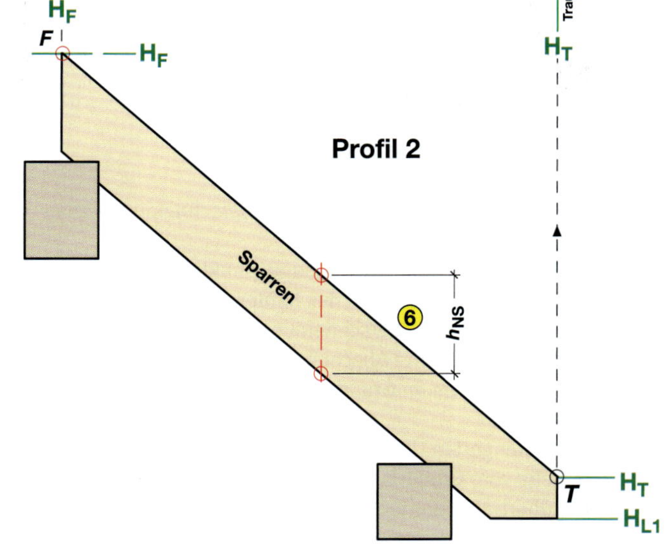

3.6 Ermittlung der Pfettenkerven auf Überschneidung und Ermittlung der erforderlichen Kehlsparrenhöhe

① Pfettenaußenkanten im Grundriss auf Überschneidung verlängern.

② Die verlängerten Überschneidungspunkte für linke und rechte Seite (*R* + *L*), aber nur für die Unterseite, vom **Grundriss** in das **Kehlprofil** übertragen.

③ Die Überschneidungslinien schneiden sich in der Umkantung unten jeweils in der Mitte (nur bei gleichen Dachneigungen!).

④ Schnittpunkte der Pfetten-Waagerisse H_1 und H_2 an Unter- und Oberkante des Kehlsparrenholzes markieren.

⑤ Schnittpunkte aus ④ in die Umkantung übertragen.

⑥ Senkrechte Höhe h_{NS} des Normalsparrens messen.

⑦ Senkrechte Höhe h_{NS} des Normalsparrens im Kehlprofil von der Kehlsparrenoberkante nach unten abtragen.

⑧ Es ergibt sich die Mindestkehlsparrenhöhe h_{KSmin}, bei deren Einhaltung die Kehlschifter nicht über die Kehlsparrenunterkante hinausragen.

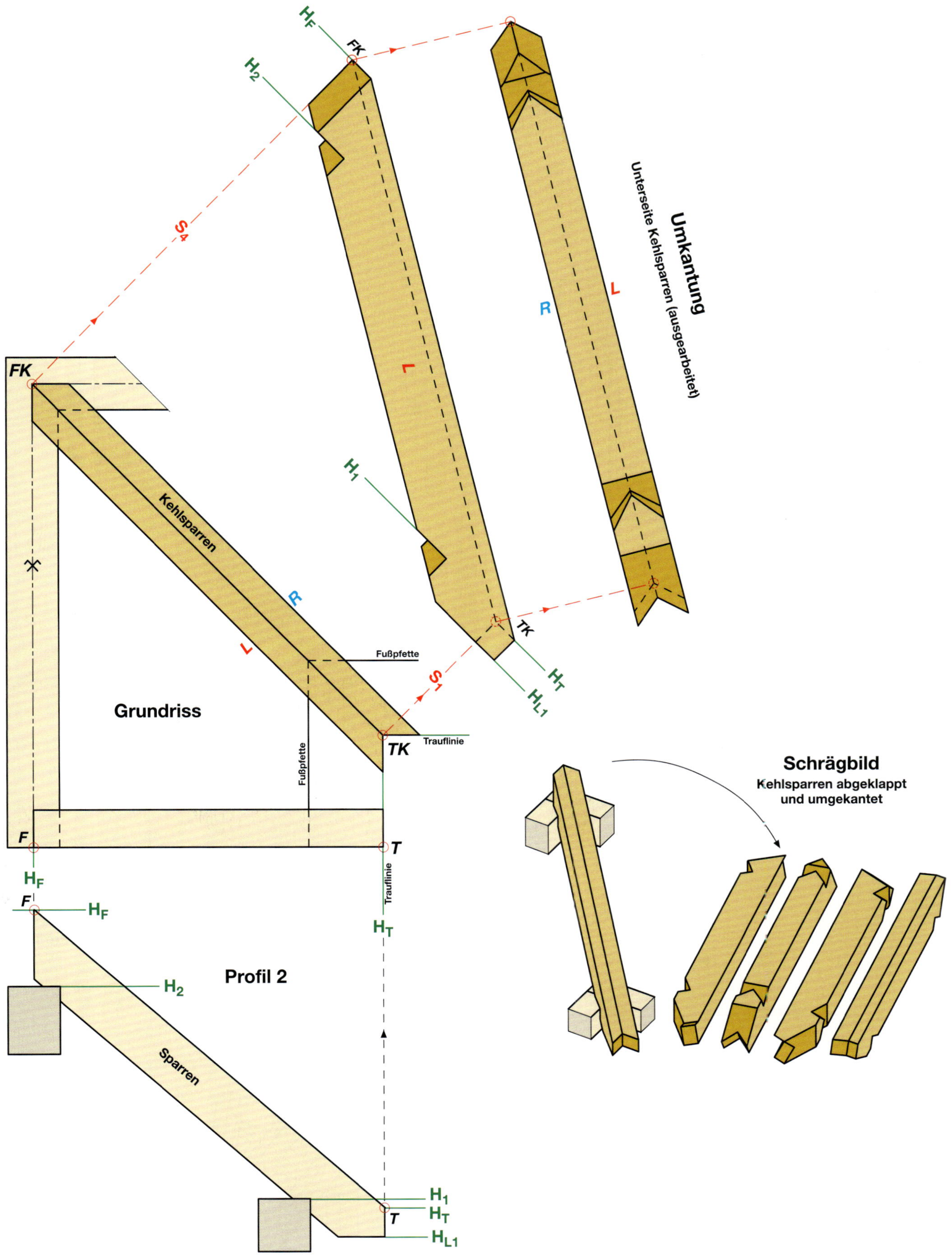

3.7 Kehlsparren ausgearbeitet und umgekantet

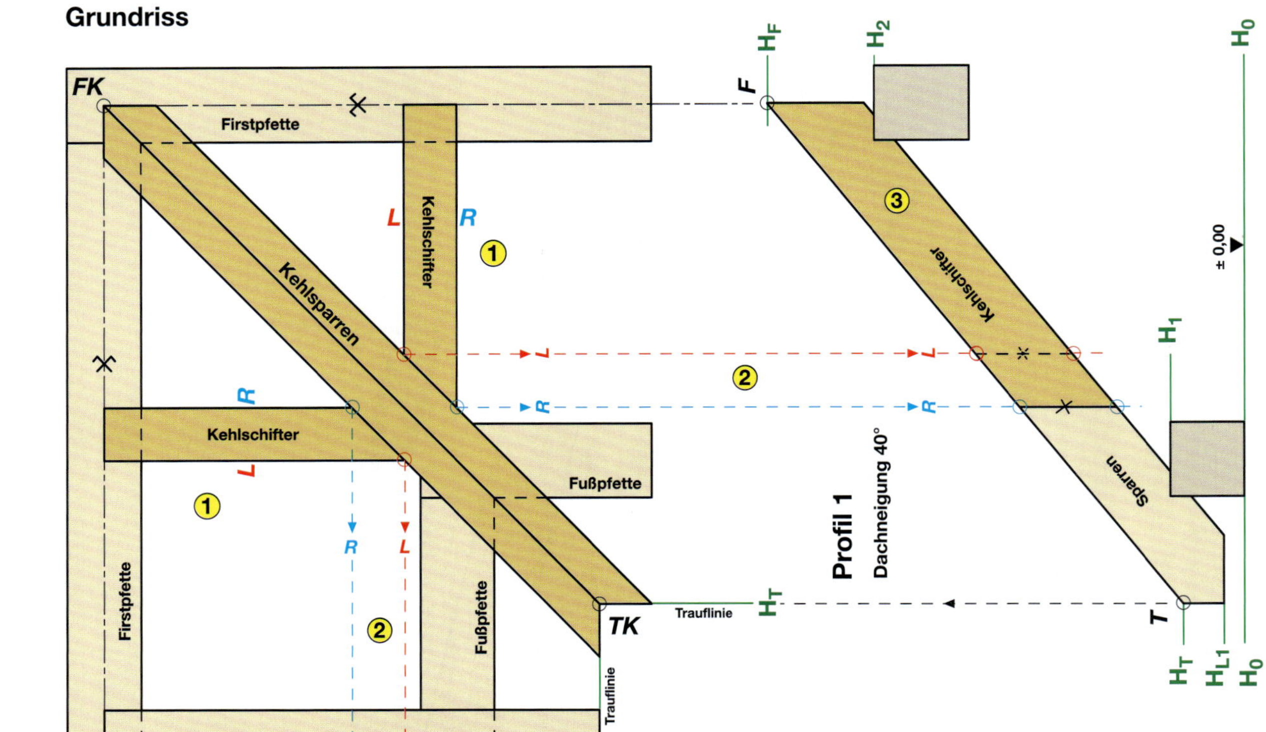

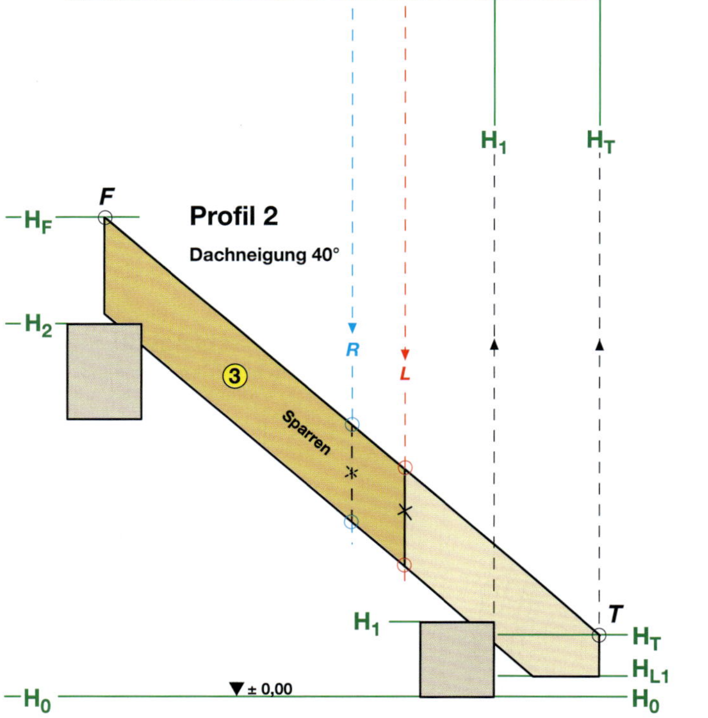

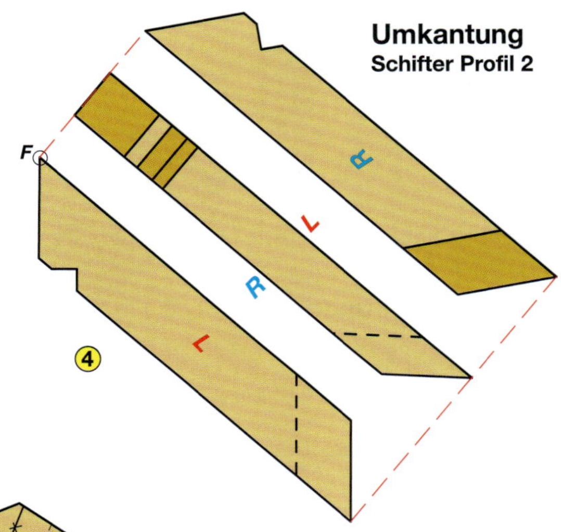

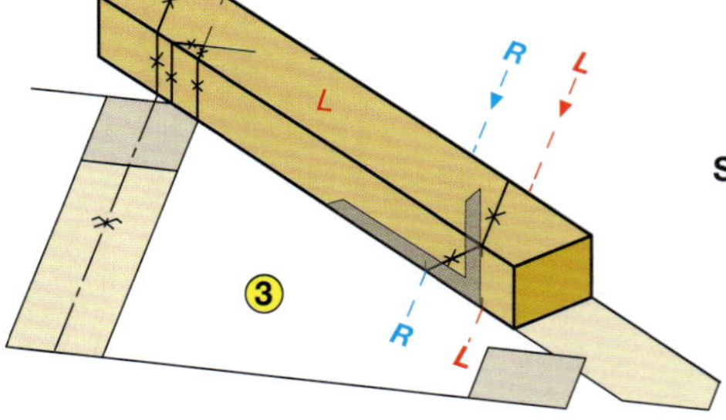

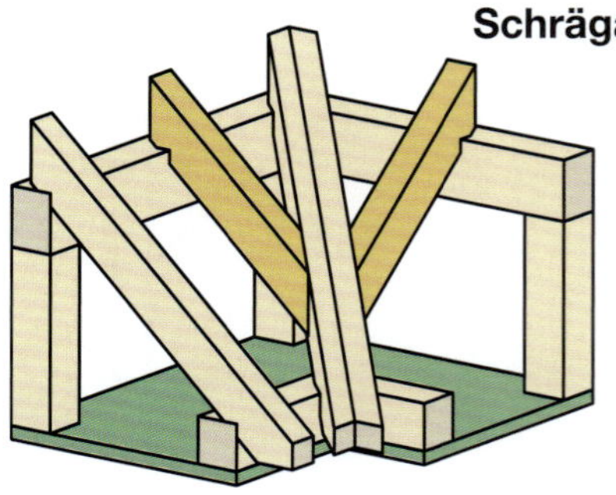

3.8 Ermittlung der Kehlschifter

① Bezugsseiten rechts und links (*R*, *L*) für den Schifter im Grundriss festlegen.

② Übertragen der Senkelschmiegen *R* und *L* vom Grundriss in das Sparrenprofil. Senkelschmiegen als Abschnittsrisse markieren.

③ Schifterholz auflegen und Senkelschmiegen auf rechte beziehungsweise linke Seite übertragen.

④ Umkantung des Schifters aus Profil 2.

Aufgabe 4

Kehlsparren bei gleichen Dachneigungen mit Hexenschnitt und Kehlklauenschifter

Diese Aufgabe beinhaltet einen Kehlsparren ohne Überhöhung bei gleich geneigten Dachflächen und die dazu gehörenden Kehlklauenschifter.
Die Normalsparren weisen einen rechtwinkligen Traufabschnitt auf.
Der Traufabschnitt des Kehlsparrens ist mit Hexenschnitt auszuführen.

Der Querschnitt des Kehlsparrens (**b = 7 cm, h = 7 cm**) ist so gewählt, dass die Kehlschifter nicht über die Unterkante des Kehlsparrens hinausragen.

Das rechtwinklige Obholz beim Normalsparren/Schifter beträgt **5,5 cm**.

4.1: Das Modell für die Aufgabe 4 in Grundriss, Vorderansicht, Seitenansicht und Schrägansicht. Die Ziffern entsprechen den Positionen der Bauteile in der Holzliste.

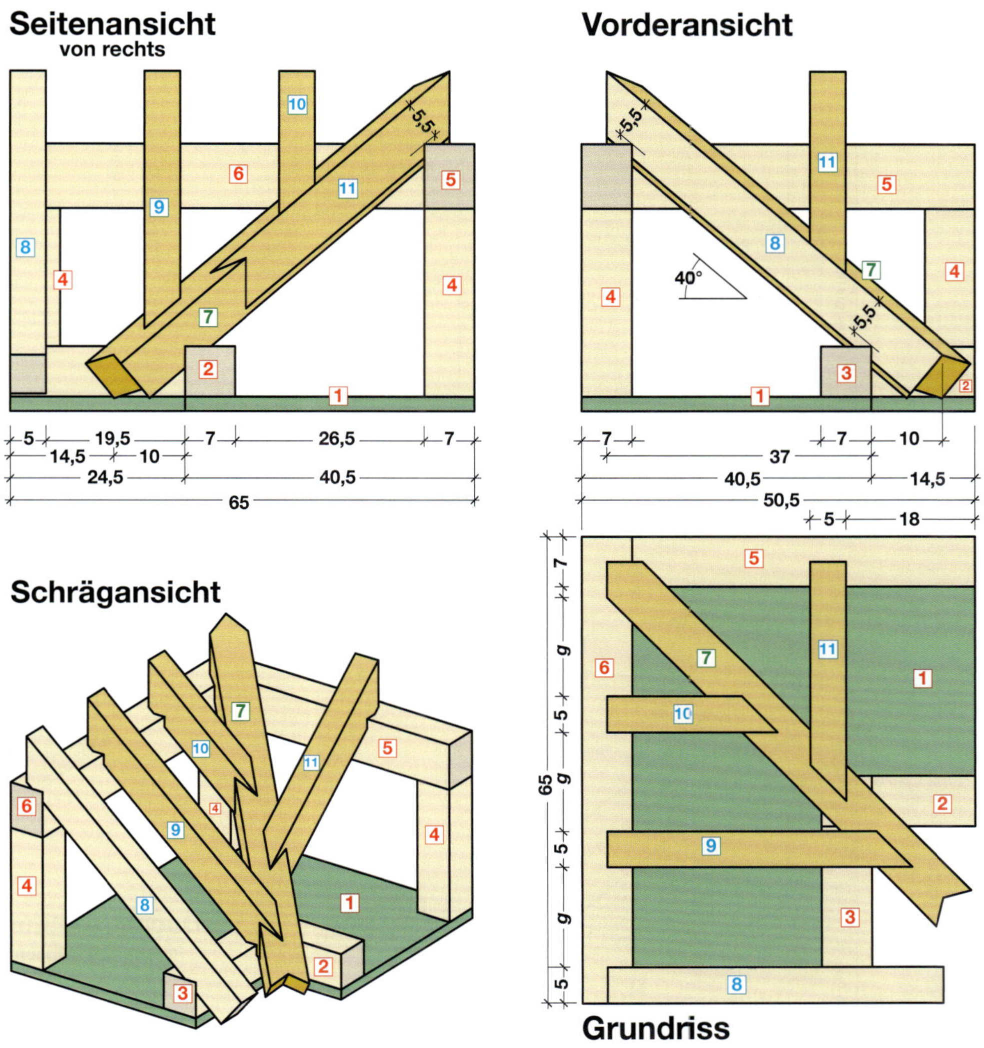

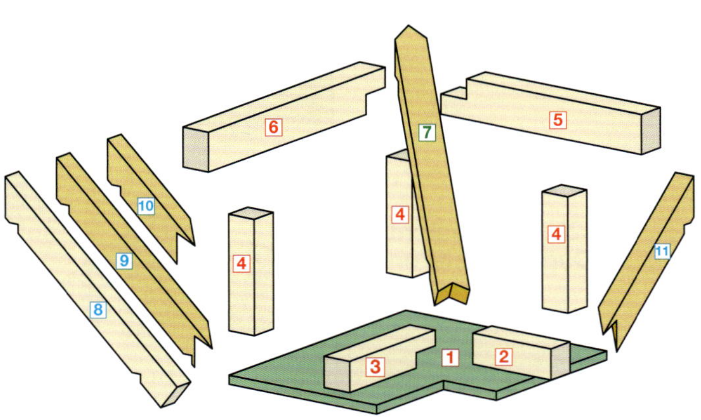

Holzliste

Position	Bezeichnung	Anzahl	Breite [cm]	Höhe [cm]	Länge [cm]
1	Bodenplatte	1	55	2	65
2	Fußpfette	1	7	7	30
3	Fußpfette	1	7	7	40
4	Pfosten	3	7	7	35
5	Firstpfette	1	7	9	60
6	Firstpfette	1	7	9	70
7	Kehlsparren	1	7	7	100
8	Sparren	1	5	7	70
9	Kehlklauenschifter	1	5	7	70
10	Kehlklauenschifter	1	5	7	40
11	Kehlklauenschifter	1	5	7	60

4.2: Explosionszeichnung und Holzliste des Modells. Die Bauteile sind in der Reihenfolge des Aufrichtens aufgeführt: Zuerst die Pfosten und Pfetten (rot), dann der Gratsparren (grün), anschließend die Sparren/Schifter (blau)

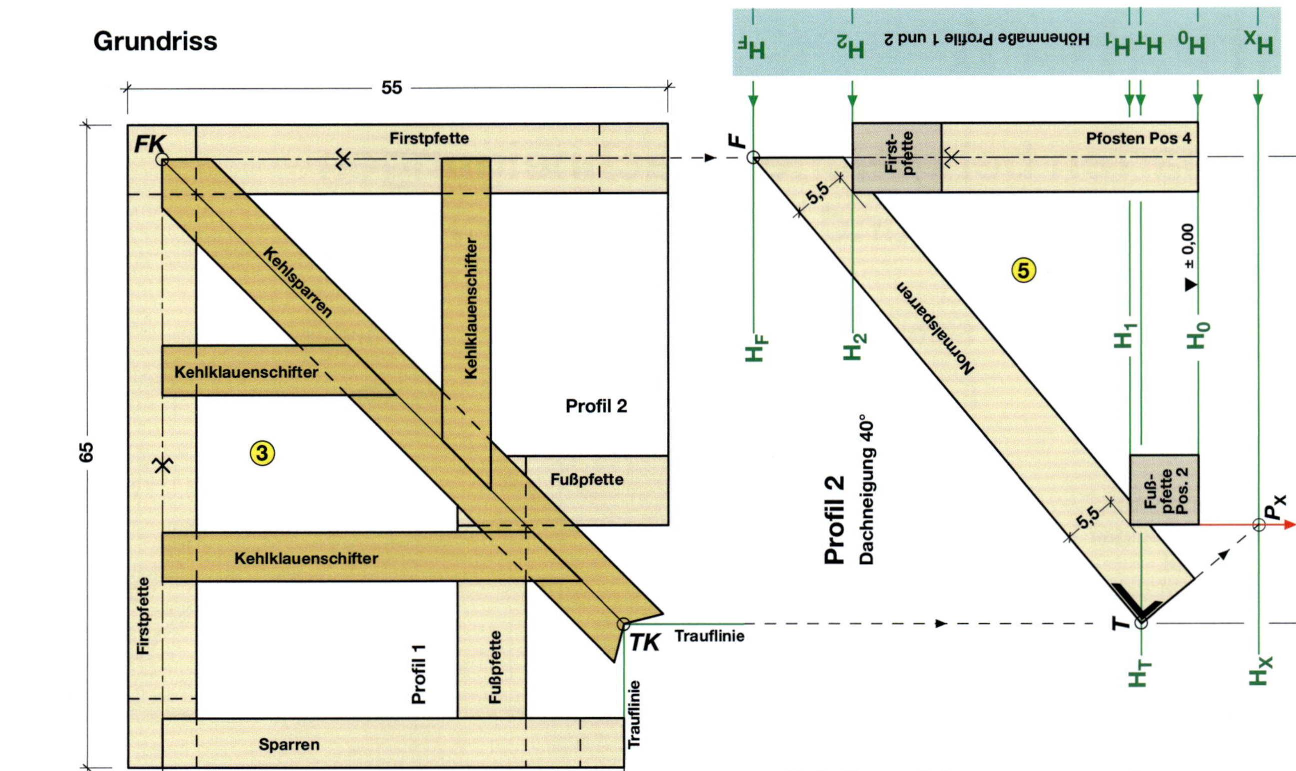

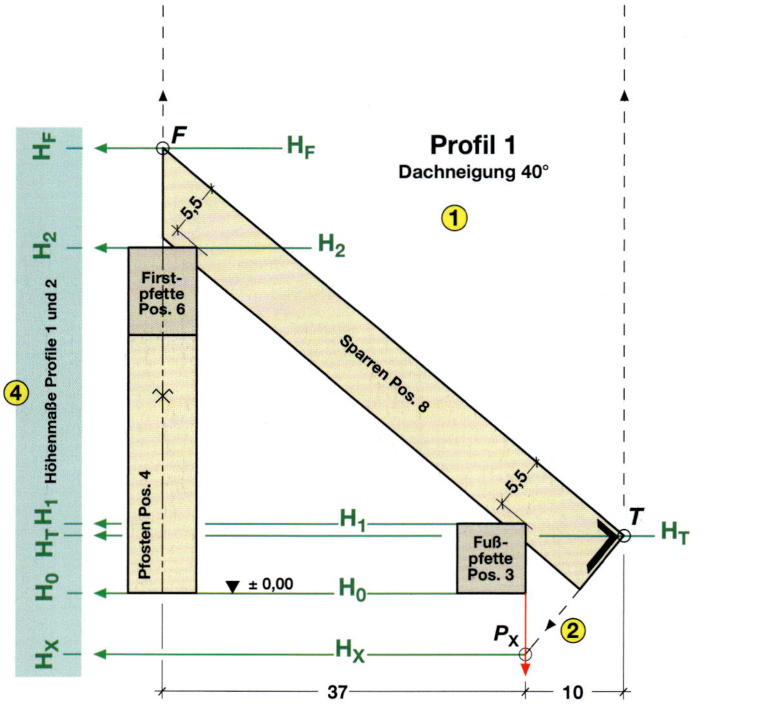

Schrägansicht

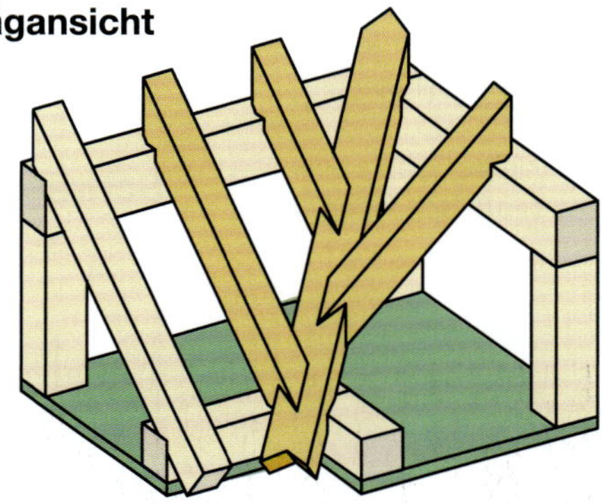

Dachausmittlung
(nicht maßstäblich)

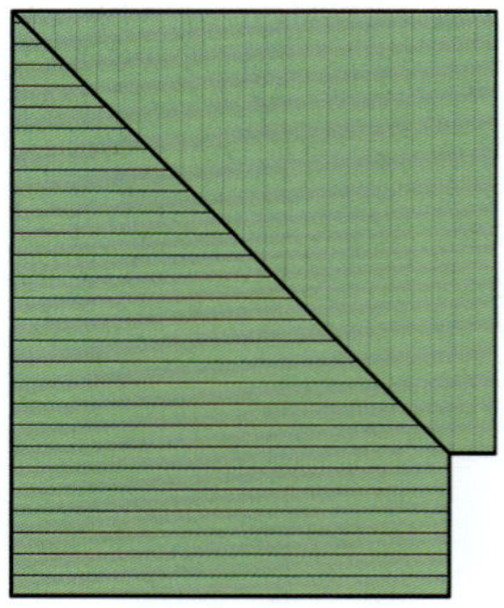

4.3 Grundriss und Profile

Schrägansicht Dachausmittlung

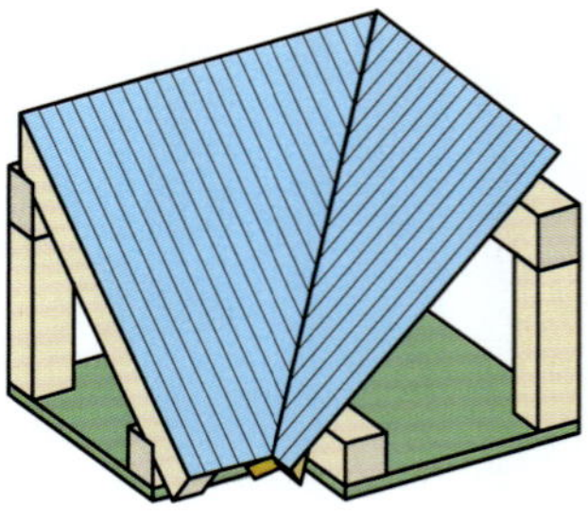

① **Profil 1** aufreißen
② In **Profil 1** am **Traufpunkt *T*** einen rechtwinkligen Abschnitt reißen, Abschnittsriss verlängern und mit dem Lot aus der Vorderkante-Fußpfette in Punkt P_x schneiden
③ Grundriss über **Profil 1** reißen
④ Höhenlinien auf Maßlatte übertragen
⑤ **Profil 2** grundrissbezogen aufreißen

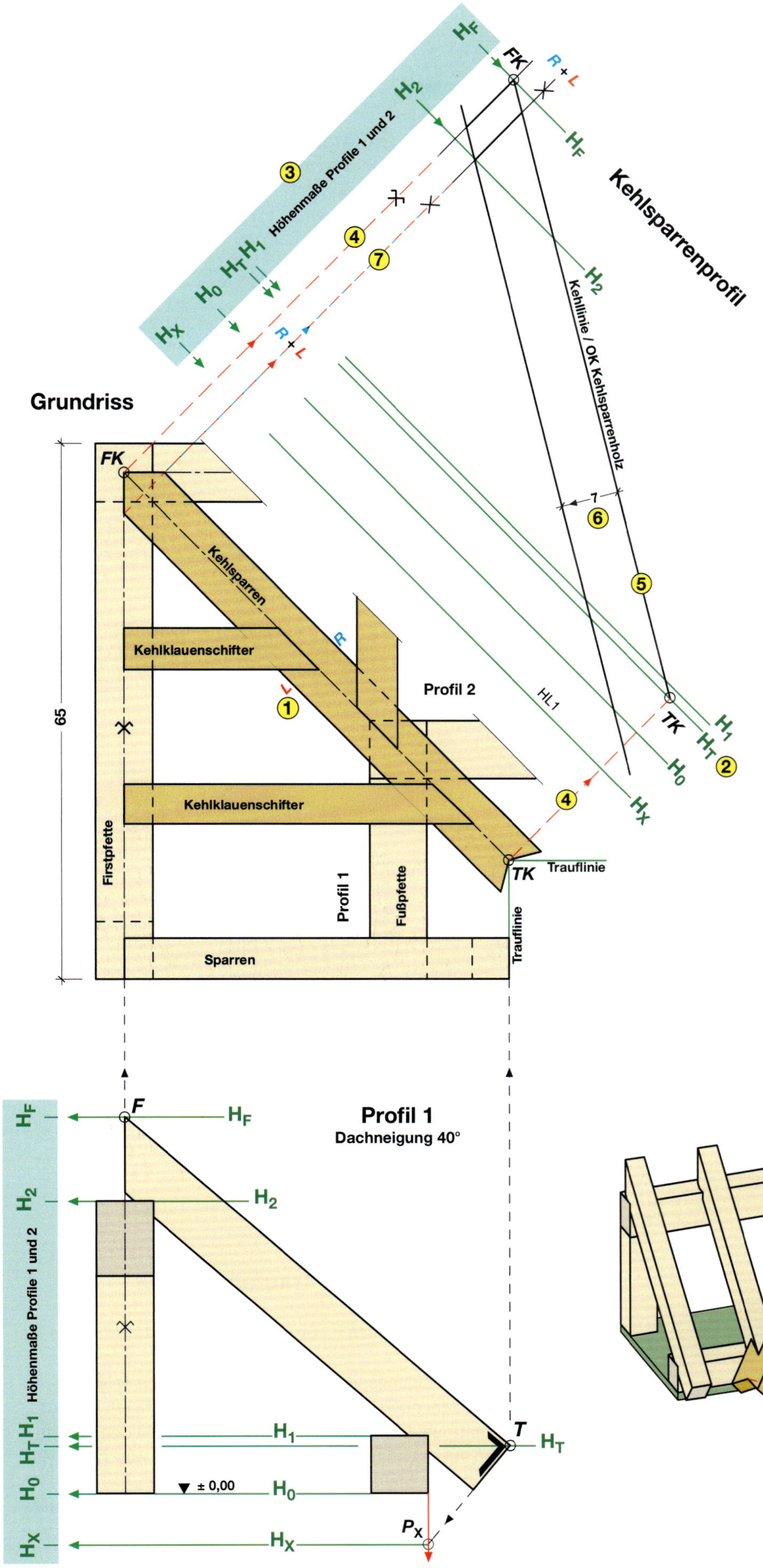

4.4 Ermittlung des Kehlsparrenprofils und des Abschnitts am First

① Bezugsseite ***R*** und ***L*** (rechts und links) für den **Kehlsparren im Grundriss** festlegen.

② Parallel zur Kehlgrundlinie in variablem Abstand die Höhenlinie H_T (Traufhöhenlinie) einzeichnen.

③ Mit Hilfe der Höhenmaßlatte vom **Profil 1** (aus **Bild 4.3**) die Höhenlinien H_X, H_0, H_1, H_2 und H_F von H_T ausgehend ins Kehlprofil übertragen.

④ Die Punkte ***TK*** und ***FK*** aus dem **Kehlgrund** rechtwinklig an die entsprechenden Höhenlinien (H_T, H_F) ins **Kehlprofil** übertragen.

⑤ Die Punkte ***TK*** und ***FK*** werden im **Kehlprofil** zur ***Kehllinie*** verbunden. Dies ergibt die wahre Länge der Kehllinie.

⑥ Unterkante-Kehlsparren mit ***h* = 7 cm** parallel zur Kehllinie einzeichnen.

⑦ Firstabschnittslinie (***R*** und ***L***) aus dem **Grundriss** in das **Kehlprofil** übertragen.

Schrägansicht

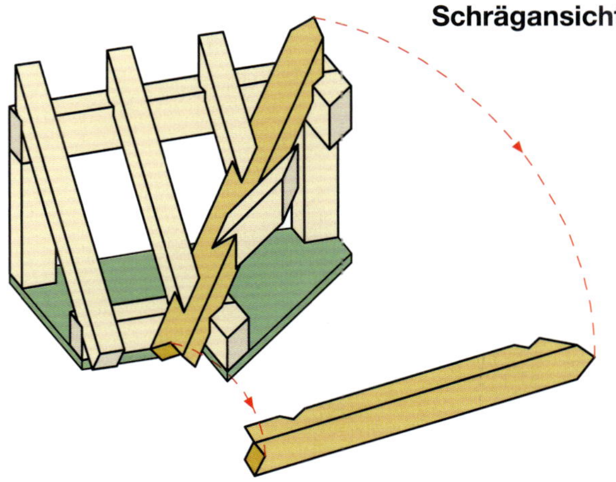

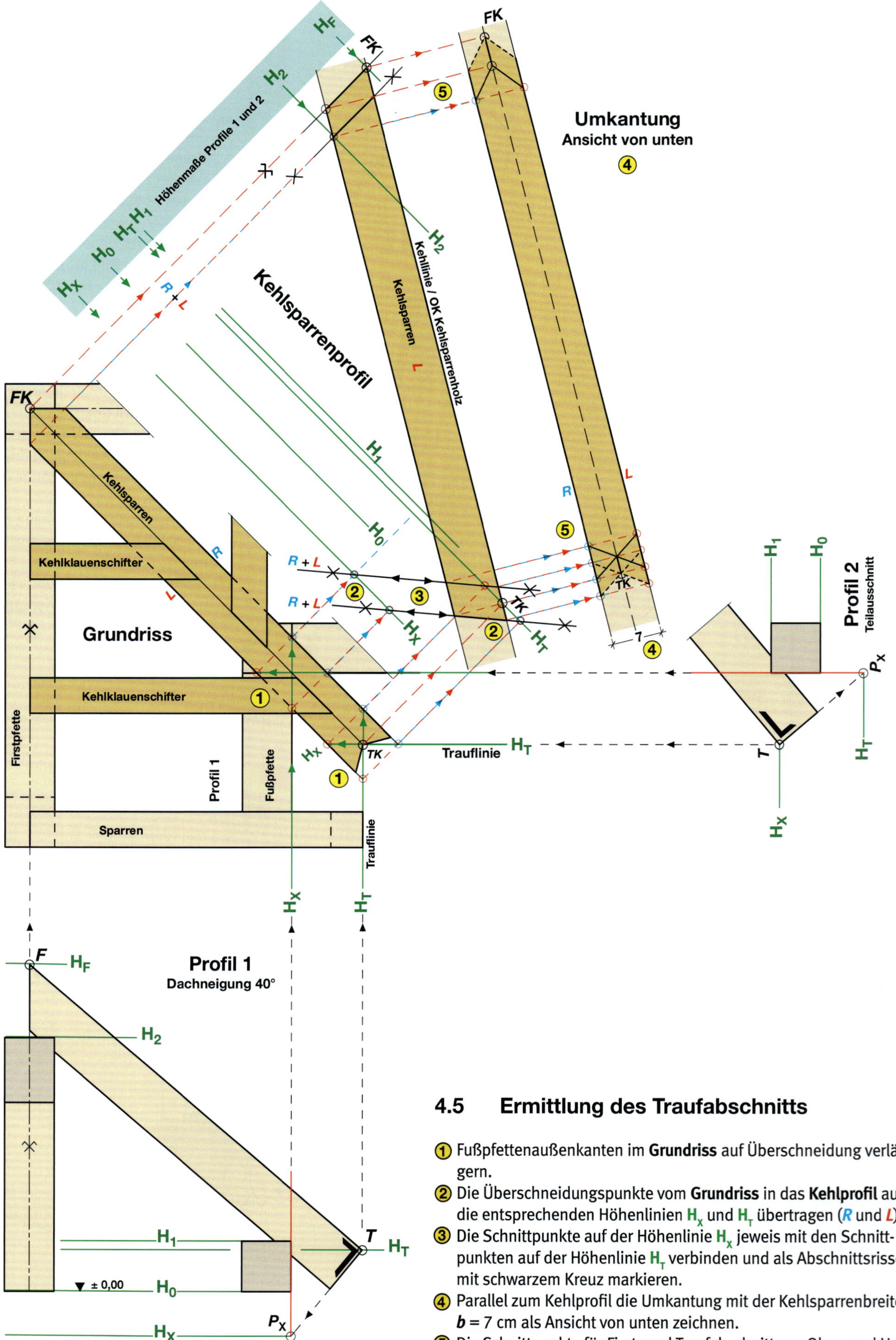

4.5 Ermittlung des Traufabschnitts

① Fußpfettenaußenkanten im **Grundriss** auf Überschneidung verlängern.

② Die Überschneidungspunkte vom **Grundriss** in das **Kehlprofil** auf die entsprechenden Höhenlinien H_X und H_T übertragen (*R* und *L*).

③ Die Schnittpunkte auf der Höhenlinie H_X jeweils mit den Schnittpunkten auf der Höhenlinie H_T verbinden und als Abschnittsrisse mit schwarzem Kreuz markieren.

④ Parallel zum Kehlprofil die Umkantung mit der Kehlsparrenbreite *b* = 7 cm als Ansicht von unten zeichnen.

⑤ Die Schnittpunkte für First- und Traufabschnitt von Ober- und Unterkante-Kehlsparren in die Umkantung übertragen.

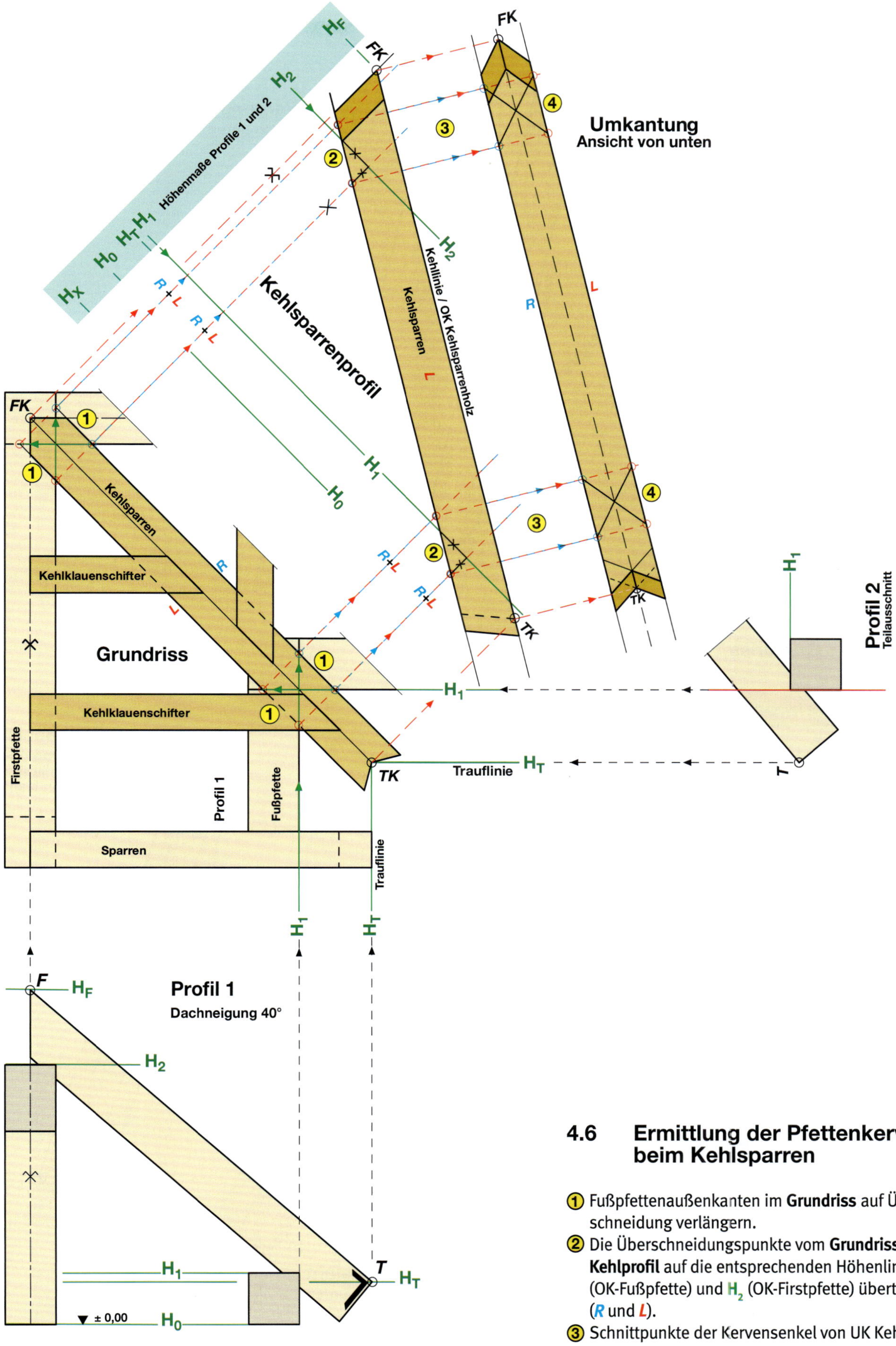

4.6 Ermittlung der Pfettenkerven beim Kehlsparren

① Fußpfettenaußenkanten im **Grundriss** auf Überschneidung verlängern.

② Die Überschneidungspunkte vom **Grundriss** in das **Kehlprofil** auf die entsprechenden Höhenlinien H_1 (OK-Fußpfette) und H_2 (OK-Firstpfette) übertragen (*R* und *L*).

③ Schnittpunkte der Kervensenkel von UK Kehlsparren in die Umkantung übertragen.

④ Den Kervenverlauf in der Umkantung durch Zuordnung von *R* und *L* anreißen.

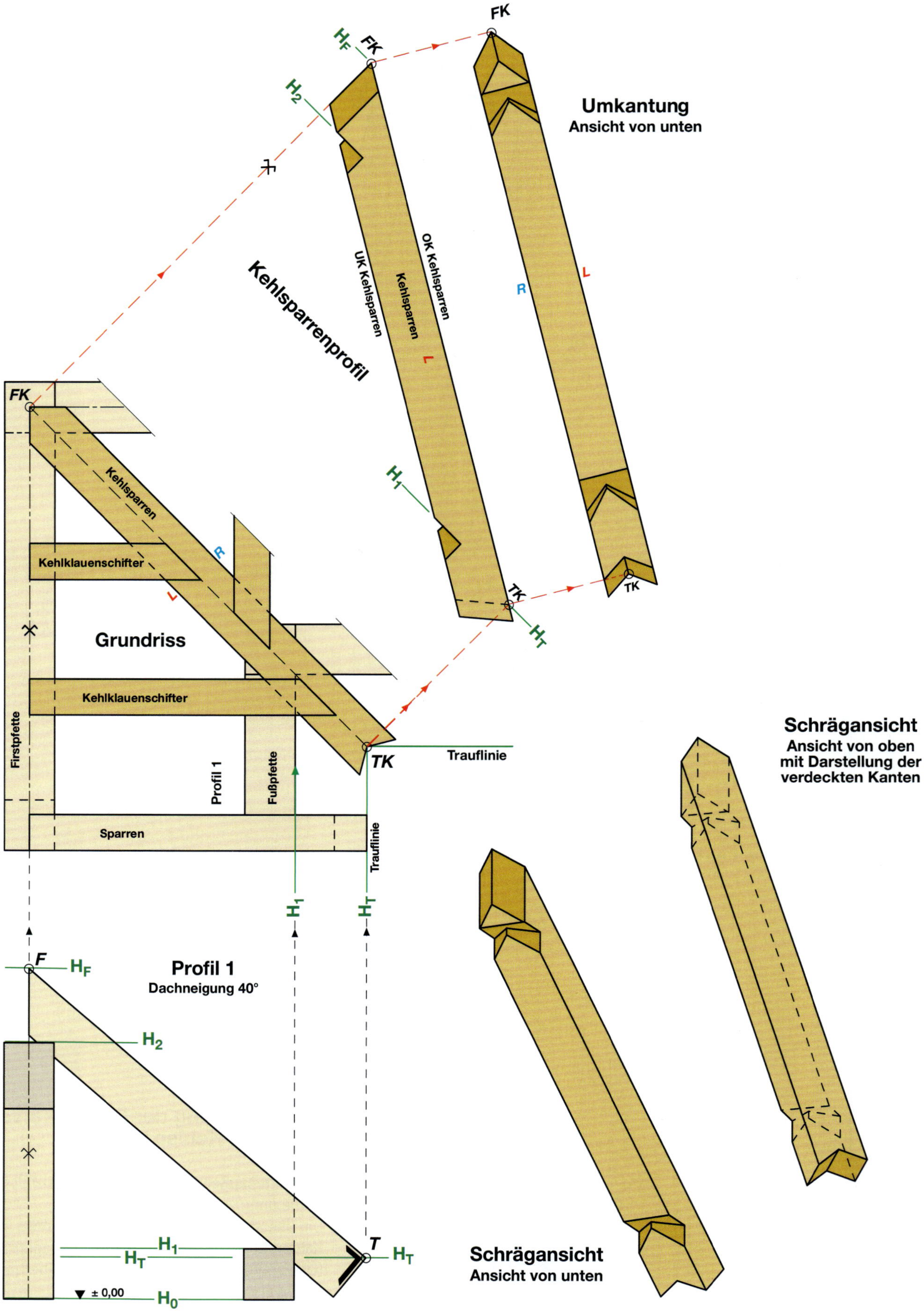

4.7 Kehlsparren ausgearbeitet mit Umkantungen und Schrägansichten

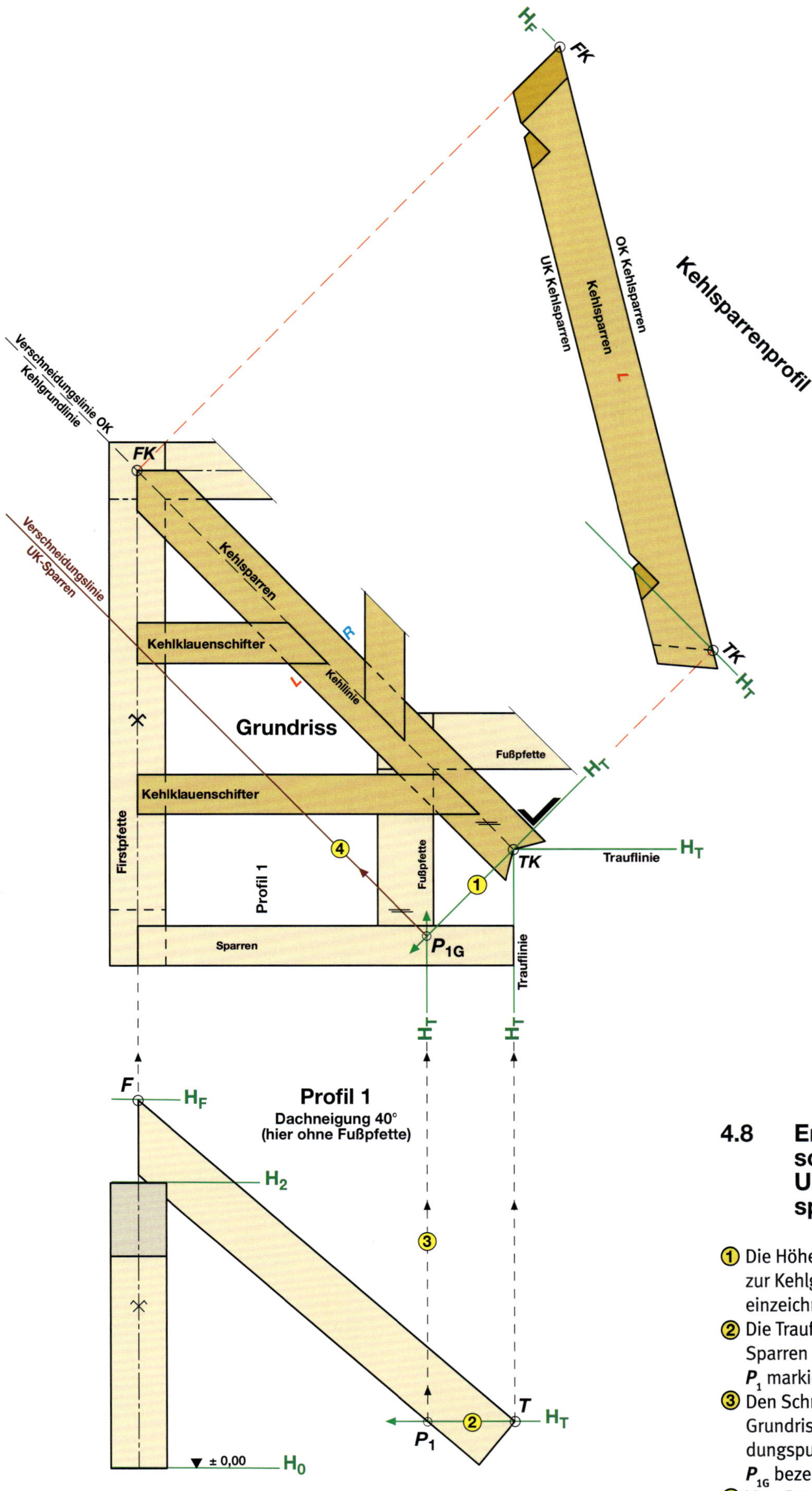

4.8 Ermittlung der Flächenverschneidung von OK- und UK-Profil 1 mit OK-Kehlsparren

① Die Höhenlinie H_T im Grundriss rechtwinklig zur Kehlgrundlinie durch den Traufpunkt ***TK*** einzeichnen.

② Die Traufhöhenlinie H_T im Profil 1 bis zur UK-Sparren durchziehen und den Schnittpunkt P_1 markieren.

③ Den Schnittpunkt P_1 von Profil 1 in den Grundriss übertragen und den Verschneidungspunkt mit der Traufhöhenlinie H_T mit P_{1G} bezeichnen.

④ Vom Punkt P_{1G} ausgehend die **Verschneidungslinie UK-Sparren** parallel zur Kehlgrundlinie einzeichnen.

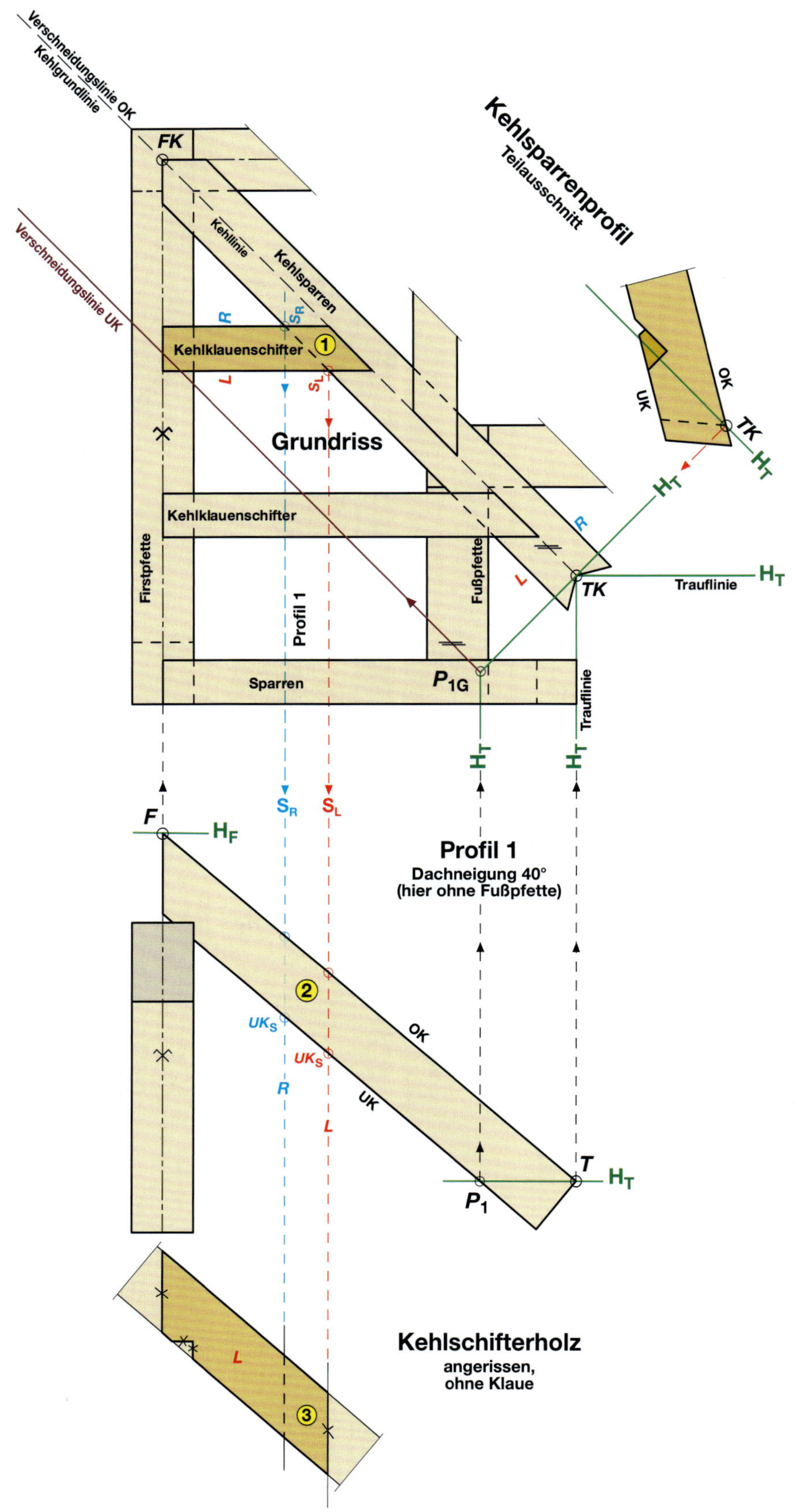

4.9 Ermittlung der Senkelschmiege des Kehlschifters ohne Klaue

① Senkel-Anfallspunkte S_L (links) und S_R (rechts) des Kehlklauenschifters am Kehlsparren im Grundriss markieren.
② Die Senkellinien S_L (links) und S_R (rechts) vom Grundriss in Profil 1 übertragen.
③ Die Senkelschmiege im Profil reißen und mit *L* (links) und *R* (rechts) bezeichnen.

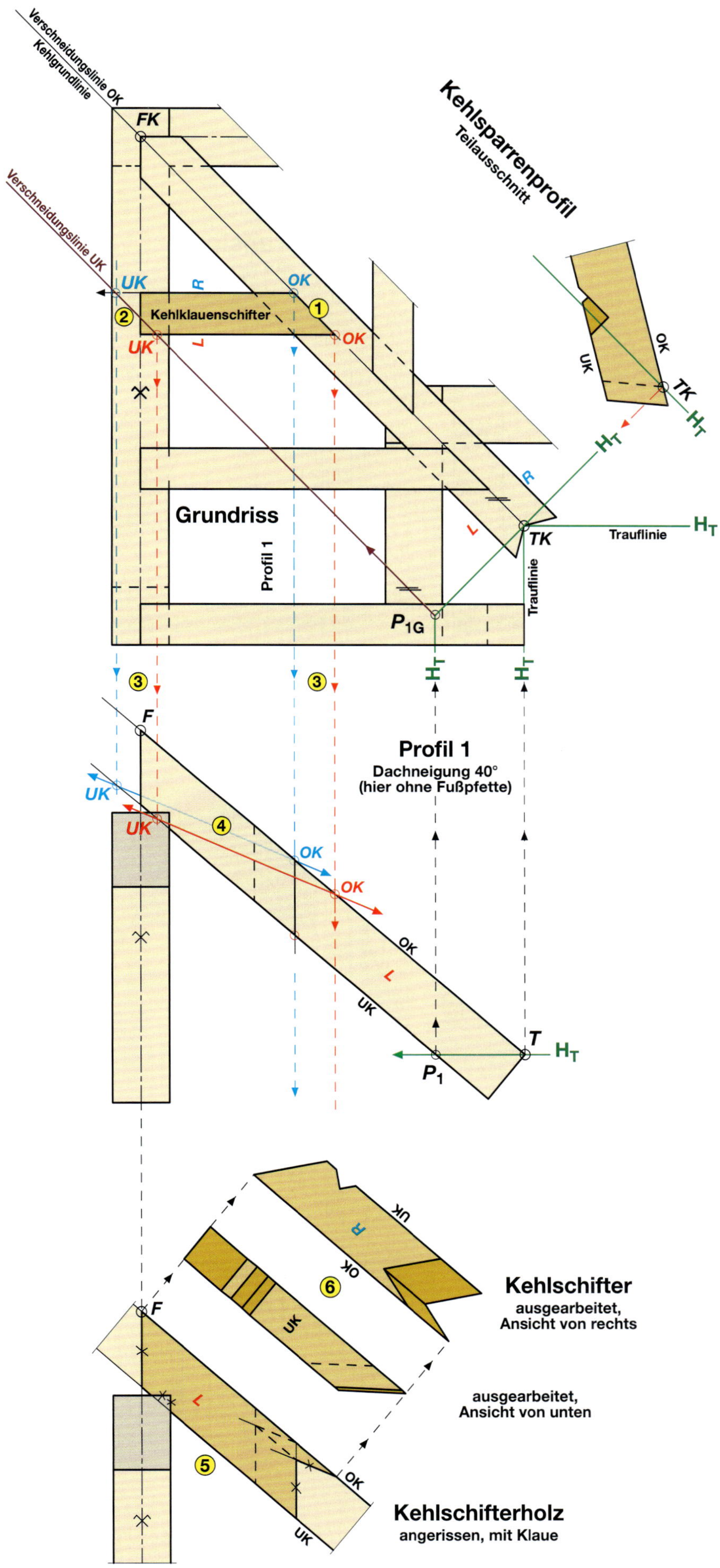

4.10 Ermittlung der Klaue am Kehlklauenschifter

① Die Schnittpunkte ***OK*** (rechts) und ***OK*** (links) auf OK-Schifter (= Verschneidungslinie OK = Kehlgrundlinie) markieren.

② Die Schnittpunkte ***UK*** (rechts) und ***UK*** (links) auf UK-Schifter (= Verschneidungslinien UK) markieren. Hierzu muss die rechte Außenkante des Schifters im Grundriss verlängert werden.

③ Die Schnittpunkte ***OK***, ***OK***, ***UK*** und ***UK*** in das Profil 1 übertragen.

④ Im Profil wird Schnittpunkt ***OK*** (rechts) auf OK-Schifter wird mit ***UK*** (rechts) auf UK-Schifter verbunden. Das Gleiche geschieht mit Schnittpunkt ***OK*** (links) auf OK-Schifter mit ***UK*** (links) auf UK-Schifter.

⑤ Kehlschifterholz anreißen und Abschnittsrisse markieren.

⑥ Parallel zur Neigungslinie Profil 1 den ausgearbeiteten Kehlklauenschifter zwei Mal umgekantet aufreißen.

Schrägansicht

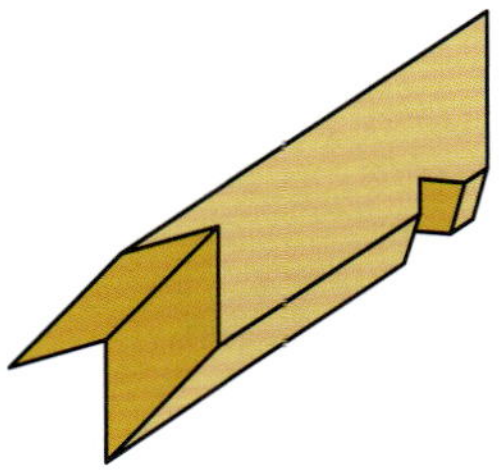

Aufgabe 5

Schräger Sparren senkrecht eingebaut

In dieser Aufgabe wird der Schräge Sparren „im Senkel" (also senkrecht eingebaut) und mit oberseitiger Abgratung behandelt.

Die Dimensionen des Schrägen Sparrens: ***b* = 5 cm, *h* = 7 cm.** Das rechtwinklige Obholz beim Normalsparren beträgt 5,5 cm.

Der Schräge Sparren wird auf der Oberseite abgegratet.

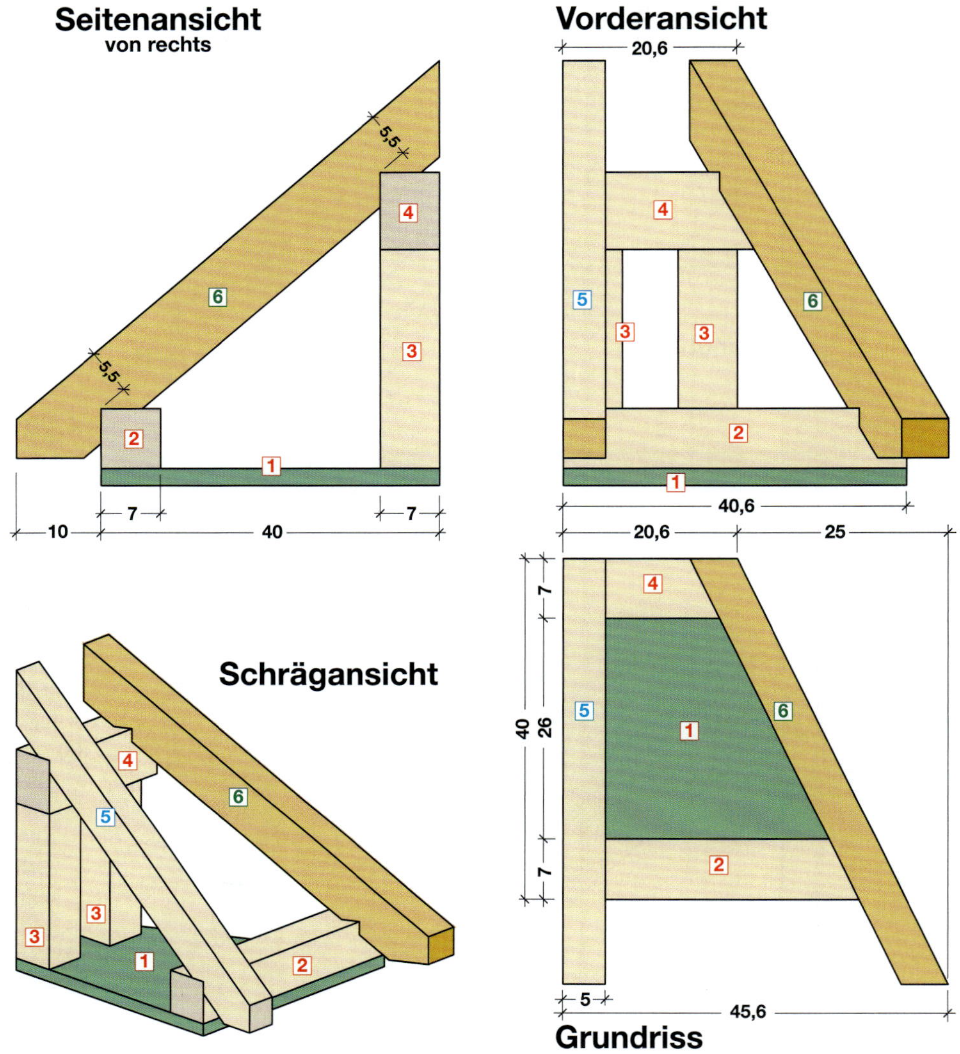

5.1: Das Modell für die Aufgabe 5 in Grundriss, Vorderansicht, Seitenansicht und Schrägansicht. Die Ziffern entsprechen den Positionen der Bauteile in der Holzliste.

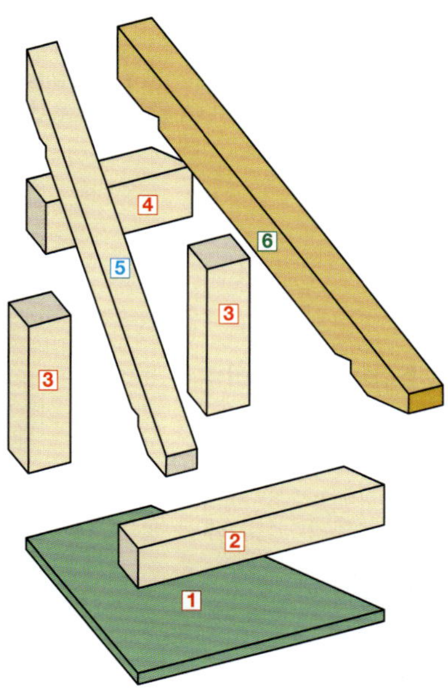

Holzliste

Position	Bezeichnung	Anzahl	Breite [cm]	Höhe [cm]	Länge [cm]
1	Bodenplatte	1	42	2	42
2	Fußpfette	1	7	7	42
3	Pfosten	2	7	7	30
4	Firstpfette	1	7	9	25
5	Sparren	1	5	7	67
6	Schräger Sparren	1	5	9	74

***5.2:** Explosionszeichnung und Holzliste des Modells. Die Bauteile sind in der Reihenfolge des Aufrichtens aufgeführt: Zuerst die Pfosten und Pfetten (rot), dann der Normalsparren (blau), anschließend der Schräge Sparren (grün).*

Grundriss

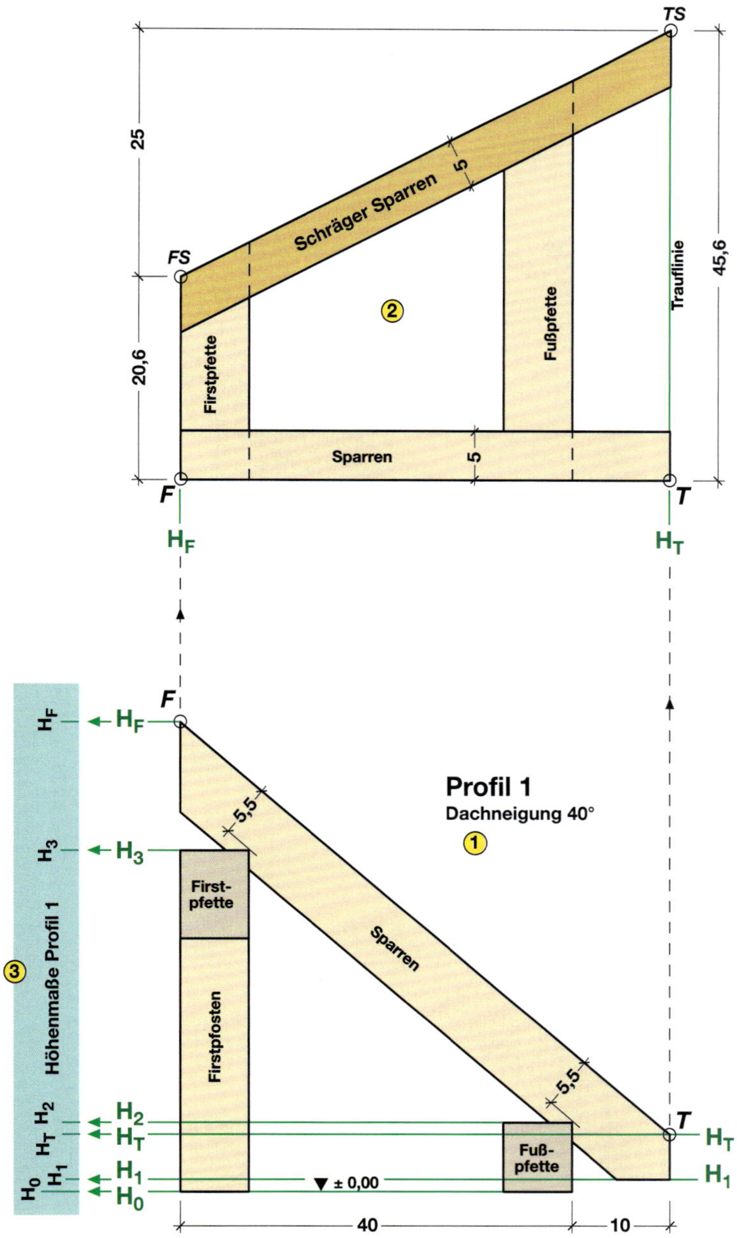

Dachausmittlung
(nicht maßstäblich)

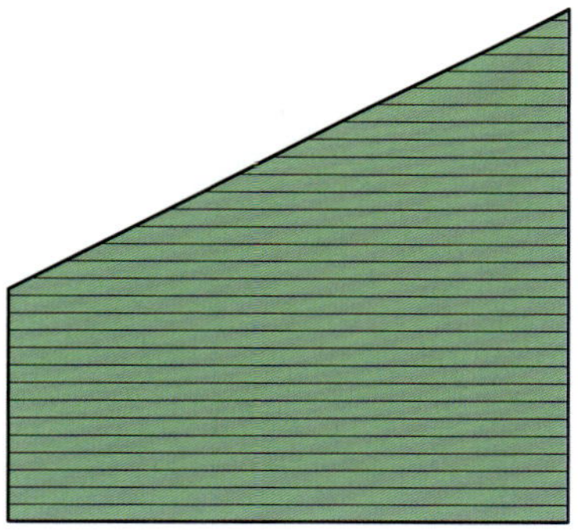

Schrägansicht Dachausmittlung

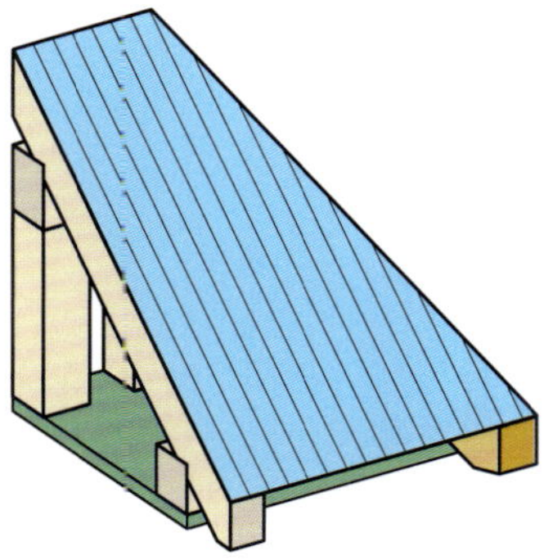

Schrägbild

Schrägbild

5.3 Grundriss und Profile

① **Profil 1** aufreißen
② Grundriss über Profil 1 aufreißen
③ Höhen H_0, H_1, H_T, H_2, H_3 und H_F auf Höhenmaßlatte übertragen

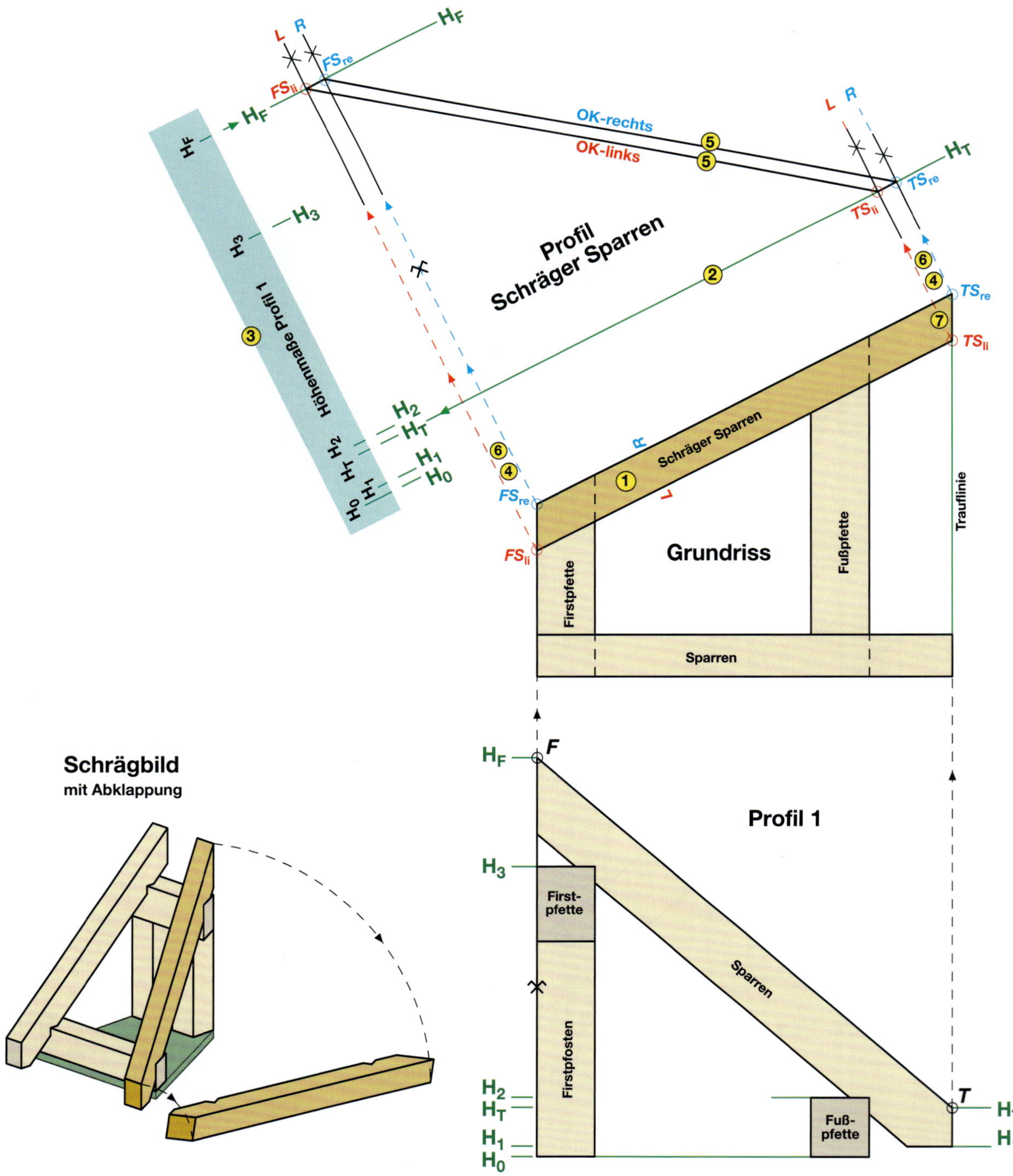

5.4 Ermittlung des Schrägsparrenprofils und des Abschnitts am First

① Bezugsseite ***R*** und ***L*** (rechts und links) für den **Schrägen Sparren im Grundriss** festlegen.
② Parallel zum Schrägen Sparren in beliebigem Abstand die Höhenlinie H_T (Traufhöhenlinie) einzeichnen.
③ Höhenmaßlatte von **Profil 1** (aus **Bild 5.3**) an die Höhenlinie H_T anlegen und H_F ins **Profil des Schrägen Sparrens** übertragen.
④ Die Punkte TS_{re} und TS_{li} sowie FS_{re} und FS_{li} aus dem Grundriss rechtwinklig an die entsprechende Höhenlinie (H_T, H_F) im Profil des Schrägen Sparrens übertragen.
⑤ Die Verbindung der Punkte TS_{re} und FS_{re} ergibt die rechte Oberkante des Schrägen Sparrens. Die Verbindung der Punkte TS_{li} und FS_{li} ergibt die linke Oberkante und gleichzeitig die **Abgratungslinie** des Schrägen Sparrens.
⑥ Auf den senkrechten Übertragungslinien aus den Trauf- und Firstpunkten (TS_{re} und FS_{re} beziehungsweise TS_{li} und FS_{li}) liegen die senkrechten Firstabschnitte und die senkrechten Abschnittsbereiche an der Traufe.
⑦ Traufpunkt TS_{li} auf H_T übertragen.

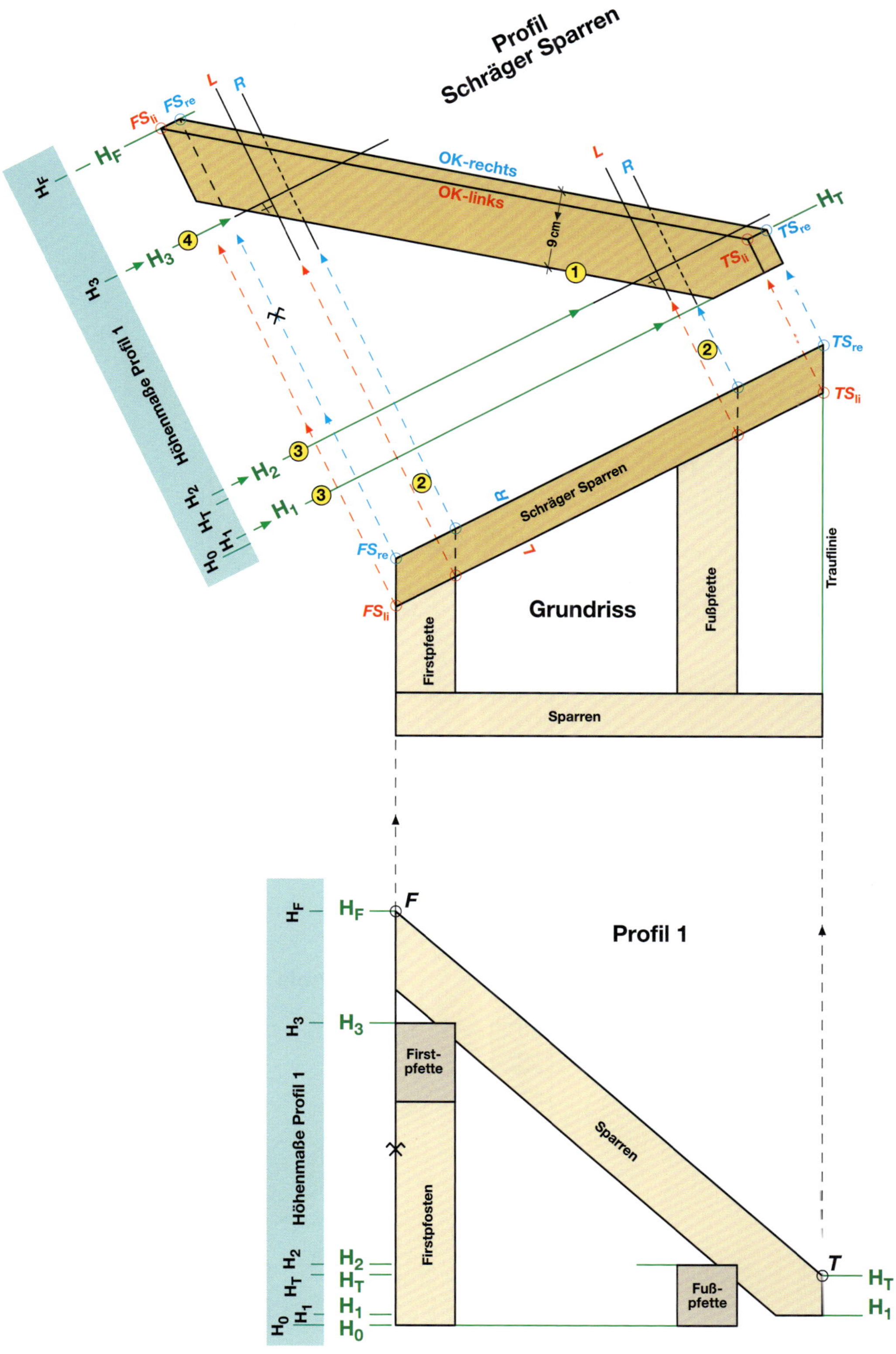

5.5 Ermittlung der Pfettenkerven

① Die Unterkante des Schrägsparrens (mit ***h* = 9 cm**) parallel zu Oberkante-Sparren einzeichnen.

② Vorderkante Fußpfette und Vorderkante Firstpfette (*R* und *L*) ins Profil übertragen.

③ Mit Hilfe der Höhenmaßlatte von Profil 1 (aus 5.3) den waagerechten Sparren-Traufabschnitt = Höhenlinie **H_1** und die Oberkante der Fußpfette = Höhenlinie **H_2** in das Profil Schräger Sparren übertragen.

④ Mit **H_3** die Oberkante der Firstpfette in das Profil Schräger Sparren übertragen.

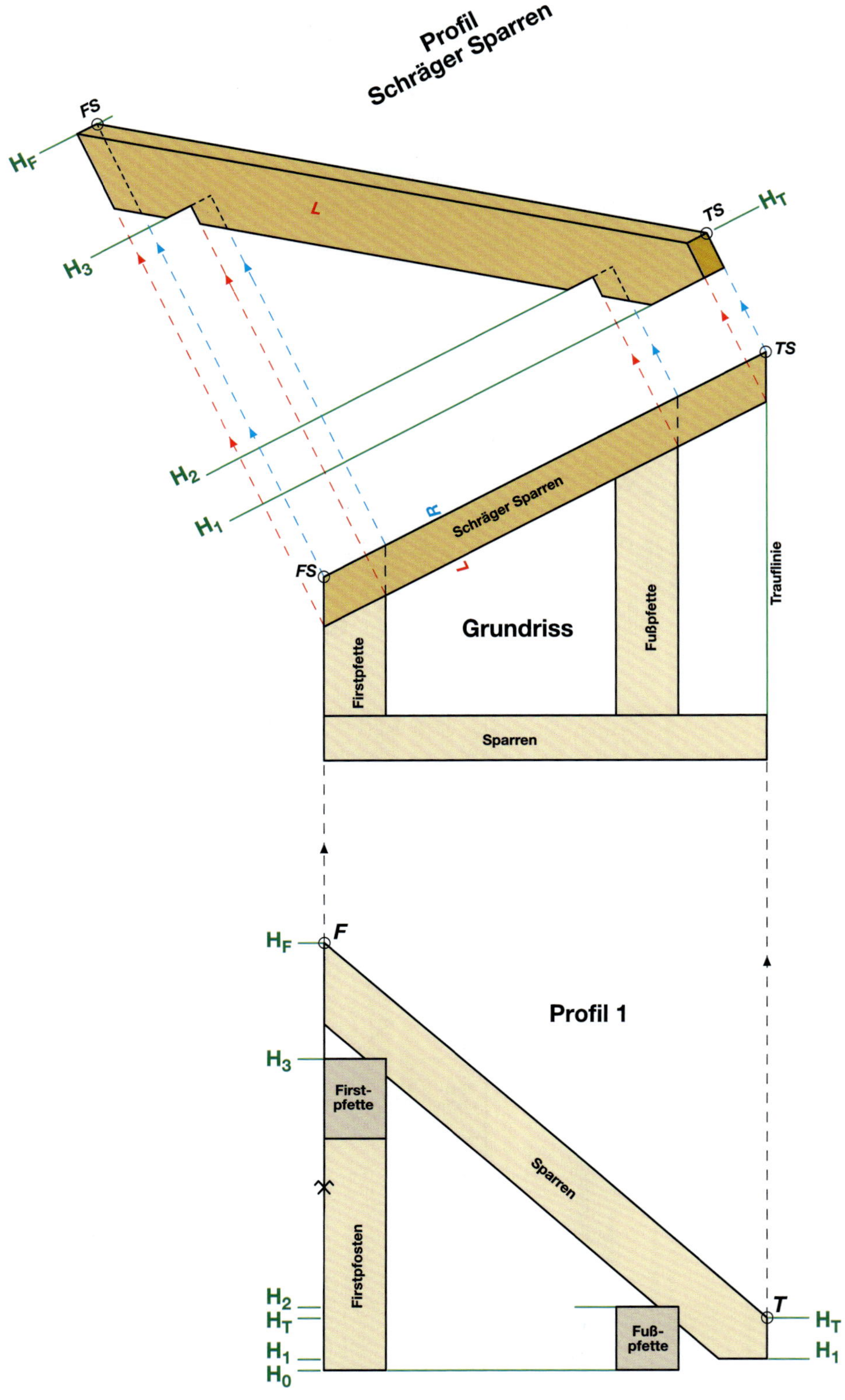

5.6 Ausgearbeiteter Schräger Sparren

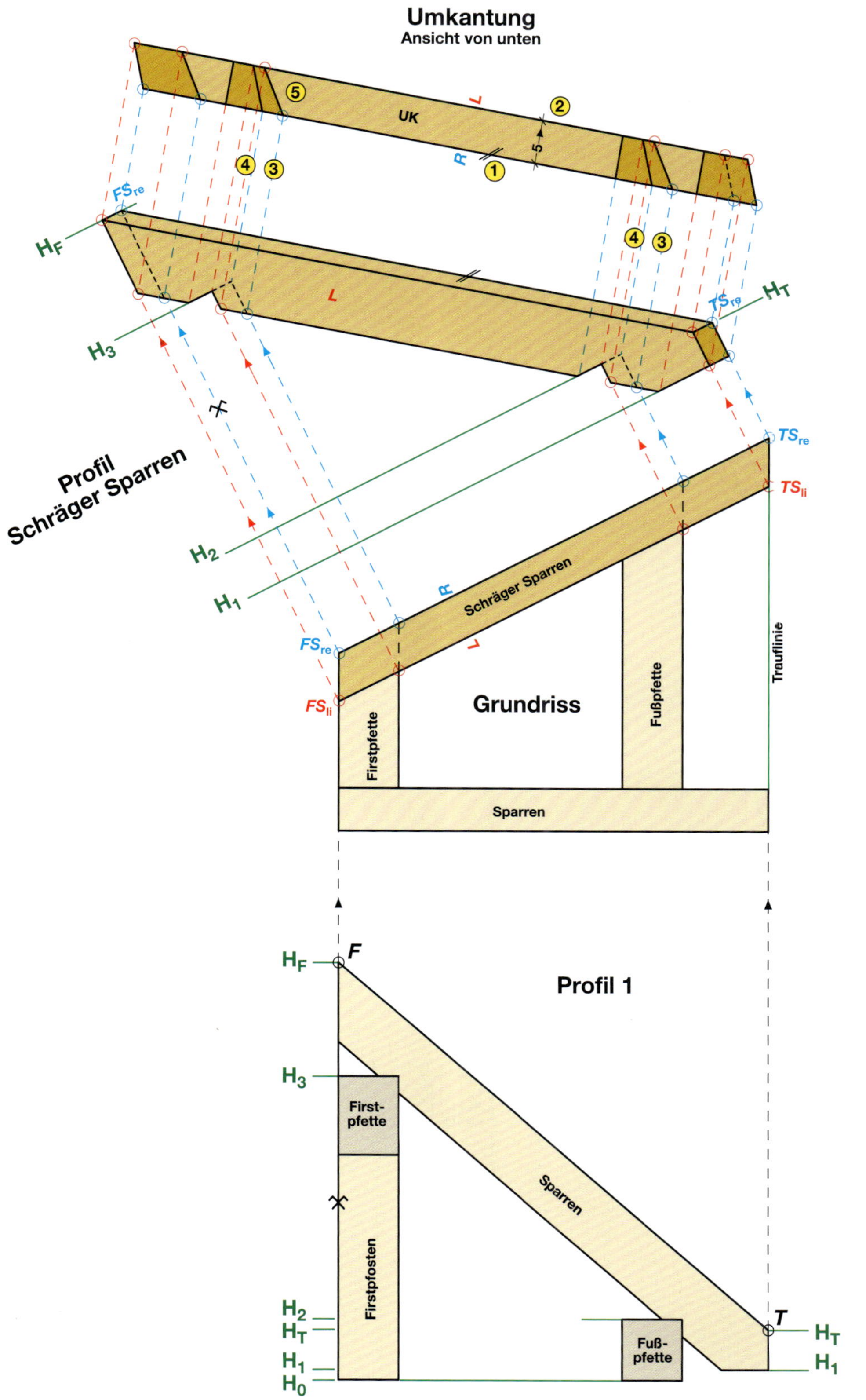

5.7 Ausgearbeiteter Schräger Sparren mit Umkantung

① Rechte Unterkante (*R*) des Schrägen Sparrens parallel zur Profilneigungslinie in beliebigem Abstand reißen.
② Breite des Schrägen Sparrens (***b* = 5 cm**) rechtwinklig von der rechten Unterkante antragen und linke Unterkante (*L*) reißen.
③ Abschnitts- und Kervenpunkte der rechten Kante (*R*) gemäß Zuordnung im Grundriss auf die rechte Unterkante (*R*) in der Umkantung übertragen.
④ Abschnitts- und Kervenpunkte der linken Kante (*L*) gemäß Zuordnung im Grundriss auf die linke Unterkante (*L*) in der Umkantung übertragen.
⑤ Zusammengehörige Punkte auf der unteren Kantenfläche (**UK**) des schrägen Sparrens miteinander verbinden.

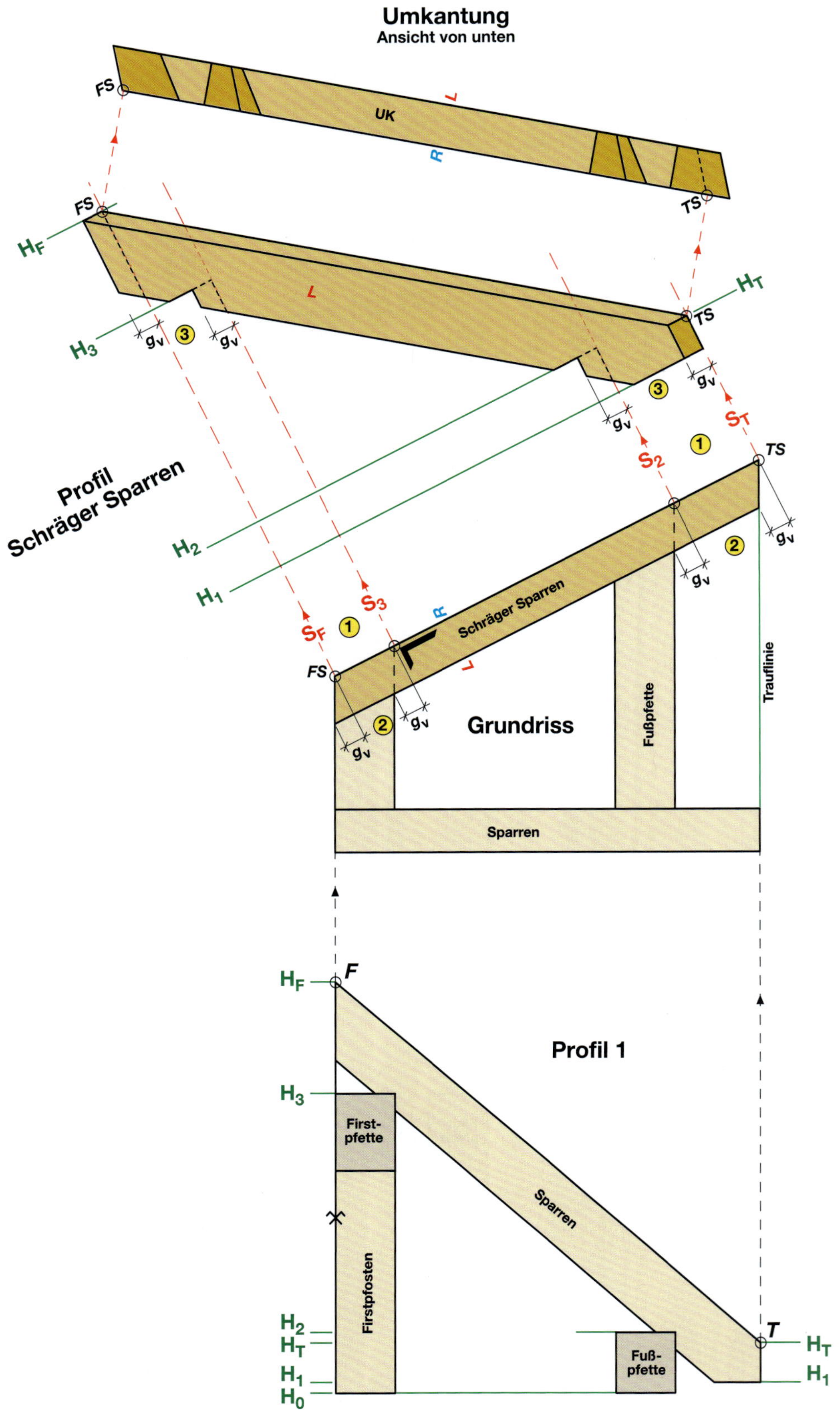

5.8 Anreißen des Schrägen Sparrens mit Verstichmaßen

① Ursenkel S_T, S_2, S_3 und S_F ins Profil einreißen.
② Grundverstichmaße g_v im Grundriss abnehmen.
③ Grundverstichmaße g_v ins Profil eintragen.

Aufgabe 6

Schräger Sparren verkantet, im rechten Winkel zur Dachfläche

In dieser Aufgabe wird der verkantete Schräge Sparren behandelt, der mit seiner oberen Kantenfläche in der Dachfläche beziehungsweise mit seinen Seitenflächen rechtwinklig zur Dachfläche liegt.

Die Dimensionen des Schrägen Sparrens: ***b* = 5 cm, *h* = 7 cm.**

Das rechtwinklige Obholz beim Normalsparren beträgt **5,5 cm**.

Seitenansicht
von rechts

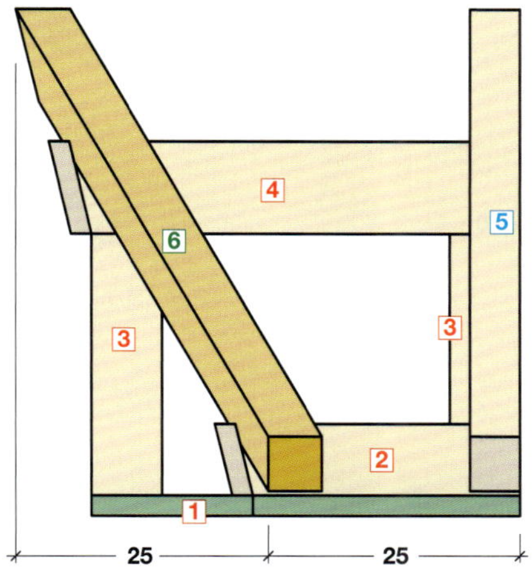

Vorderansicht

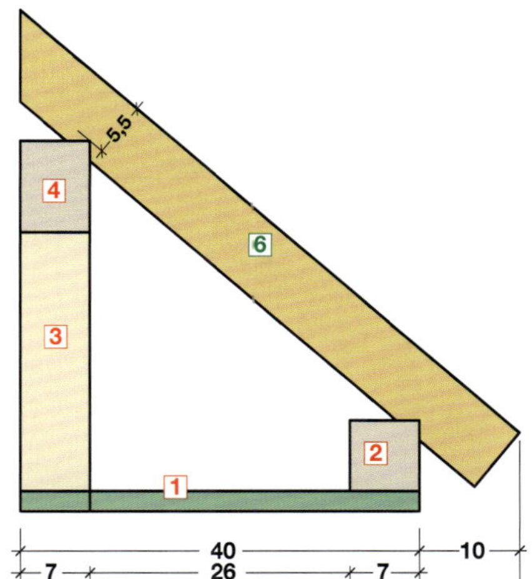

Schrägansicht

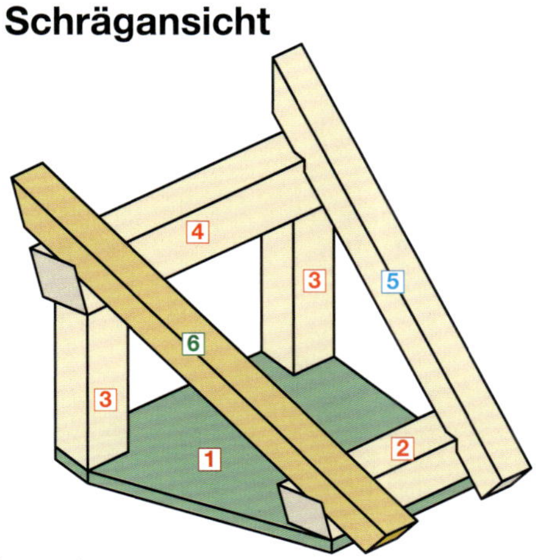

6.1: Das Modell für die Aufgabe 6 in Grundriss, Vorderansicht, Seitenansicht und Schrägansicht. Die Ziffern entsprechen den Positionen der Bauteile in der Holzliste.

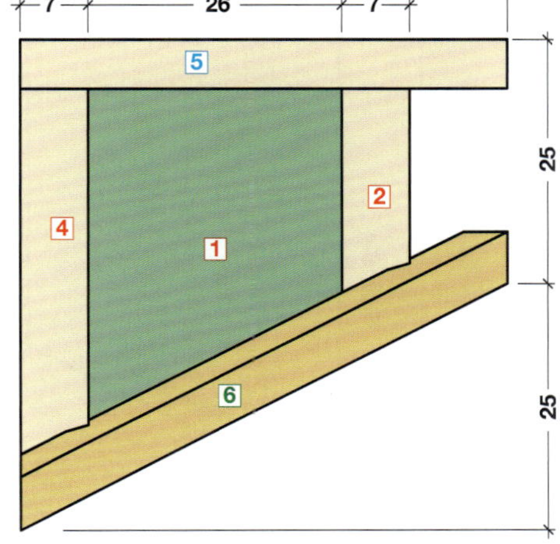

Grundriss

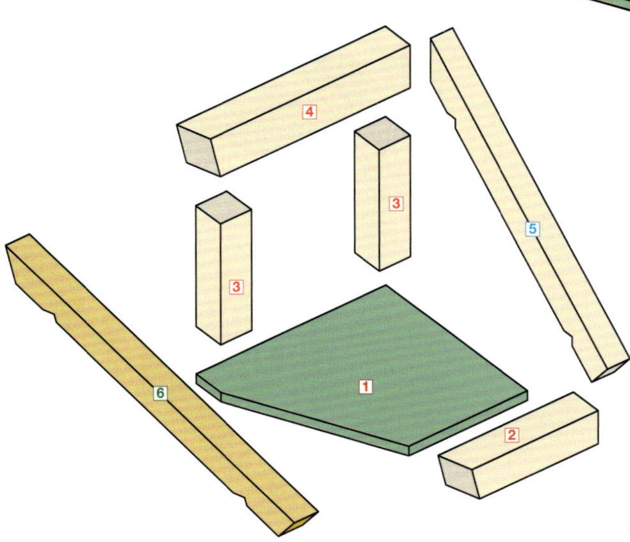

Holzliste

Position	Bezeichnung	Anzahl	Breite [cm]	Höhe [cm]	Länge [cm]
1	Bodenplatte	1	42	2	44
2	Fußpfette	1	7	7	32
3	Pfosten	2	7	7	27
4	Firstpfette	1	7	9	50
5	Sparren	1	5	7	67
6	Schräger Sparren	1	5	9	74

6.2: Explosionszeichnung und Holzliste des Modells. Die Bauteile sind in der Reihenfolge des Aufrichtens aufgeführt: Zuerst die Pfosten und Pfetten (rot), dann der Normalsparren (blau), anschließend der Schräge Sparren (grün)

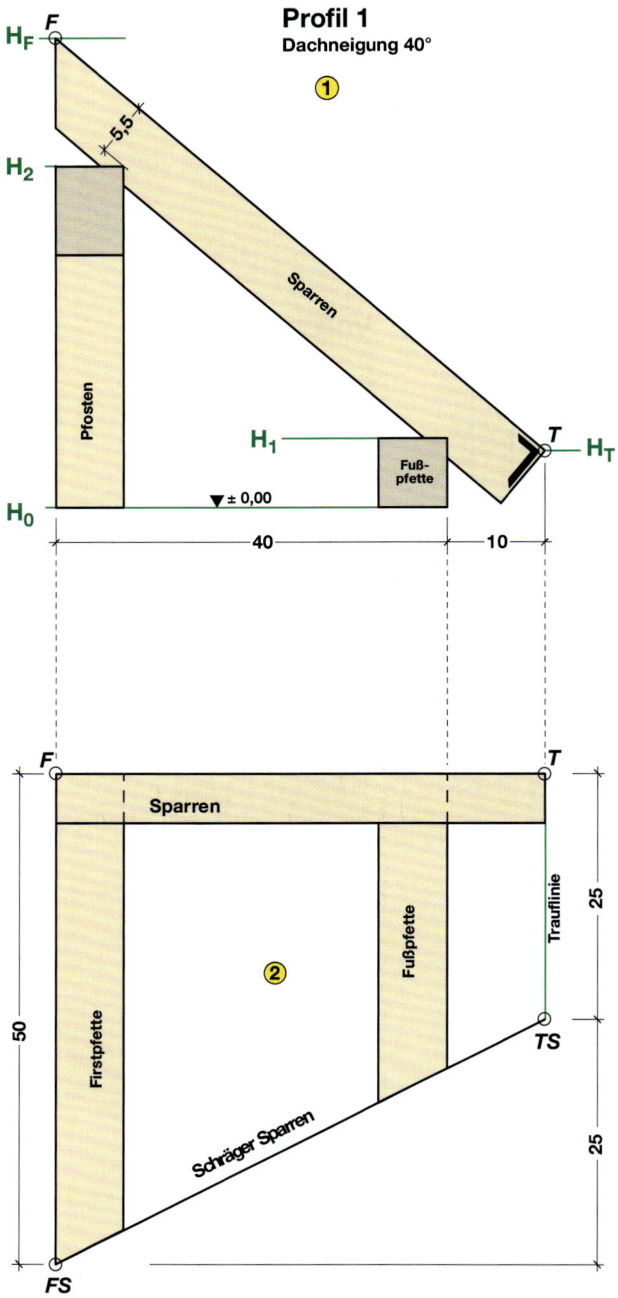

Grundriss

Dachausmittlung
(nicht maßstäblich)

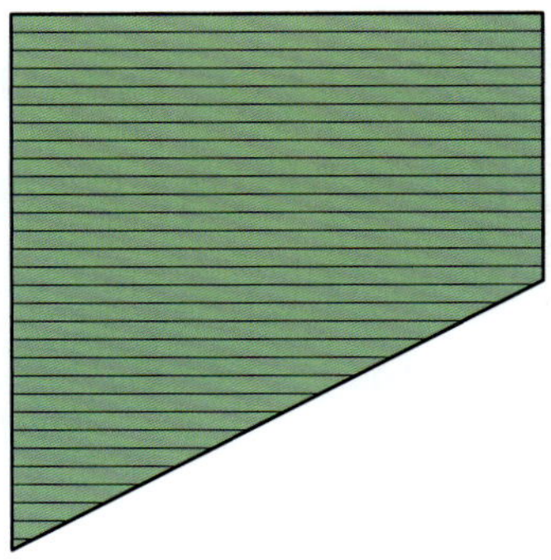

Schrägansicht
Dachausmittlung

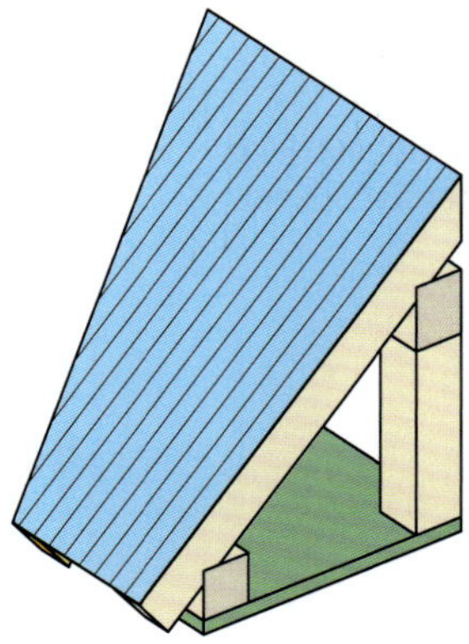

Schrägansicht

Schrägansicht

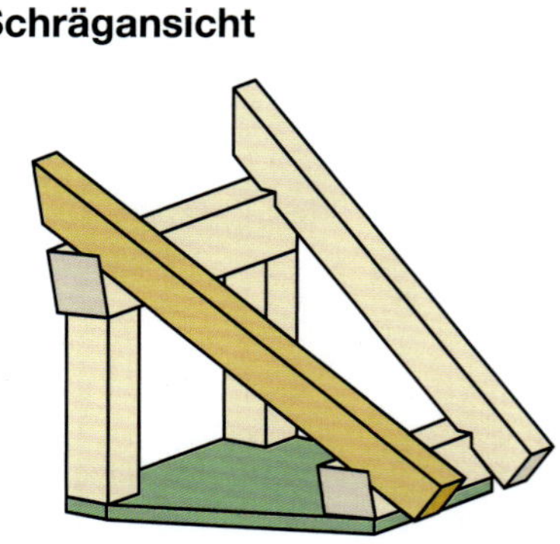

6.3 Grundriss und Profile

① **Profil 1** aufreißen
② **Grundriss** unter dem Profil 1 anordnen

6.4 Ausklappung der Sparren Rechtwinkliger Traufabschnitt Lösung 1

① **Anfallspunkte der Abschnitte** und der **Kerven-Waagerisse** und der **Kerven-Senkelrisse** von Unterkante-Sparren (**UK**) auf Oberkante-Sparren (OK) winkeln.

② Alle Punkte auf **Oberkante-Sparren** mit **Drehpunkt Traufpunkt** ***T*** (Drehachse = Traufline) in die **Grundrissebene ausklappen.** Dies kann – wie hier gezeigt – mittels Kreisbögen oder mit Hilfe einer Maßlatte geschehen.

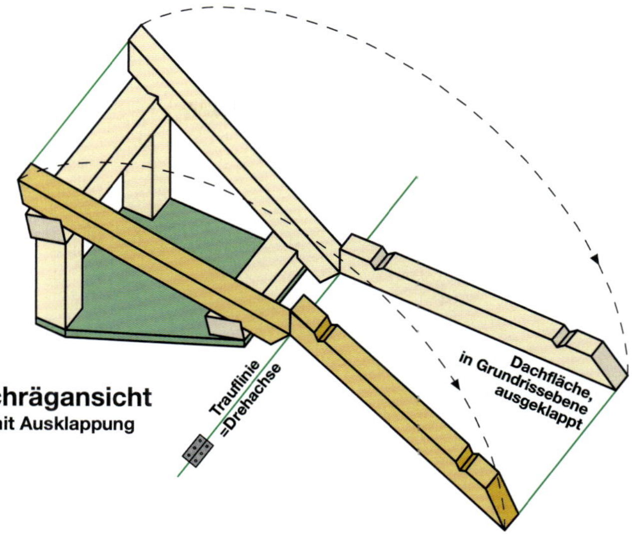

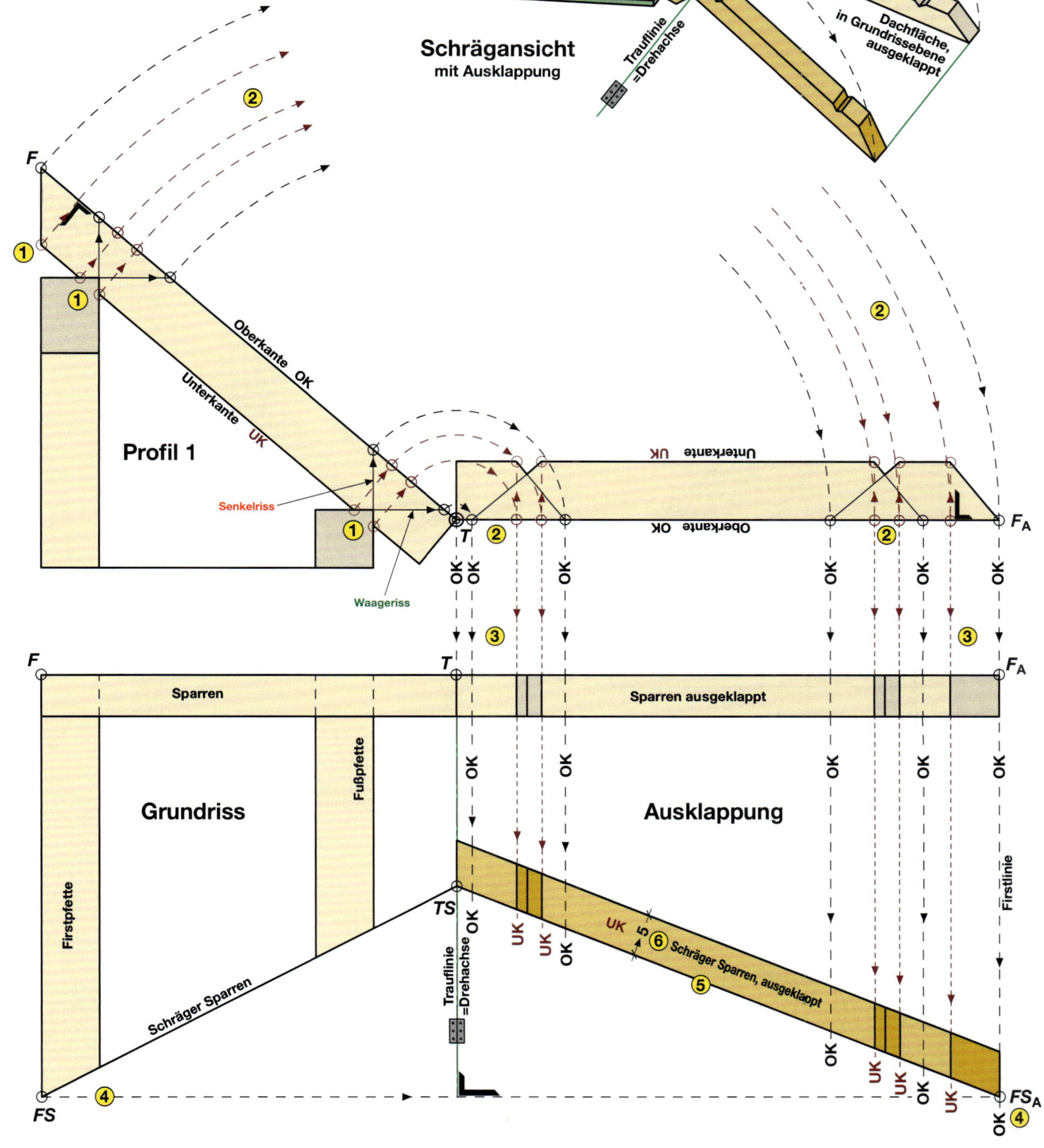

③ Alle **Punkte** von der ausgeklappten Oberkante-Sparren in den **Grundriss** übertragen.

④ Im Grundriss den **Firstpunkt** ***FS*** des Schrägen Sparrens im **rechten Winkel zur Drehachse** in die **Ausklappung** übertragen. Es ergibt sich der Firstpunkt ***FS***$_A$ des Schrägen Sparrens **in der Ausklappung**.

⑤ **Traufpunkt** ***TS*** mit **Firstpunkt** ***FS***$_A$ des Schrägen Sparrens in der Ausklappung **verbinden**. Die Strecke ***TS–FS***$_A$ stellt die giebelseitige **Außenkante** des Schrägen Sparrens in ihrer **wahren Länge** dar.

⑥ Breite ***b* = 5 cm** des Schrägen Sparrens **rechtwinklig zur Außenkante** antragen und **Innenkante reißen.**

6.5 Rechtwinkliger Traufabschnitt Lösung 2

① **Grundmaße** im Grundriss auf **Maßlatten** übertragen

② Normalsparren und Schrägen Sparren mit Hilfe der Grundmaßlatten **parallel zur Oberkante** des Normalsparrens **austragen und umkanten** (Dieser Vorgang entspricht einer Ausklappung in die senkrechte Profilebene)

③ Anfallspunkte der Abschnittsrisse und der Senkel- und Waagerisse der Kerven mit Hilfslinien in die **Ausklappung** übertragen. Hilfslinien mit OK und UK bezeichnen

④ Das Holz des Schrägen Sparrens kann nun auf die Ausklappung gelegt und angerissen werden.

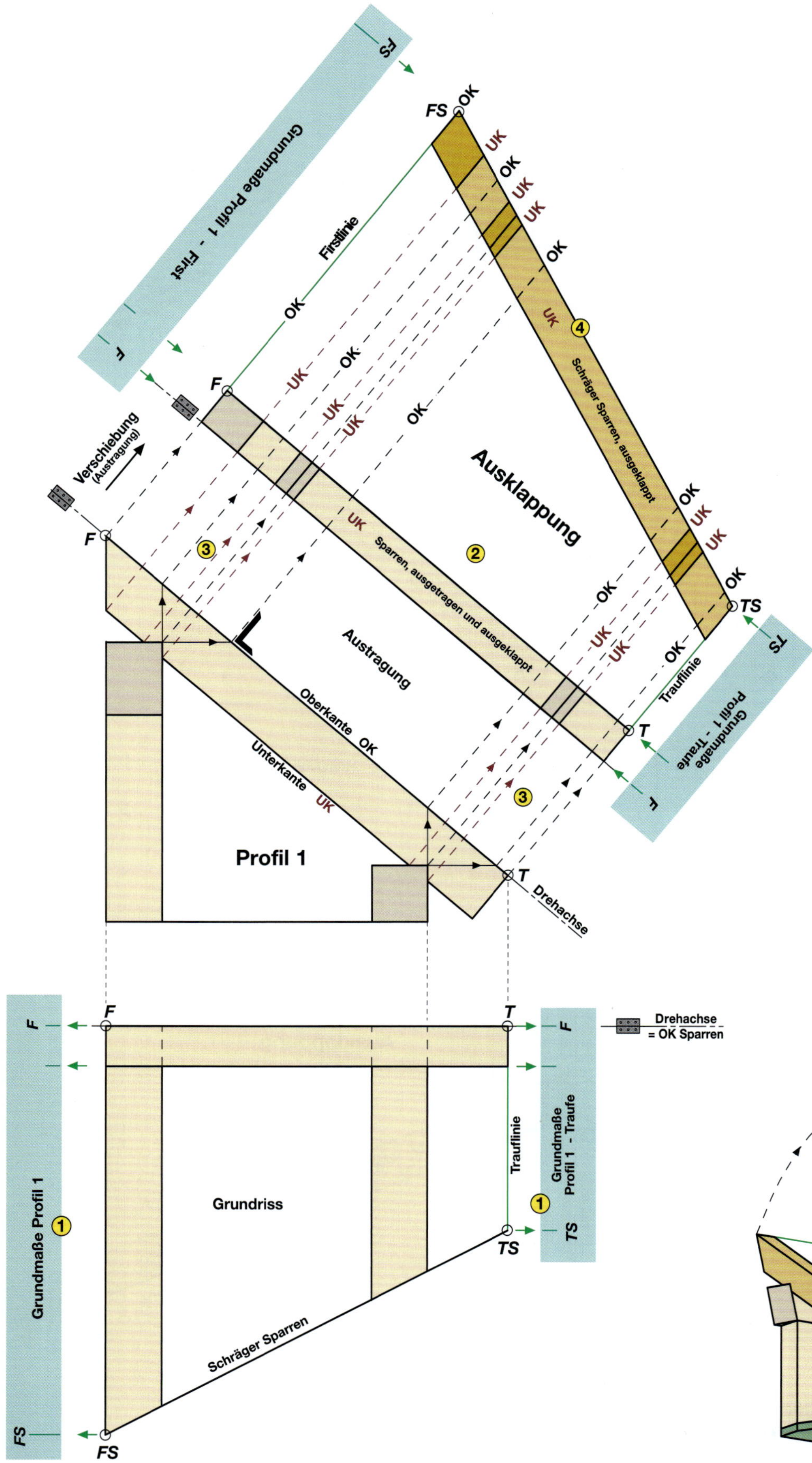

Schrägansicht
mit verschobener Ausklappung

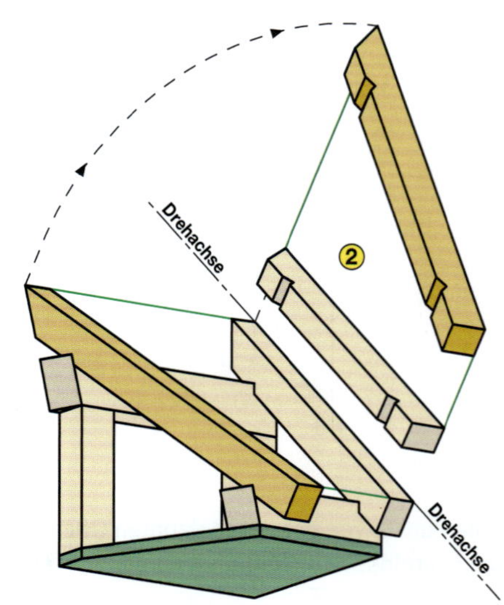

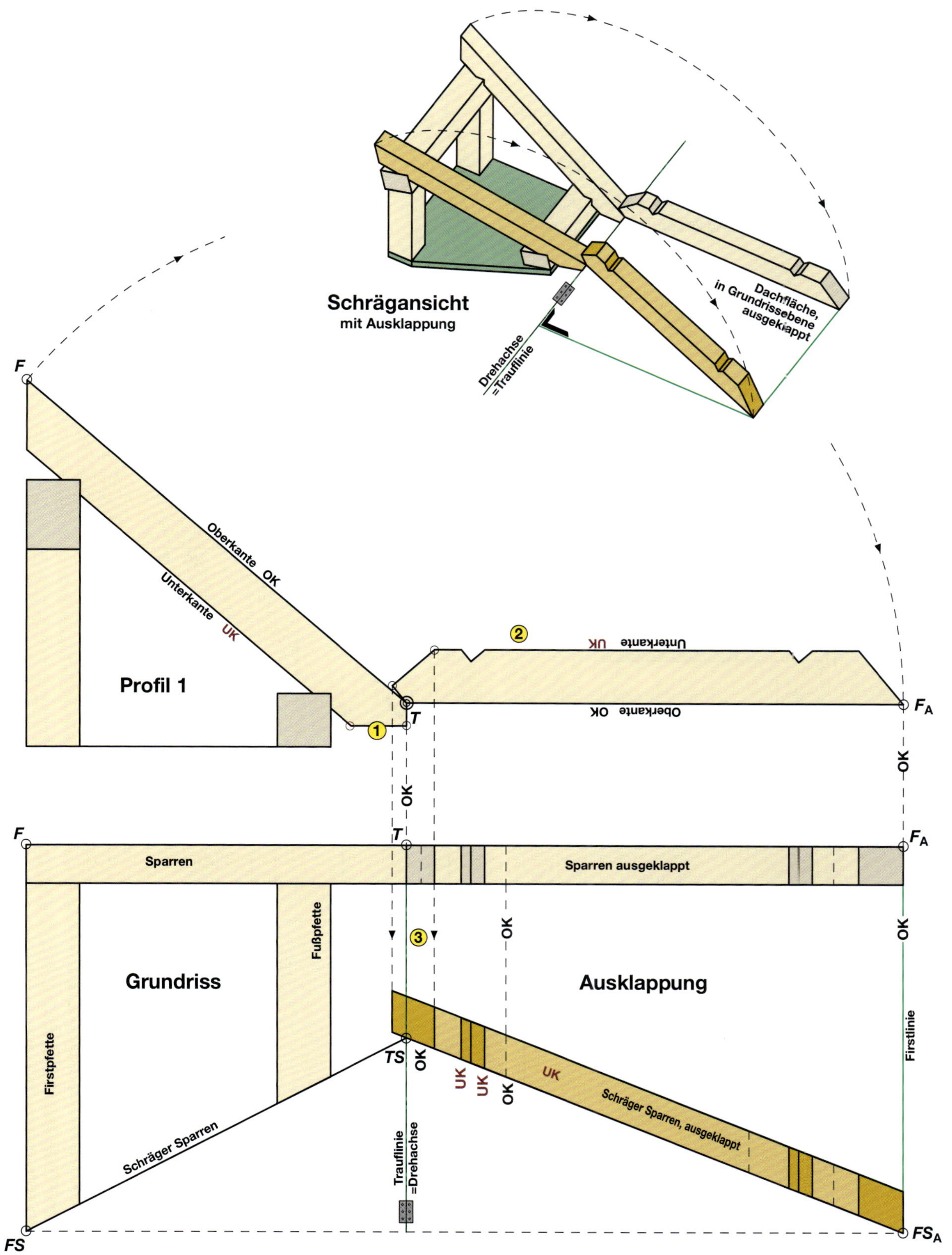

6.6 Traufabschnitt senkrecht und waagerecht

① Senkrechten und waagerechten **Traufabschnitt anreißen**
② Normalsparren **ausklappen**
③ **Detail** zur Übertragung der Abschnittsrisse siehe **6.7**

6.7 Traufabschnitt senkrecht und waagerecht Detail

① Waageriss Abschnitt verlängern auf **OK-Sparren**
② Anfallspunkt Waageriss OK in die **Grundrissebene** ausklappen
③ Anfallspunkt Waageriss OK in die **Ausklappung** übertragen
④ Anfallspunkt Waageriss UK-Sparren rechtwinklig auf **OK-Sparren** übertragen
⑤ Anfallspunkt Waageriss UK in die **Grundrissebene** ausklappen
⑥ Anfallspunkt Waageriss UK in die **Ausklappung** übertragen

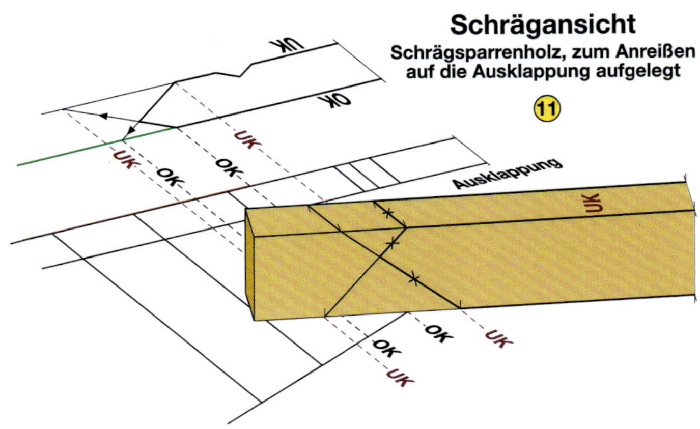

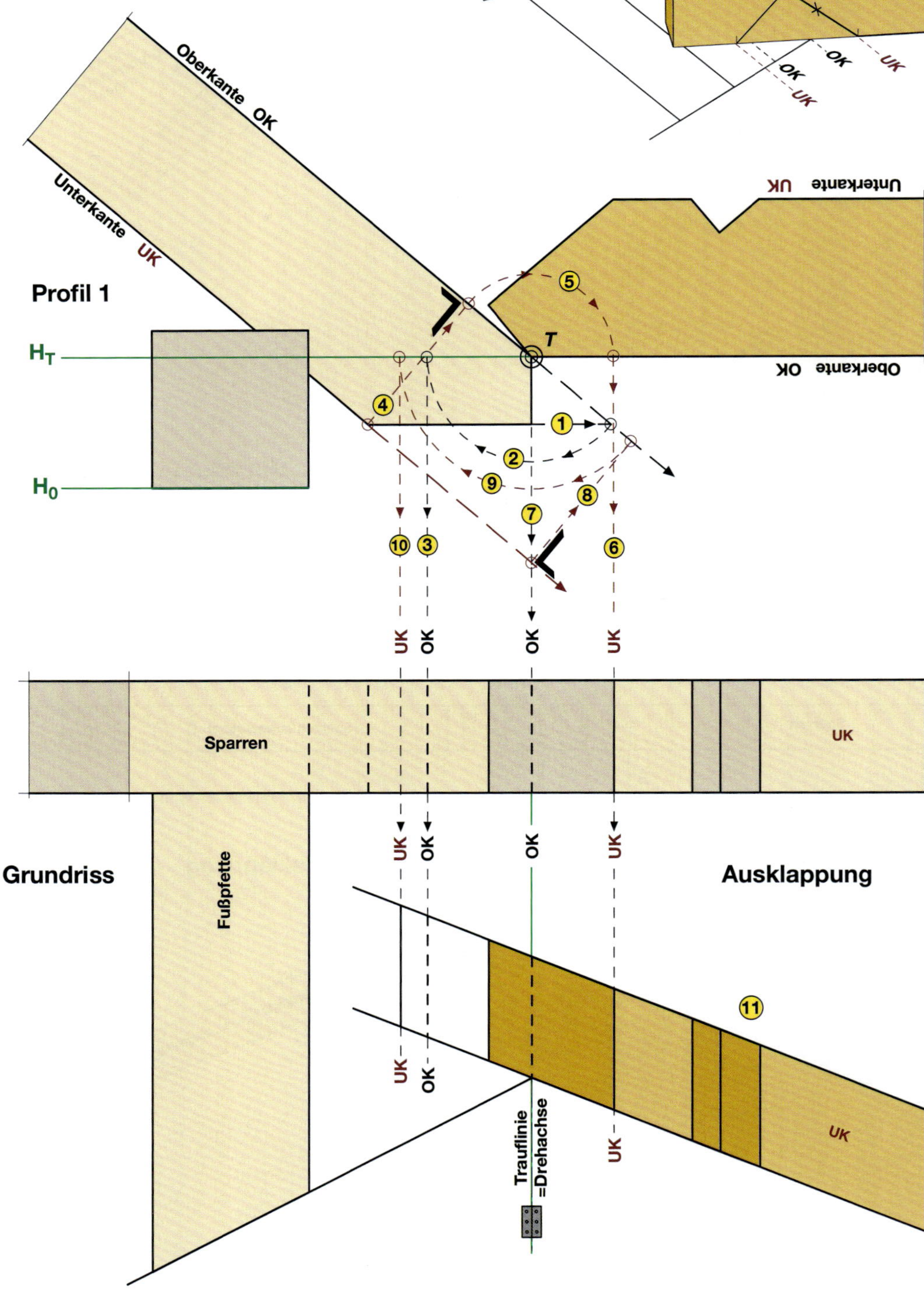

⑦ Anfallspunkt OK des senkrechten Abschnitts auf **UK-Sparren** verlängern.
⑧ Anfallspunkt UK des senkrechten Abschnitts auf **OK-Sparren** übertragen.
⑨ Anfallspunkt UK des senkrechten Abschnitts in die **Grundrissebene** ausklappen.
⑩ Anfallspunkt UK des senkrechten Abschnitts in die **Ausklappung** übertragen.
⑪ Holz mit **OK nach unten auf Ausklappung** legen, Anfallspunkte übertragen und **Abschnittsrisse anreißen.**

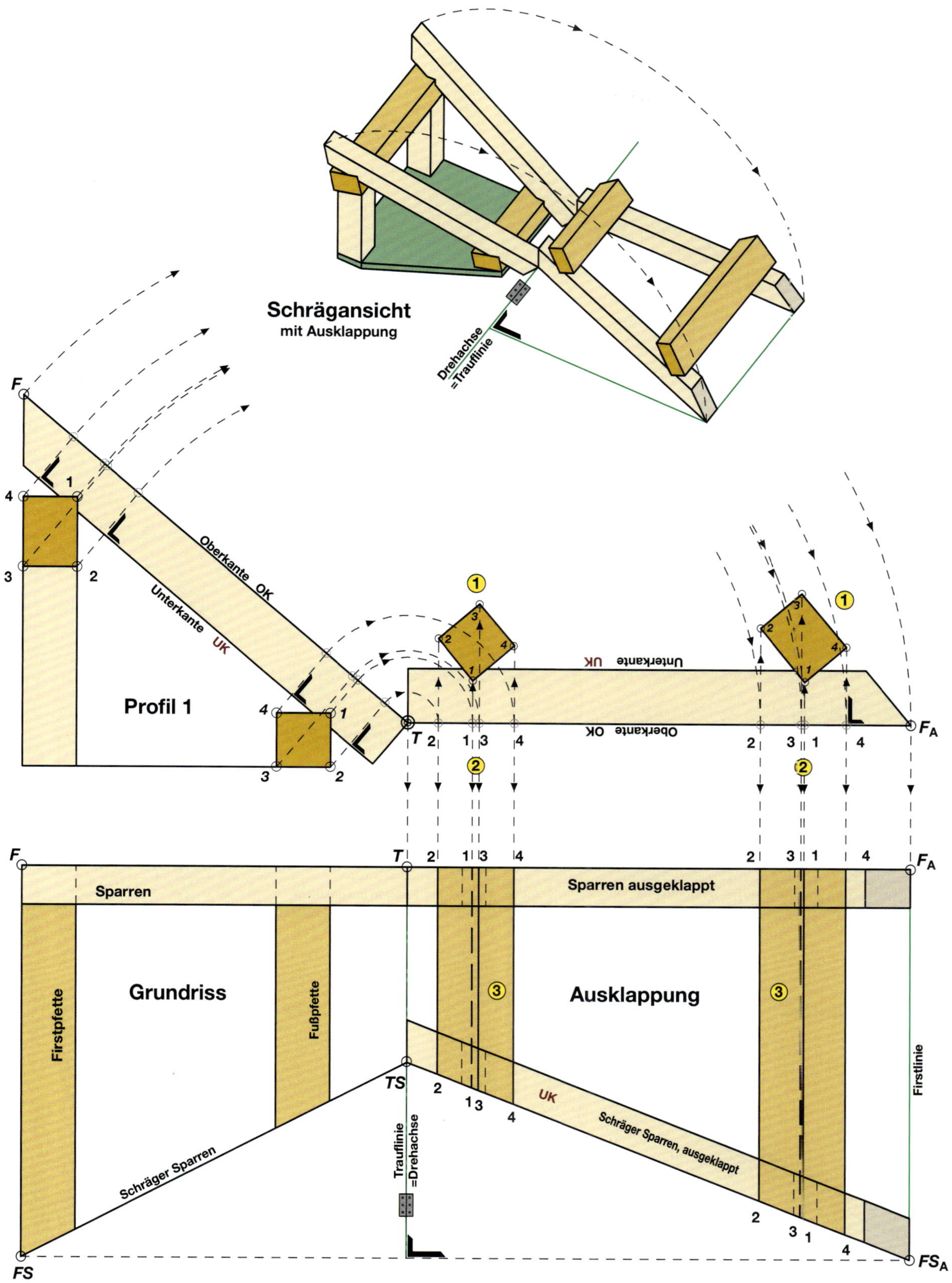

6.8 Ausklappung der Pfetten

① **Fußpfette** und **Firstpfette** in den im Profil ausgeklappten Sparren reißen.
② **Lage der Pfetteneckpunkte** ***1***, ***2***, ***3*** und ***4*** mit Übertragungslinien **1**, **2**, **3** und **4** senkrecht nach unten (rechtwinklig zur Grundrissebene) in die Ausklappung übertragen
③ **Fußpfette** und **Firstpfette** in die Ausklappung reißen

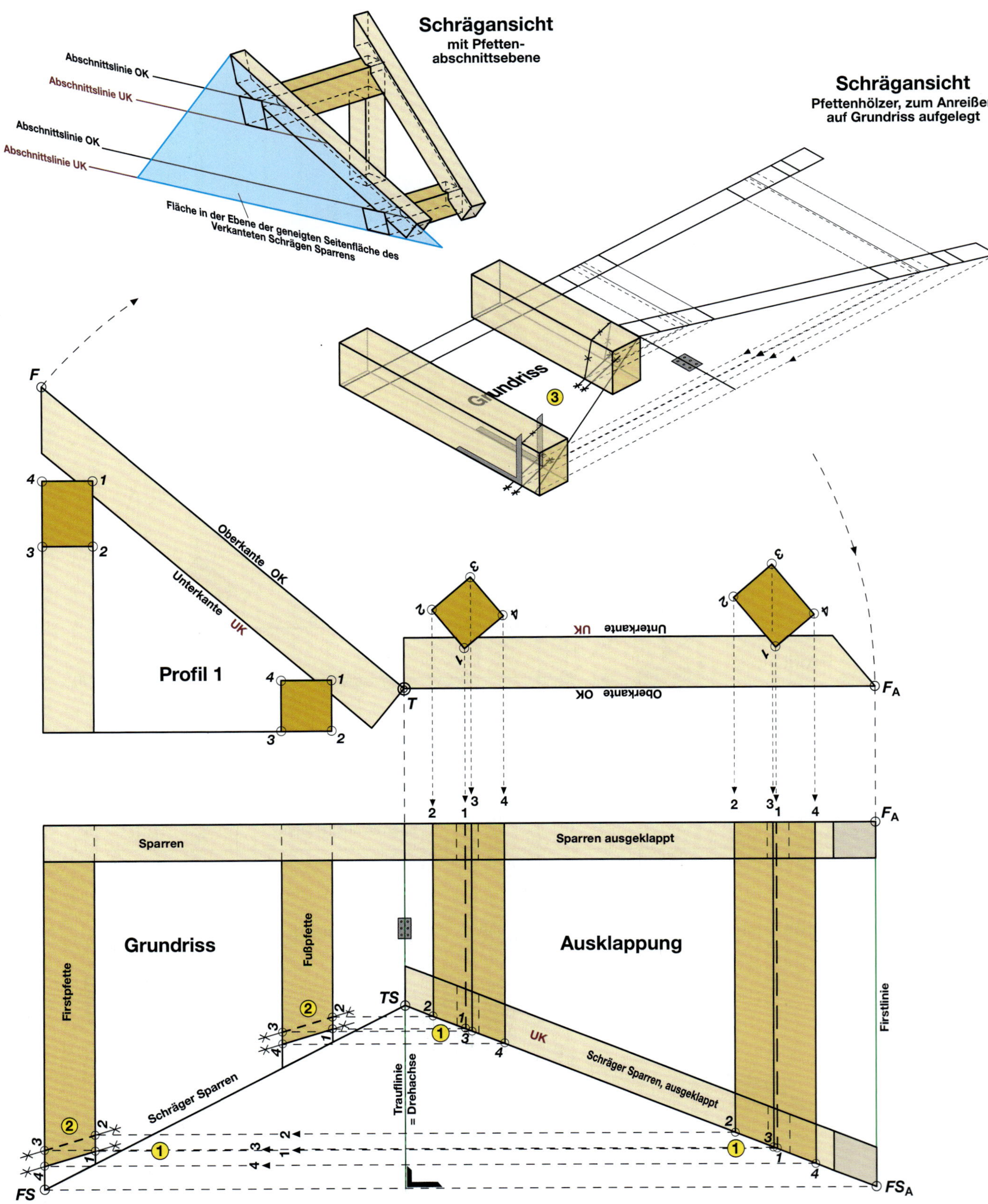

6.9 Pfettenabschnitte in der Flucht der Seitenfläche des Schrägen Sparrens – Lösung 1

① Schnittpunkte ***1***, ***2***, ***3*** und ***4*** der Pfettenkanten mit Außenkante-Schräger Sparren **rechtwinklig zur Drehachse** (= Trauflinie) aus der Ausklappung in den **Grundriss** übertragen

② **Pfetteneckpunkte *1*, *2*, *3*** und ***4*** im Grundriss an den jeweiligen Pfettenkanten markieren und bezeichnen
Pfetteneckpunkte *1* und ***4*** miteinander verbinden. Dies ist der jeweilige **Abschnittsriss** an der **Pfetten-Oberkante.**
Pfetteneckpunkte *2* und ***3*** miteinander verbinden. Dies ist der jeweilige **Abschnittsriss** an der **Pfetten-Unterkante.**

③ Das **Pfettenholz** kann nun auf den Grundriss gelegt und dort **angerissen** werden.

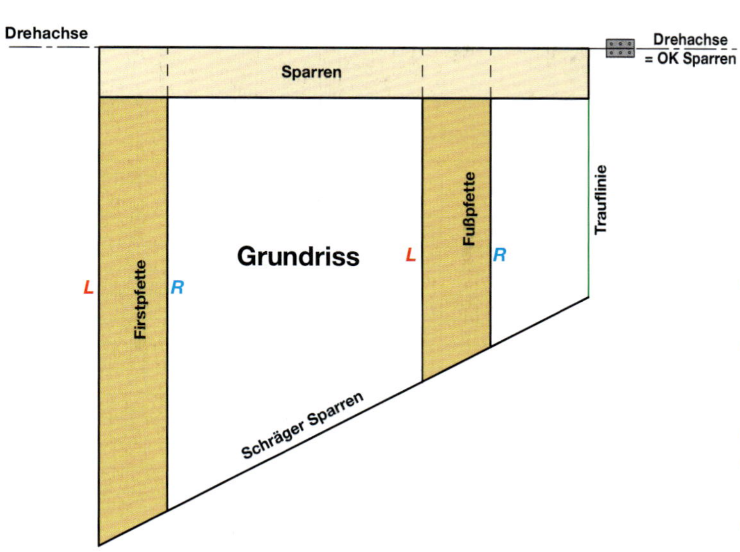

6.10 Pfettenabschnitte in der Flucht der Seitenfläche des Schrägen Sparrens – Lösung 2

① Grundmaße im Grundriss auf **Maßlatten** übertragen (hier nur angedeutet, **siehe 6.5**)

② Normalsparren und Schrägen Sparren mit Hilfe der Grundmaßlatten **rechtwinklig zur Oberkante** des Normalsparrens **austragen und umkanten**

③ **Pfettenkanten** in die Ausklappung übertragen

④ Fußpfetten **rechtwinklig austragen** (Ansichten von unten)

⑤ Anfallspunkte *1*, *2*, *3* und *4* der Pfettenkanten an Außenkante-Schräger Sparren in die **Austragung** übertragen. Die Abschnittskanten können nun auf das aufgelegte Pfettenholz übertragen werden.

Aufgabe 7

Kehlbohle beim rechtwinklig zum Hauptdach konstruierten Querbau

In dieser Aufgabe geht es um die Kehlbohle bei einem rechtwinklig zum Hauptdach anschließenden Querbau, beispielsweise einer Satteldachgaube.

Die Kehlbohle weist folgende Dimensionen auf: ***b* = 10 cm, *h* = 3 cm**. Das rechtwinklige Obholz bei den Sparren beträgt **5,5 cm**.

Der Sparren des Querbaus erhält einen rechtwinkligen Traufabschnitt. Der Traufabschnitt der Kehlbohle soll diesem Abschnittswinkel angepasst werden (Hexenschnitt).

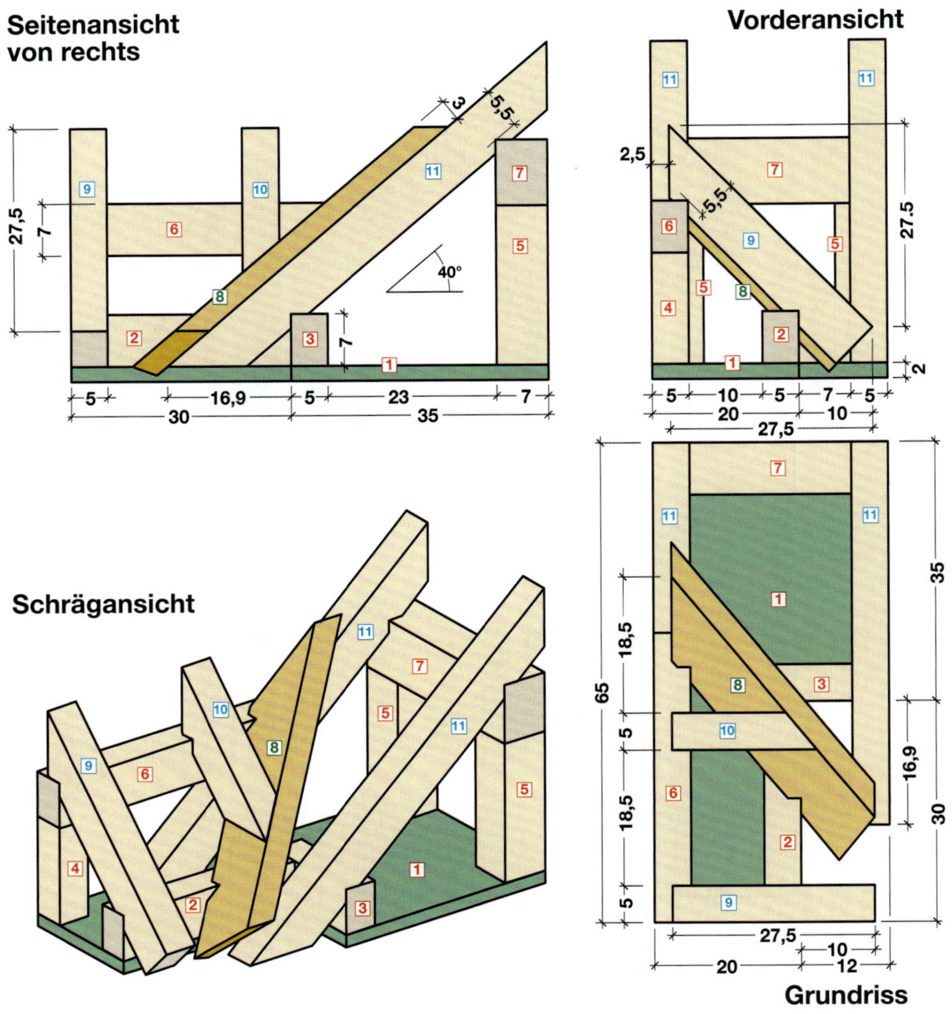

7.1: Das Modell für die Aufgabe 7 in Grundriss, Vorderansicht, Seitenansicht und Schrägansicht. Die Ziffern entsprechen den Positionen der Bauteile in der Holzliste.

Holzliste

Position	Bezeichnung	Anzahl	Breite [cm]	Höhe [cm]	Länge [cm]
1	Bodenplatte	1	32	2	65
2	Fußpfette	1	5	7	37
3	Fußpfette	1	5	7	18
4	Pfosten	1	5	5	17
5	Pfosten	2	7	7	24
6	Firstpfette	1	5	7	42
7	Firstpfette	1	7	9	33
8	Kehlbohle	1	3	10	60
9	Sparren	1	5	7	40
10	Schifter	1	5	7	30
11	Sparren	2	5	7	70

7.2: Explosionszeichnung und Holzliste des Modells. Die Pfosten und Pfetten sind rot, die Kehlbohle grün, und die Sparren und Schifter blau bezeichnet.

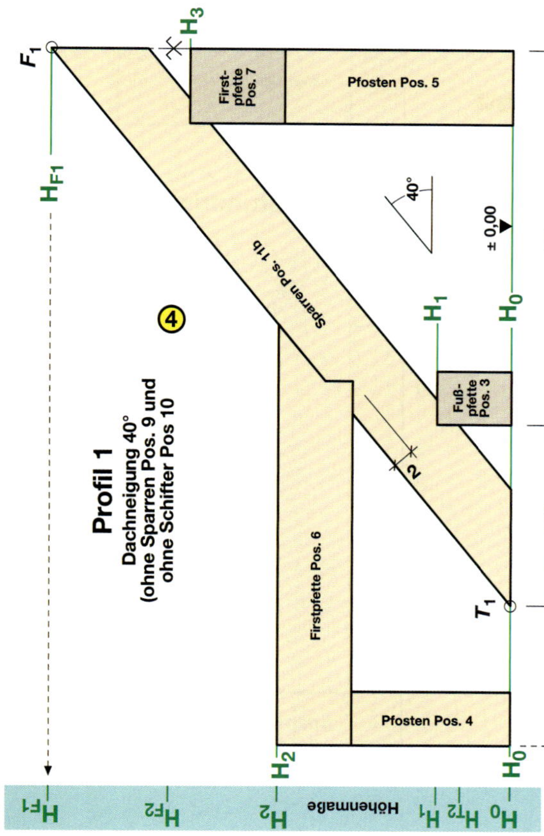

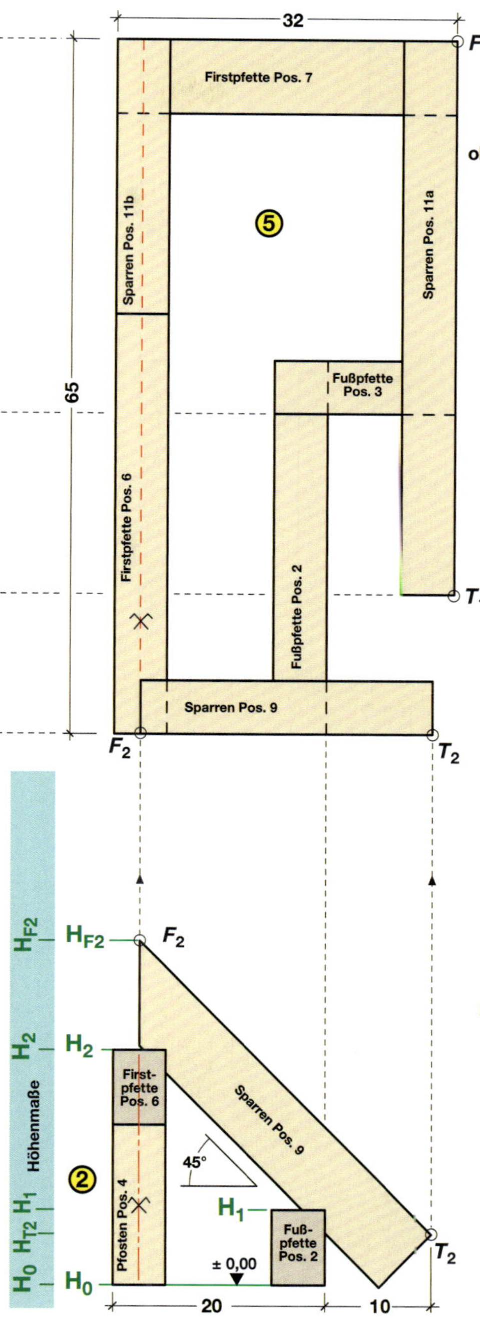

Grundriss
ohne Schifter Pos. 10

③

Profil 2
Dachneigung 45°

①

Schrägansicht

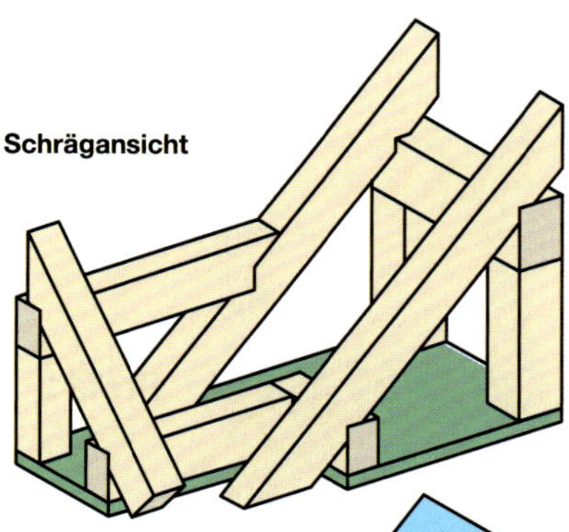

Schrägansicht

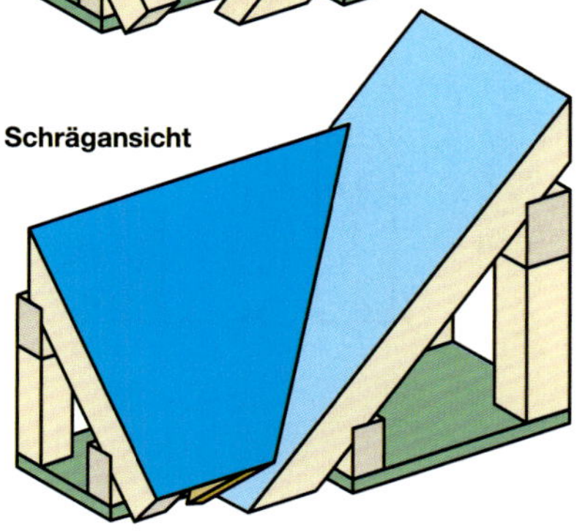

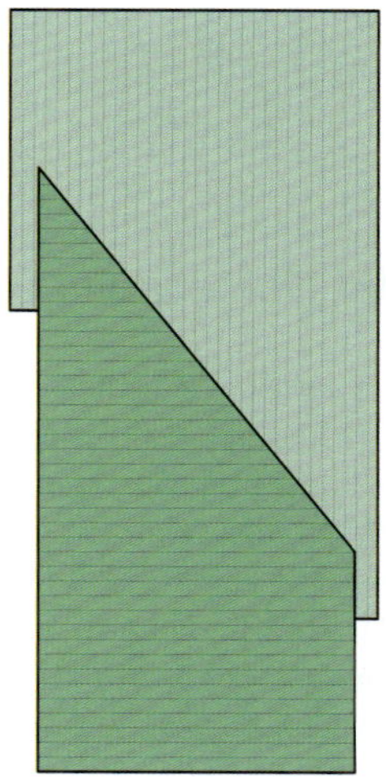

Dachausmittlung
(nicht maßstäblich)

7.3 Grundriss und Profile

① **Profil 2** aufreißen. Der **Sparren** in **Profil 2** erhält einen rechtwinkligen Traufabschnitt.
② **Höhen** auf Höhenmaßlatte übertragen
③ **Grundriss** so weit möglich über Profil 2 aufreißen
④ **Profil 1** mit Hilfe der Höhenmaße grundrissbezogen aufreißen. Der **Sparren** (Pos. 11a und 11b) in **Profil 1** erhält einen waagerechten Traufabschnitt in Höhe H_0.
⑤ **Grundriss** vervollständigen.

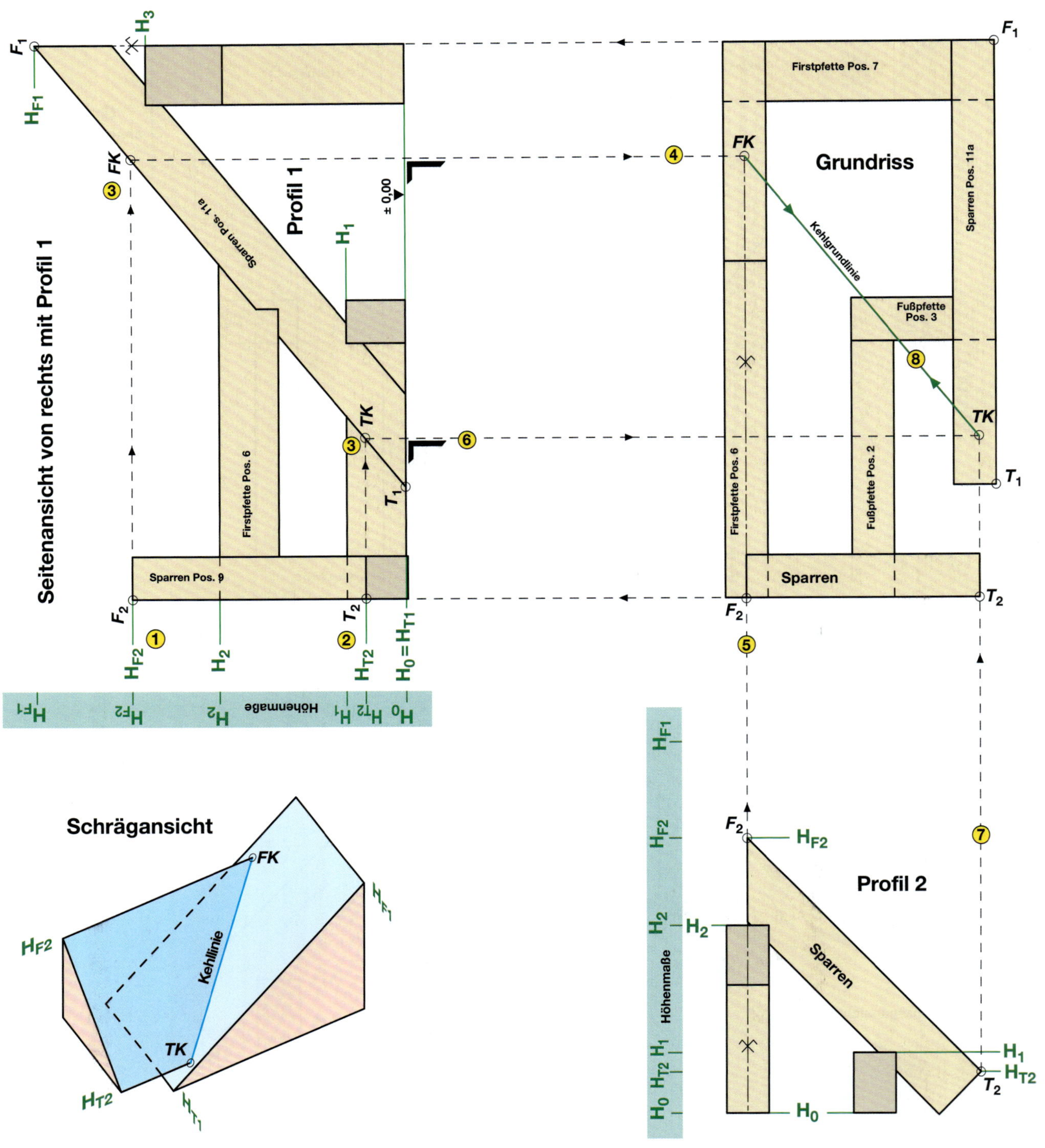

7.4 Ermittlung der Kehllinie im Grundriss

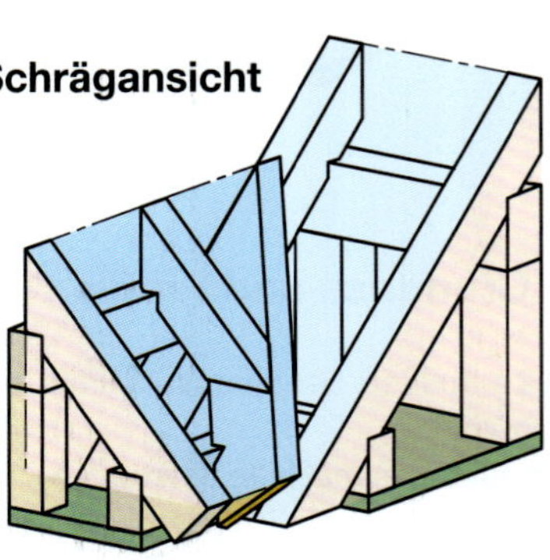

① Mit Hilfe von H_{F2} in Profil 1 am Sparren Firstpunkt F_2 festlegen
② Mit Hilfe von H_{T2} in Profil 1 Traufpunkt T_2 festlegen und Sparren (Pos. 9) zeichnen.
③ Höhenlinie H_{F2} und H_{T2} in Profil 1 mit Oberkante-Sparren Profil 1 schneiden. Es entstehen der Kehlfirstpunkt ***FK*** und der Kehltraufpunkt ***TK***.
④ Lage von Punkt ***FK*** rechtwinklig zur Profilgrundlinie in den Grundriss übertragen
⑤ Lage von Firstpunkt F_2 aus Profil 2 senkrecht in den Grundriss übertragen und mit der Hilfslinie aus ④ schneiden. Es entsteht der Kehlfirstpunkt ***FK*** im Grundriss.
⑥ Lage von Punkt ***TK*** rechtwinklig zur Profilgrundlinie in den Grundriss übertragen
⑦ Lage von Punkt T_2 senkrecht in den Grundriss übertragen und mit der Hilfslinie aus ⑥ schneiden. Es entsteht der Kehltraufpunkt ***TK*** im Grundriss.
⑧ Kehlfirstpunkt ***FK*** und Kehltraufpunkt ***TK*** verbinden. Diese Linie ist die **Kehlgrundlinie**.

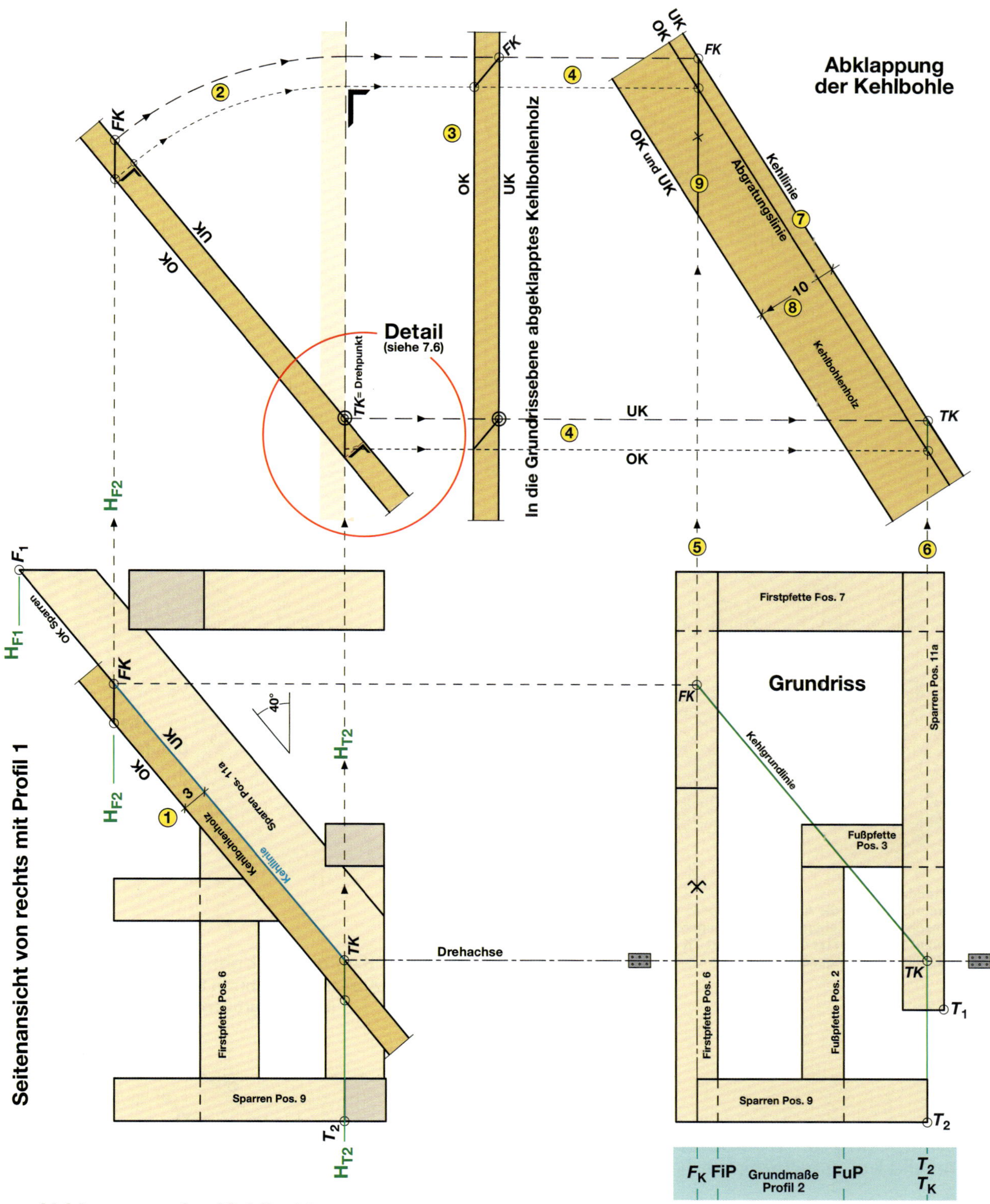

7.5 Abklappung der Kehlbohle

① Oberkante (OK) **Kehlbohlenholz** in Profil 1 im Abstand seiner Breite ***b* = 3 cm** parallel zu Oberkante-Sparren (Pos 11a in Profil 1) antragen.
② Zur besseren Übersicht ist das Kehlbohlenholz nach oben herausgezeichnet. Mit Drehpunkt ***TK*** wird das Holz in die Grundrissebene abgeklappt. Zur Drehung müssen alle Punkte der Oberkante (OK) auf die Unterkante (UK) übertragen werden (sonst stimmt der Drehradius nicht mehr! Siehe auch Detail in 7.6)
③ Das Kehlbohlenholz liegt nun in der Grundrissebene.
④ Die Anfallspunkte an OK und UK werden rechtwinklig zur Grundrissebene in die Abklappung übertragen
⑤ Die Lage von ***FK*** wird aus dem Grundriss senkrecht in die Abklappung übertragen. Es entsteht Punkt ***FK*** in der Abklappung.
⑥ Die Lage von ***TK*** wird aus dem Grundriss senkrecht in die Abklappung übertragen. Es entsteht Punkt ***TK*** in der Abklappung.
⑦ ***FK*** wird mit ***TK*** verbunden. Diese Linie ist die Kehllinie in ihrer wahren Länge.
⑧ Von der Kehllinie aus wird die Breite ***b* = 10 cm** der Kehlbohle parallel abgetragen.
⑨ Der Riss durch ***FK*** kann als Abschnitt (mit einem Kreuz) bezeichnet werden.

Seitenansicht von rechts
mit Profil 1

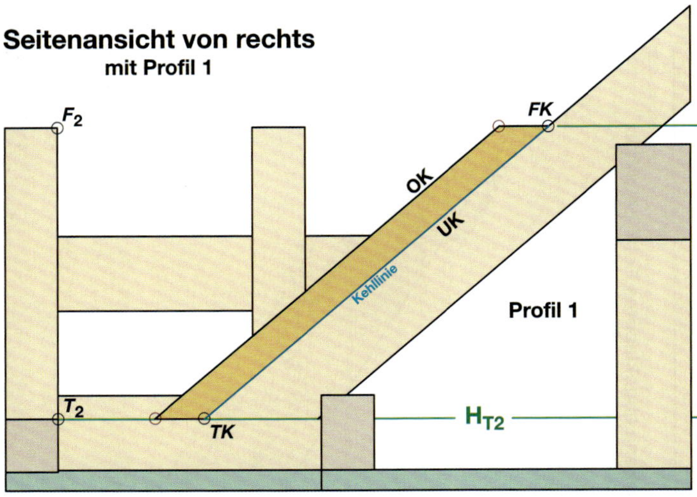

Abklappung
mit Drehpunkt *TK*

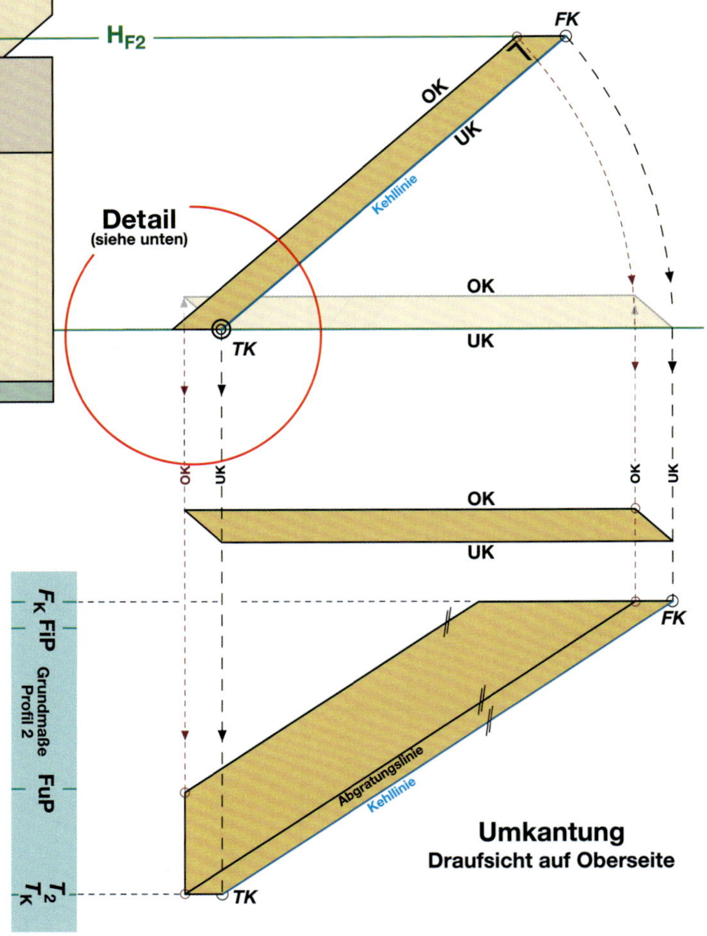

Umkantung
Draufsicht auf Oberseite

Schrägansicht
Abklappung der Kehlbohle

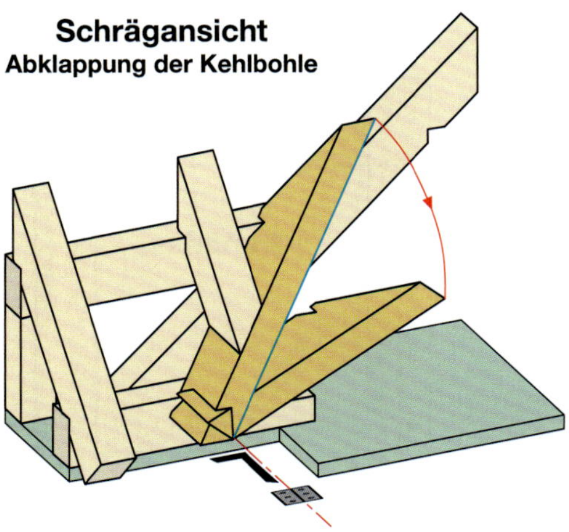

Zum Verständnis:
Diese Darstellung zeigt die Abklappung der in Traufhöhe waagerecht abgeschnittenen Kehlbohle in die waagerechte Ebene durch die Traufline. Drehpunkt ist der Traufpunkt TK der Kehllinie. Die Kehllinie ist hier blau eingezeichnet.

Kehlbohle abgeklappt
Ansicht von rechts in Profil 1
(stark vergrößert)

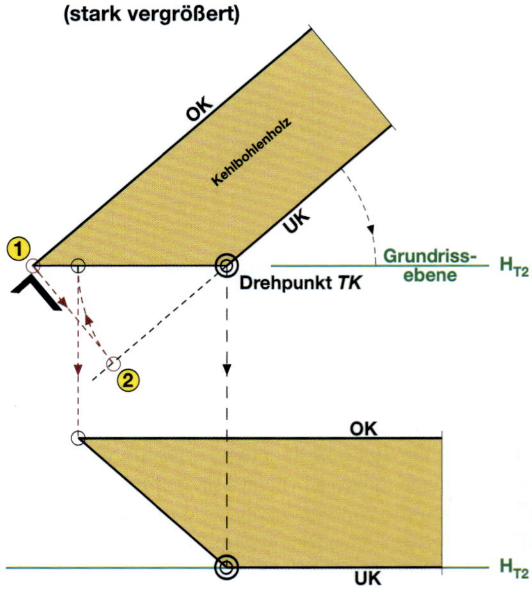

7.6 Abklappung der Kehlbohle Details bei waagerechtem Traufabschnitt

Die Darstellungen beziehen sich auf die oben senkrecht und unten waagerecht abgeschnittene Kehlbohle.
Es werden noch einmal die Vorgänge bei der Übertragung der Anfallspunkte auf OK-Kehlbohle während der Abklappung gezeigt.

Im Detail rechts wird deutlich, dass alle abzuklappenden Punkte auf die Kante übertragen werden müssen, auf der der Drehpunkt liegt, weil sonst ein falscher Radius angewendet wird!

① Anfallspunkte auf OK werden rechtwinklig zu OK zur UK übertragen.
② Mit Drehpunkt ***TK*** werden nun diese Punkte bis zur Grundrissebene gedreht (UK Kehlbohlenholz schwenkt in die Grundrissebene, hier Höhenebene H_{T2}).

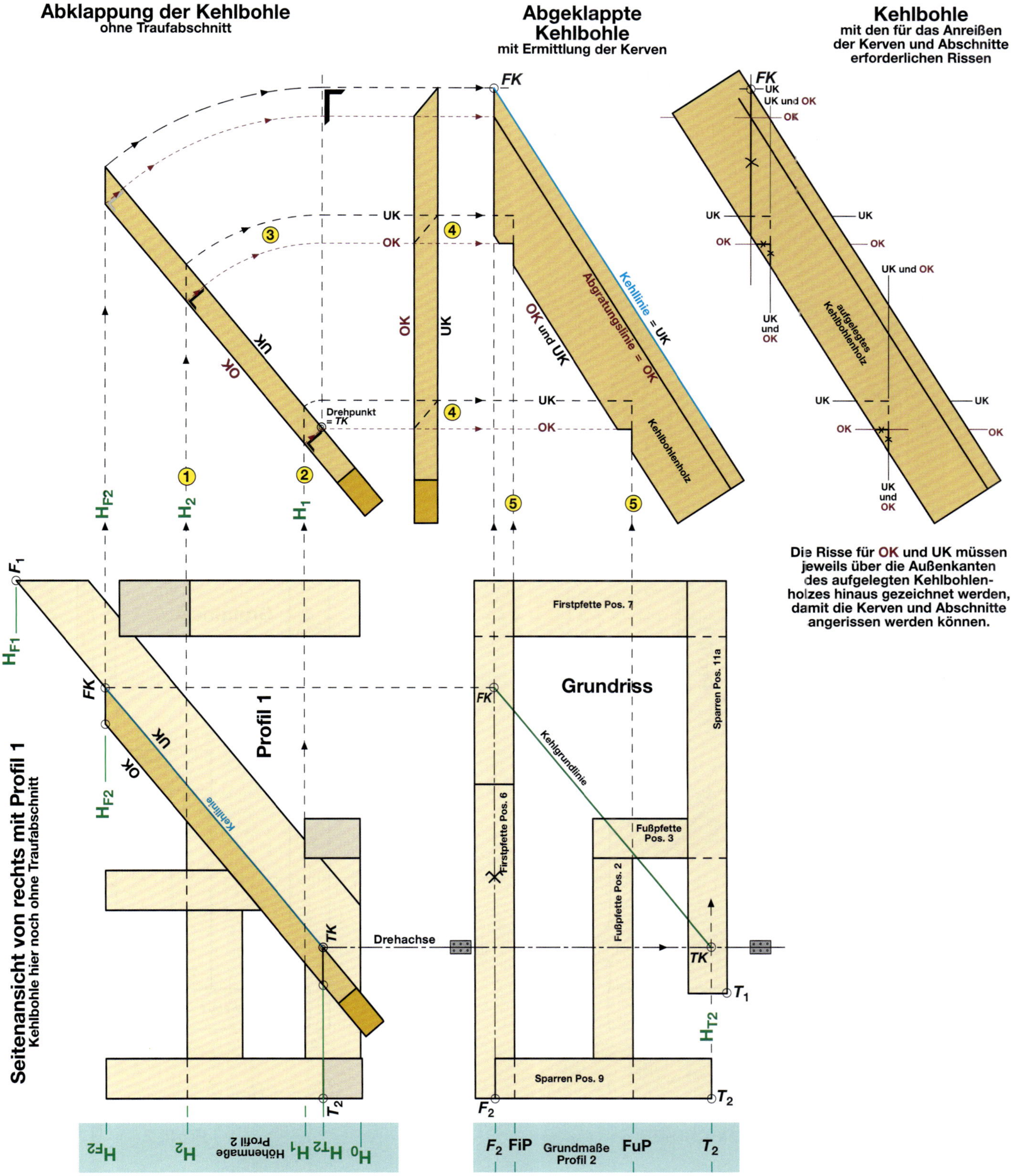

Die Risse für OK und UK müssen jeweils über die Außenkanten des aufgelegten Kehlbohlenholzes hinaus gezeichnet werden, damit die Kerven und Abschnitte angerissen werden können.

7.7 Ermittlung der Kerven

① OK Firstpfette H_2 mit Kehlbohle schneiden, es entsteht ein Schnittpunkt an OK-Kehlbohle und ein Schnittpunkt an UK-Kehlbohle.
② OK Fußpfette H_1 mit Kehlbohle schneiden, es entsteht ein Schnittpunkt an OK-Kehlbohle und ein Schnittpunkt an UK-Kehlbohle.
③ Kehlbohle mit Schnittpunkten in die Grundrissebene abklappen
④ Übertragungslinien OK und UK rechtwinklig in die abgeklappte Kehlbohle ziehen.
⑤ Vorderkanten der Pfetten in die abgeklappte Kehlbohle ziehen und dort mit den Linien aus ④ zum Schnitt bringen.

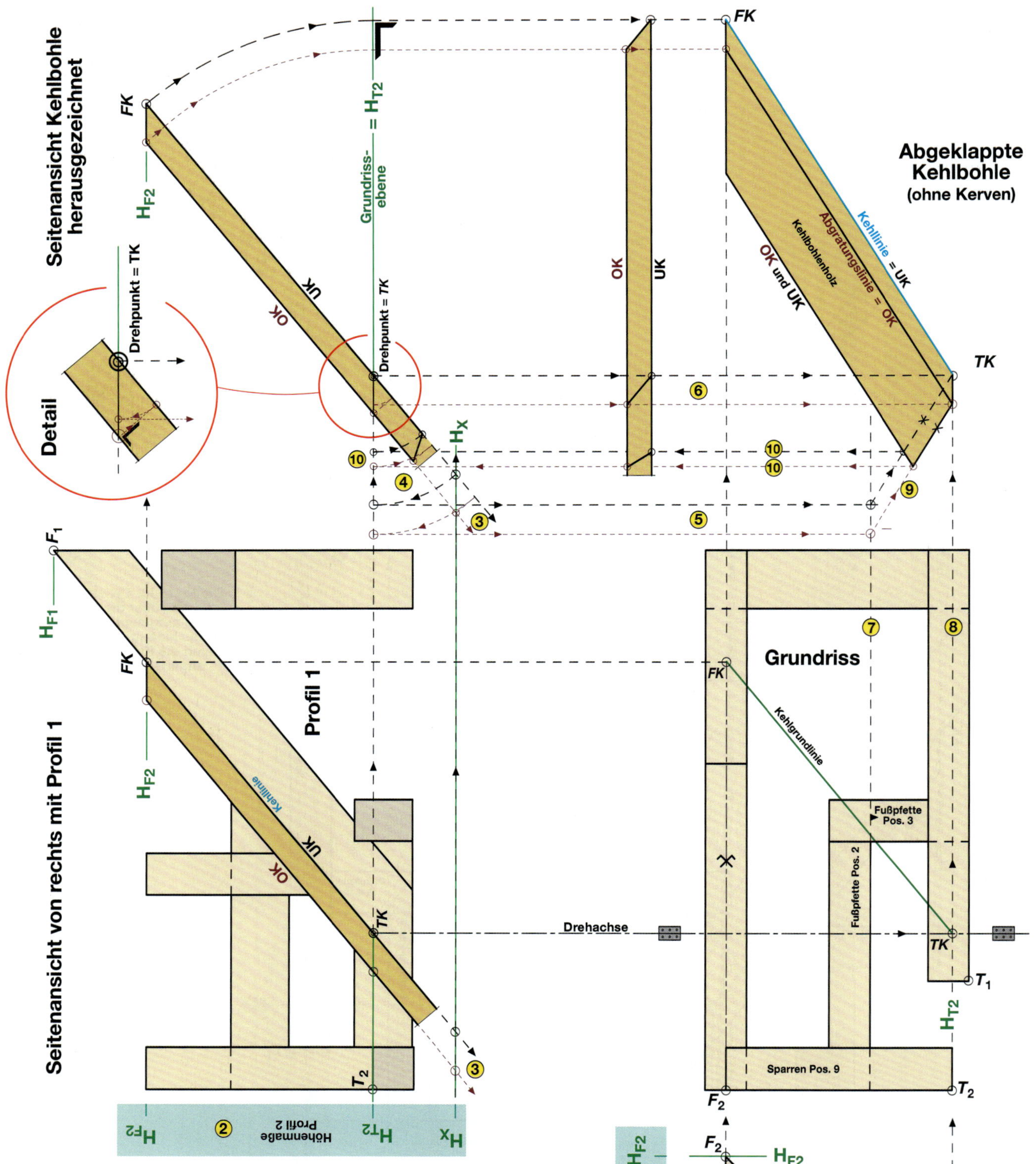

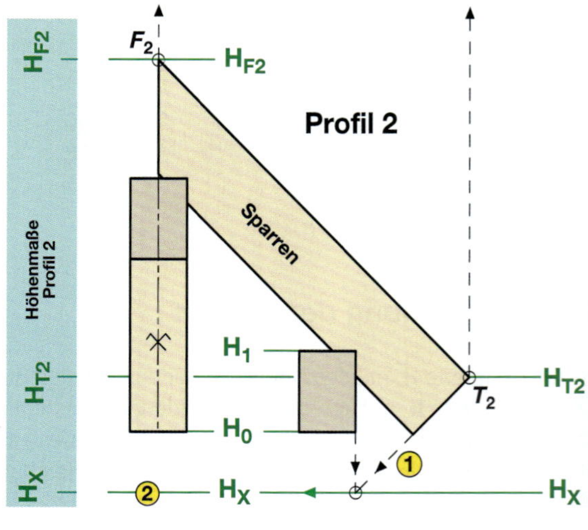

7.8 Ermittlung des Hexenschnitts

① Sparren-Traufabschnitt Profil 2 mit senkrecht verlängerter Vorderkante-Fußpfette schneiden. Schnittpunkt liegt auf Höhe H_X
② Höhe H_X mit Höhenmaßlatte in Profil 1 übertragen
③ Höhe H_X mit verlängerter OK- und UK-Kehlbohle schneiden
④ Kehlbohle mit Drehpunkt ***TK*** in Grundrissebene abklappen
⑤ Abgeklappte Schnittpunkte mit H_X in abgeklappte Kehlbohle reißen
⑥ Abgeklappte Schnittpunkte mit H_{T2} in abgeklappte Kehlbohle reißen
⑦ Vorderkante Fußpfette Profil 2 mit Linien aus ⑤ schneiden
⑧ Traufgrundlinie mit Linien aus ⑥ schneiden
⑨ Zugehörige Punkte zu Abschnittsrissen UK und OK verbinden
⑩ Gegebenenfalls Abschnitt in Seitenansicht übertragen.

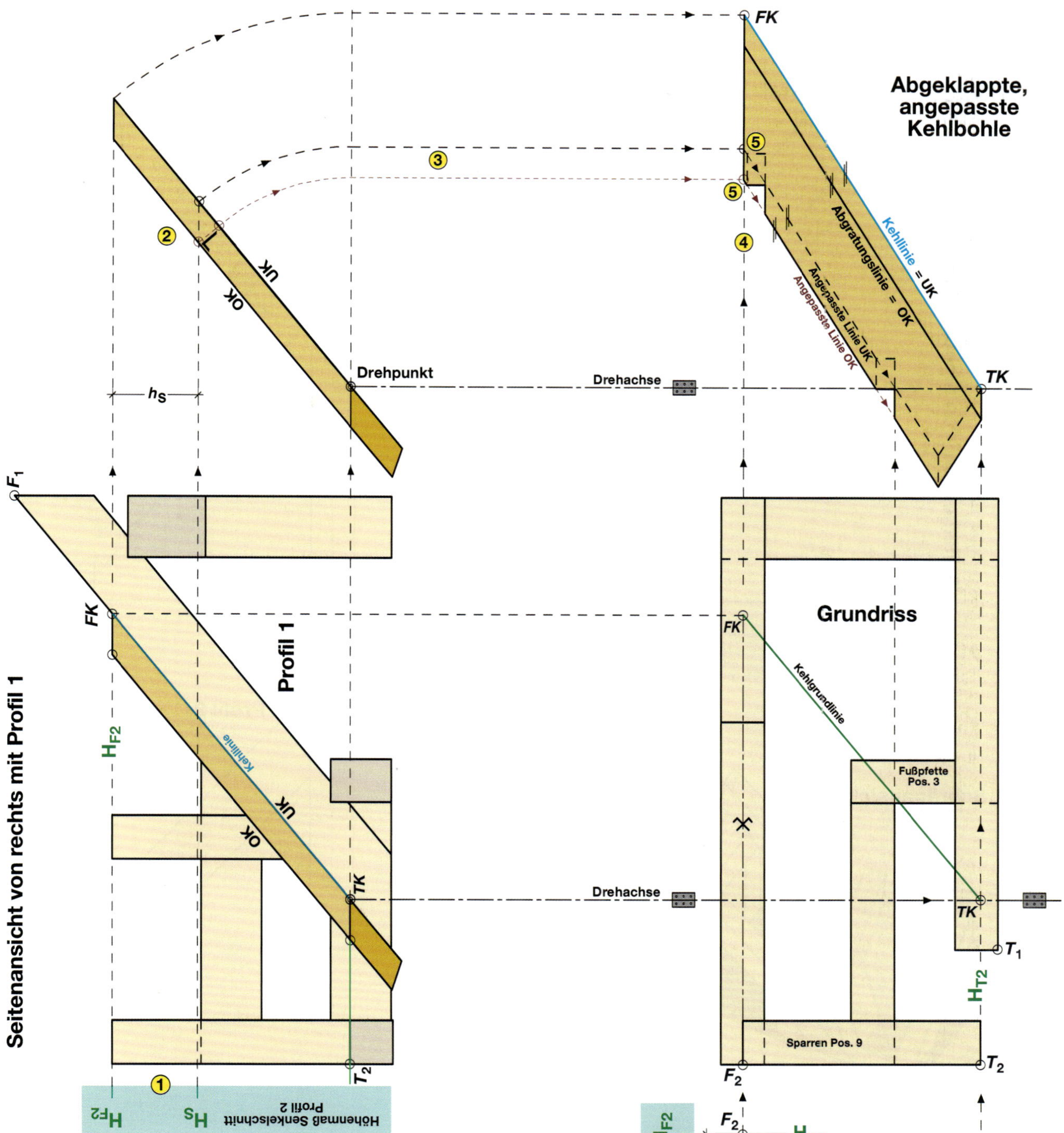

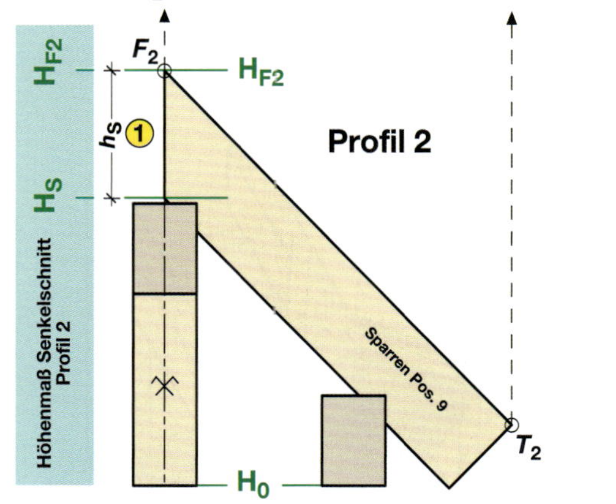

7.9 Anpassung der Kehlbohlenbreite auf die Sparrenhöhe Profil 2

Bisher wurde die Kehlbohlenbreite mit 10 cm angenommen. Dann steht sie (wie in der Vorderansicht in **7.1**, Holz Nr. 8 zu sehen) unter UK Sparren von Profil 2 über. Wenn das nicht erwünscht ist, kann sie in der Breite angepasst und auch unterseitig abgegratet werden:

① Höhe H_S (Sparren-Senkelhöhe) auf Maßlatte übertragen und in Profil 1 übertragen

② Höhe H_S mit OK und UK Kehlbohle schneiden

③ Lage der erzeugten Schnittpunkte in Abklappung übertragen

④ Abschnittssenkel durch ***FK*** aus Grundriss in Abklappung übertragen und mit Linien aus ③ schneiden. Es entstehen die Anfallspunkte der angepassten OK und UK der Kehlbohle.

⑤ Aus den Anfallspunkten parallel zur Kehllinie (und zur Abgratungslinie) die angepassten Kanten reißen.

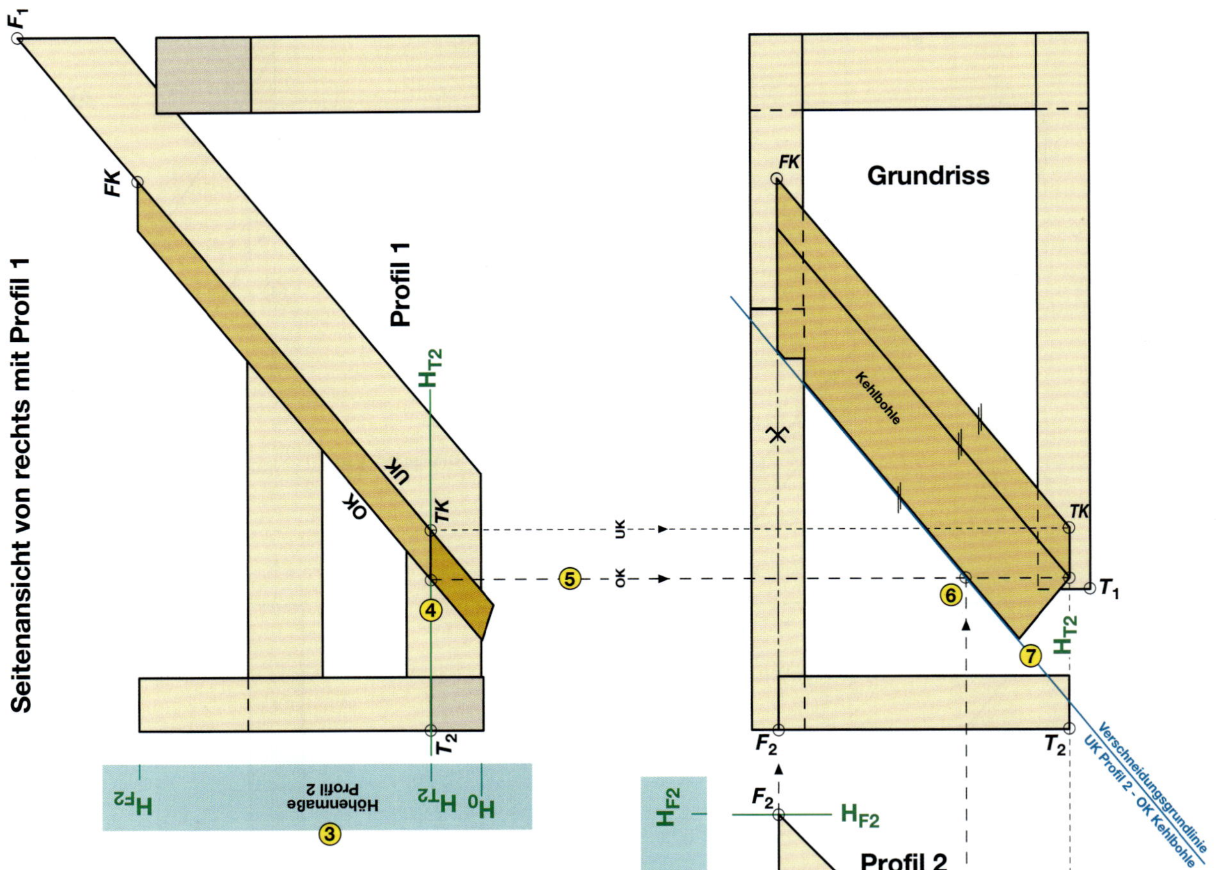

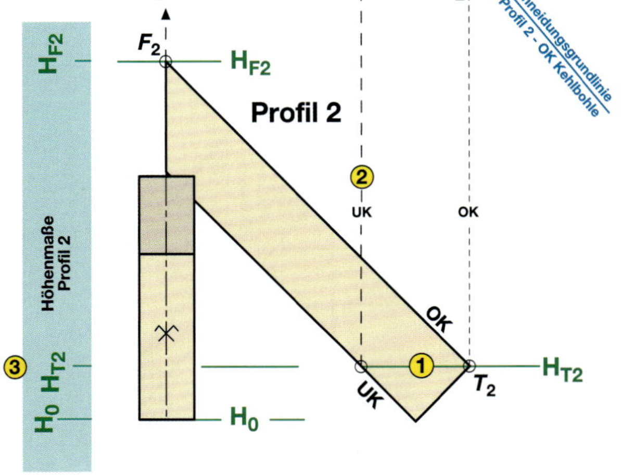

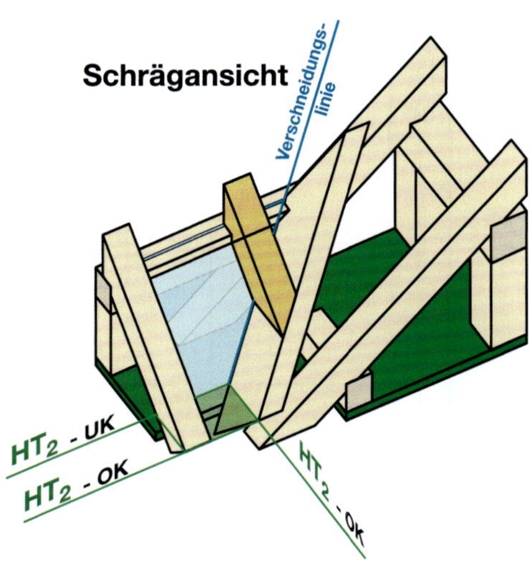

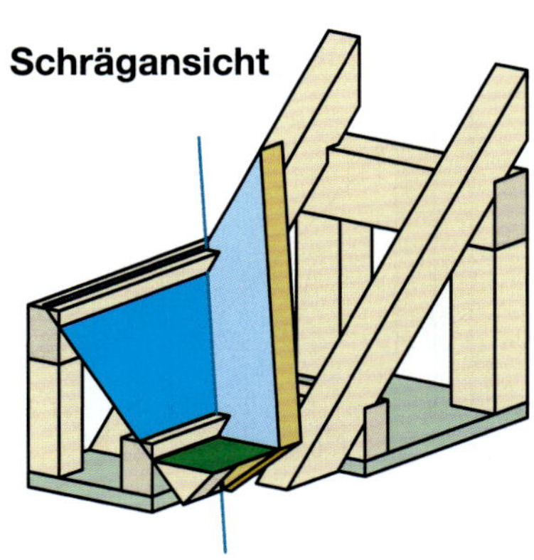

7.10 Flächenverschneidung UK Profil 2 mit OK Kehlbohle

Das Verfahren stellt eine Möglichkeit dar, die Verschneidungslinie zwischen OK-Kehlbohle und UK-Sparren/-Schifter Profil 2 zu ermitteln.

① Höhe H_{T2} mit UK Sparren Profil 2 schneiden
② Lage des erzeugten Schnittpunktes auf UK Sparren in den Grundriss übertragen
③ Höhe H_{T2} von H_0 ausgehend in Profil 1 übertragen und mit Kehlbohle schneiden.
④ Es entsteht ein Anfallspunkt auf OK-Kehlbohle.
⑤ Lage des Anfallspunkts aus Profil 2 in den Grundriss übertragen und dort mit Linie UK-Sparren aus ② schneiden.
⑥ Es entsteht der Anfallspunkt der Verschneidungsgrundlinie.
⑦ Verschneidungsgrundlinie als Parallele zur Kehllinie beziehungsweise zur Abgratungslinie der Kehlbohle reißen.

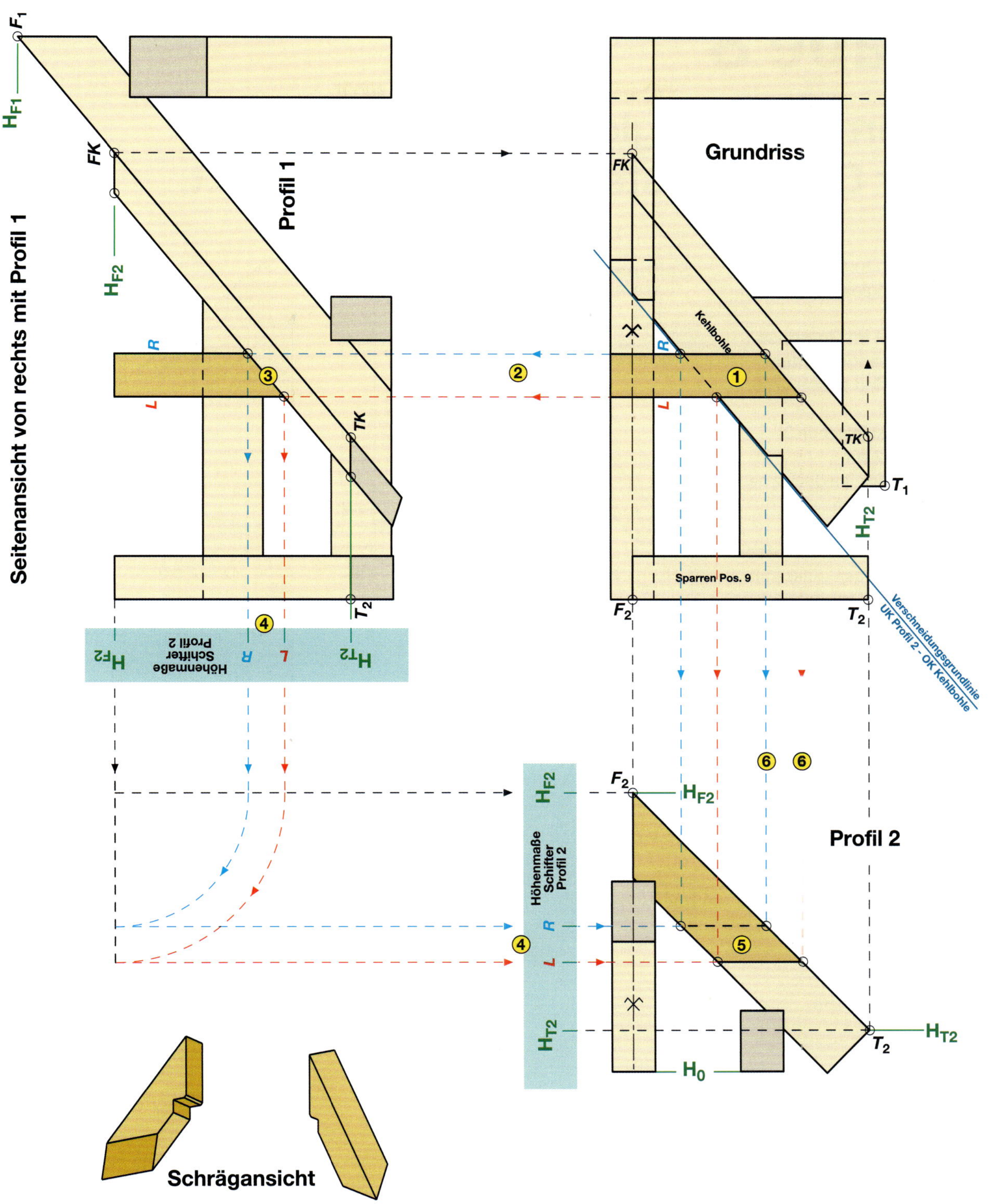

7.11 Austragung des Schifters

① Lage des **Schifters in Profil 1** im Grundriss festlegen und die Seiten links (*L*) und rechts (*R*) bezeichnen.
② Lage des Schifters mit linker (*L*) und rechter (*R*) Kante in Profil 1/Seitenansicht übertragen.
③ Es entsteht jeweils ein Anfallspunkt für die linke und die rechte Kante an OK-Kehlbohle.
④ Übertragen der Höhenmaße der Anfallspunkte links und rechts in Profil 2.
⑤ Übertragungslinien aus ④ mit UK- und OK-Sparren in Profil 2 schneiden. Es entsteht die Schifterschmiege in der Seitenansicht.
⑥ Zur Kontrolle Anfallspunkte links und rechts aus Grundriss in Profil 2 übertragen und mit OK- und UK-Sparren schneiden.

Aufgabe 8

Gratsparren bei ungleicher Dachneigung, gleicher Dachüberstand mit Hexenschnitt

Diese Aufgabe behandelt einen Gratsparren bei ungleiche Dachneigungen.
Der Gratsparren ist im Grundriss verschoben. Die waagerechten Dachüberstände sind gleich groß.

Der Gratsparren weist folgende Dimensionen auf: ***b* = 7 cm**, ***h* = 9 cm**. Das rechtwinklige Obholz bei den Sparren beträgt **5,5 cm**.

Die Traufabschnitte der Sparren in Profil 1 und in Profil 2 werden „ausgemittelt“, das heißt, es wird zeichnerisch ein mittlerer Abschnittswinkel zwischen den angenommenen rechtwinkligen Abschnitten der Sparren/Schifter in beiden Profilen gebildet.

Der Traufabschnitt des Gratsparrens wird diesem mittleren Abschnitt angepasst (Hexenschnitt).

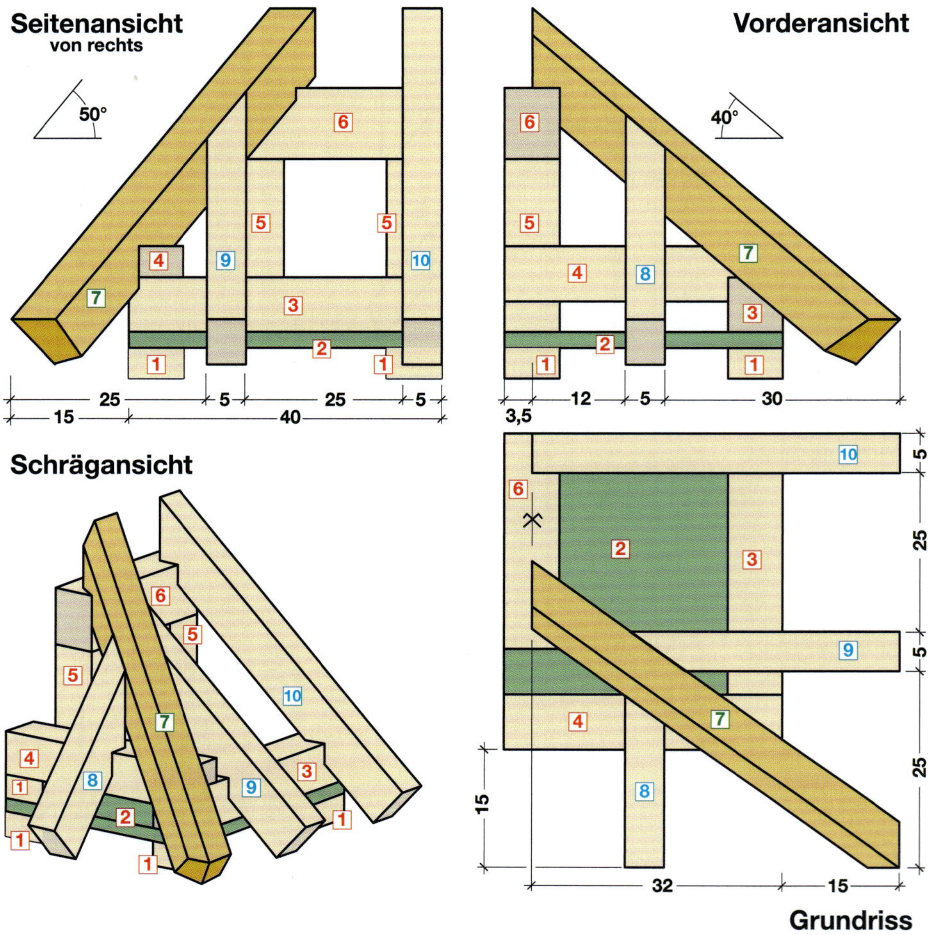

8.1: Das Modell für die Aufgabe 8 in Grundriss, Vorderansicht, Seitenansicht und Schrägansicht. Die Ziffern entsprechen den Positionen der Bauteile in der Holzliste.

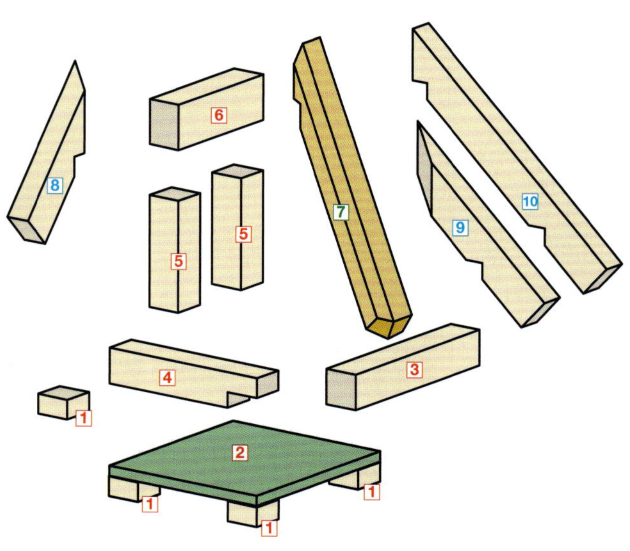

Holzliste

Position	Bezeichnung	Anzahl	Breite [cm]	Höhe [cm]	Länge [cm]
1	Pfosten	5	7	7	4
2	Bodenplatte	1	35,5	2	40
3	Fußpfette	1	7	7	40
4	Fußpfette	1	7	7	37
5	Pfosten	2	7	7	23
6	Firstpfette	1	7	9	29
7	Gratsparren	1	7	9	80
8	Schifter	1	5	8	35
9	Schifter	1	5	8	47
10	Sparren	1	5	8	65

8.2: Explosionszeichnung und Holzliste des Modells. Die Pfosten und Pfetten sind rot, der Gratsparren grün, und der Sparren und die Schifter blau bezeichnet.

Schrägansichten
(fertige Konstruktion)

Profil 1
Dachneigung 40°

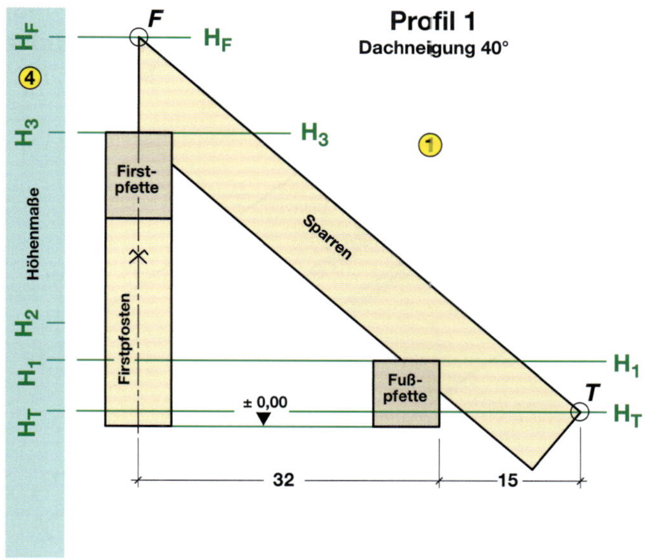

Grundriss

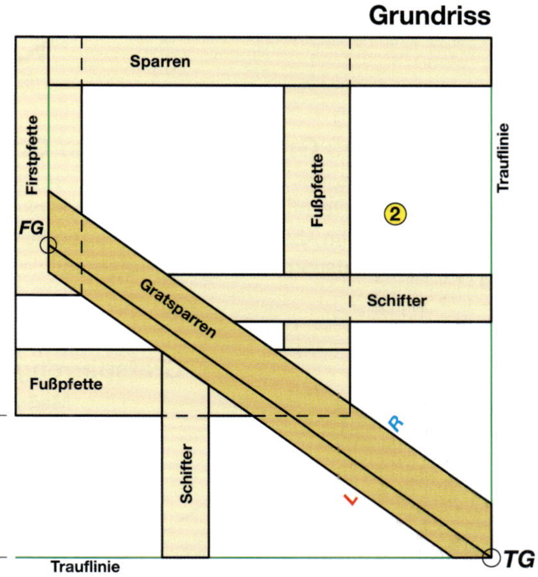

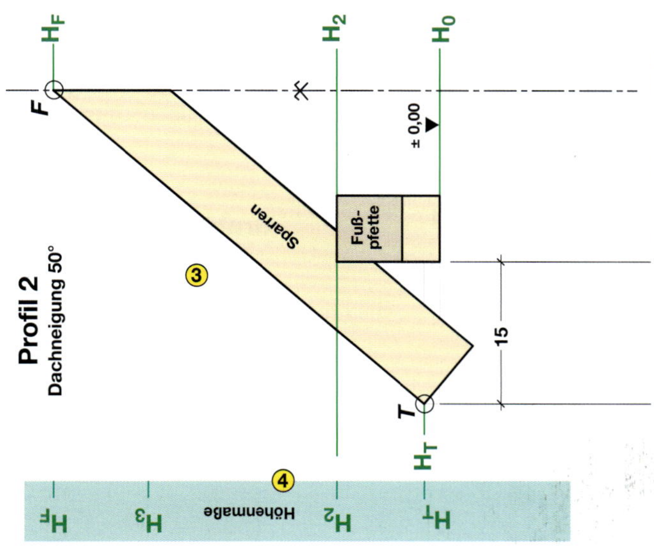

Dachausmittlung
(nicht maßstäblich)

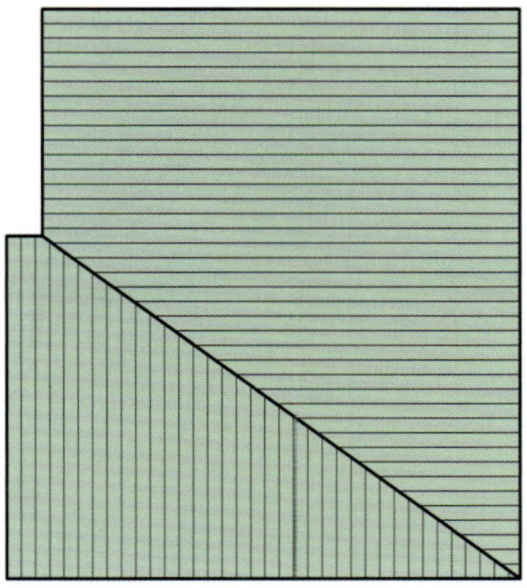

Schrägansicht
Dachausmittlung

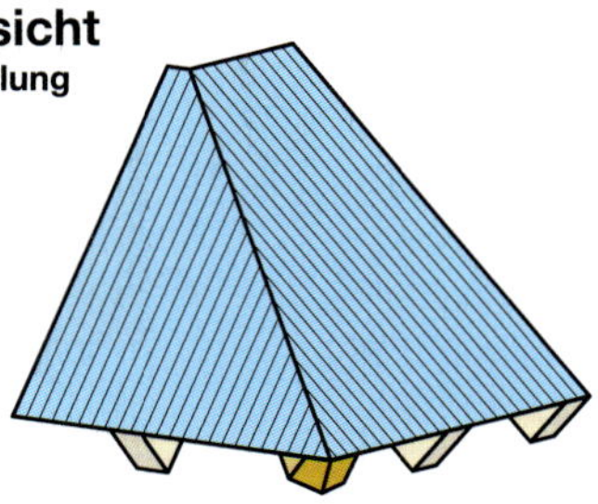

8.3 Grundriss und Profile

① **Profil 1** aufreißen (Sparren mit rechtwinkligem Traufabschnitt)
② Grundriss unter **Profil 1** anordnen
③ **Profil 2** grundrissbezogen aufreißen (Sparren mit rechtwinkligem Traufabschnitt)
④ Höhenlinien auf Maßlatte übertragen

Detail Gratgrundriss
ohne Gratsparrengrundverschiebung
Maßstab 1:2

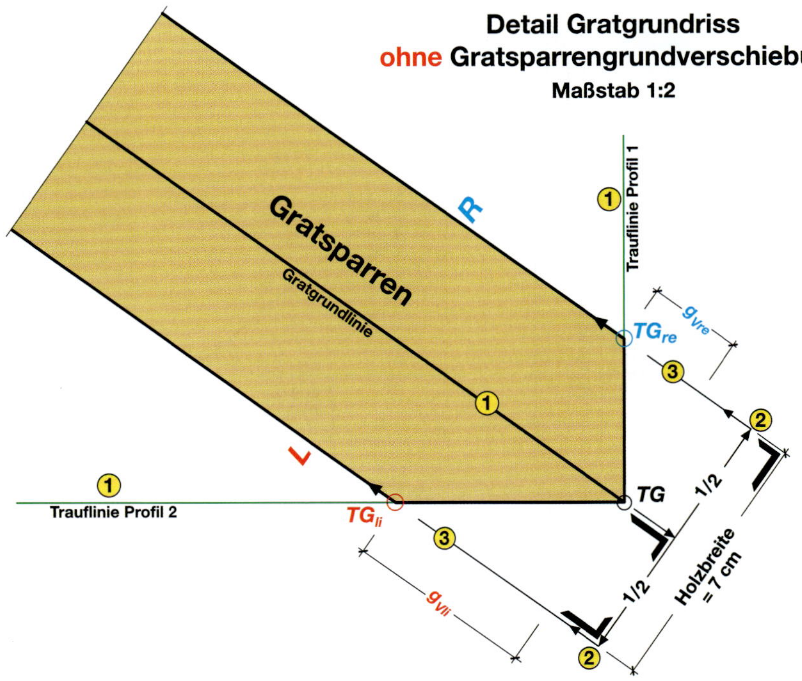

Gratsparrenquerschnitt
ohne Gratsparrengrundverlegung mit Ansicht des Traufabschnitts in Achsrichtung der Gratlinie
Maßstab 1:2

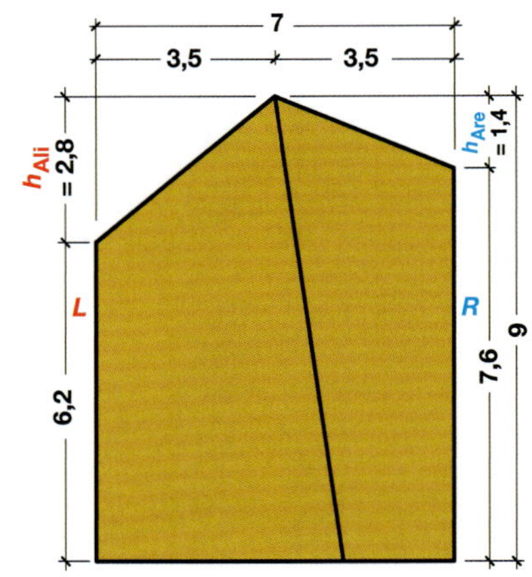

8.4 Platzierung des Gratsparrens ohne Gratsparrengrundverschiebung

① Die Lage der Gratgrundlinie, der Trauflinie Profil 1 und der Trauflinie Profil 2 im Grundriss ermitteln und aufreißen.

② Von der Gratgrundlinie aus rechtwinklig nach rechts und links die halbe Holzbreite abtragen, um den Gratsparren mittig zu platzieren.

③ Parallel zur Gratgrundlinie im Abstand der halben Holzbreite die rechte Begrenzungsgrundlinie ***R*** und die linke Begrenzungslinie ***L*** einzeichnen. Damit ist der Gratsparren mittig zur Gratgrundlinie platziert. Die Abgratungshöhen h_{Are} und h_{Ali} sind unterschiedlich!

Detail Gratgrundriss
mit Gratsparrengrundverschiebung
Maßstab 1:2

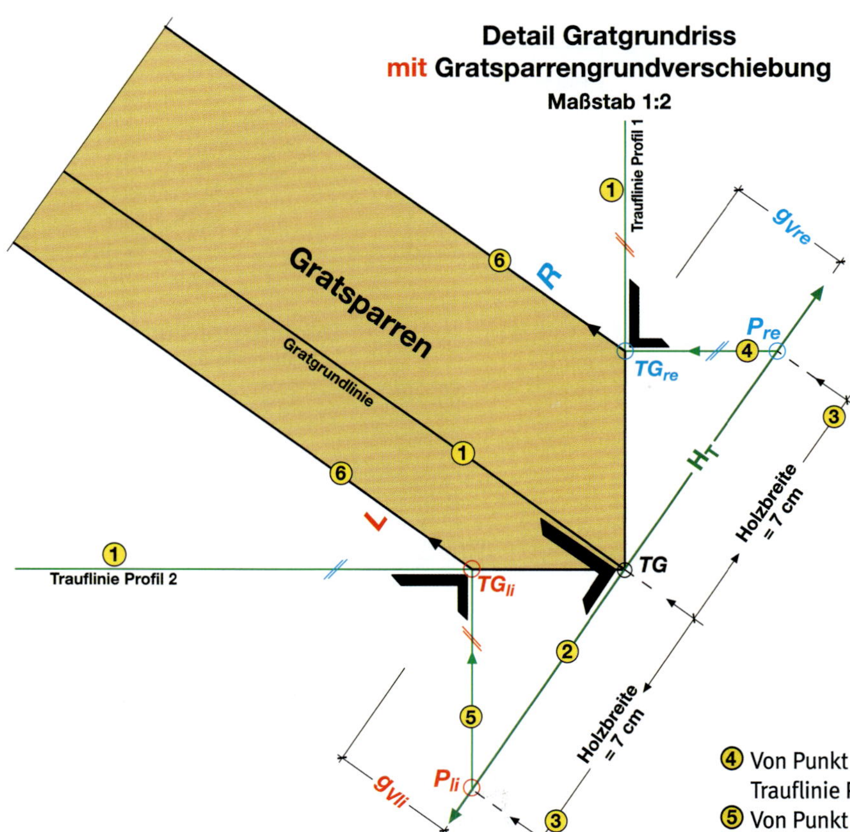

Gratsparrenquerschnitt
mit Gratsparrengrundverlegung mit Ansicht des Traufabschnitts in Achsrichtung der Gratlinie
Maßstab 1:2

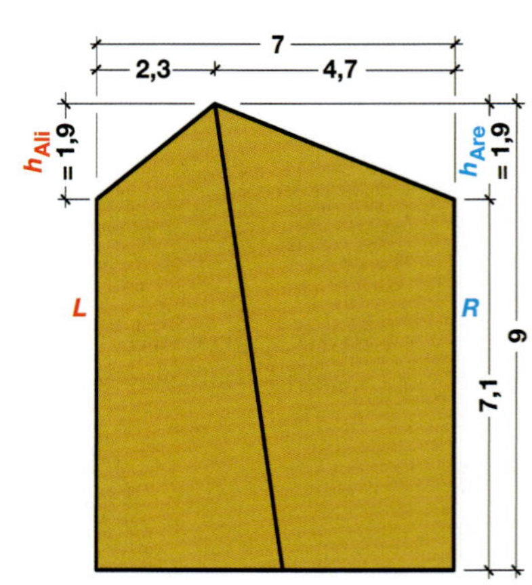

8.5 Gratsparrengrundverschiebung

① Die Lage der Gratgrundlinie, der Trauflinie Profil 1 und der Trauflinie Profil 2 im Grundriss ermitteln und aufreißen.

② Rechtwinklig zur Gratgrundlinie eine Höhenlinie H_T durch ***TG*** reißen.

③ Von der Höhenlinie H_T rechtwinklig nach rechts und links die **ganze** Holzbreite abtragen. Es entstehen die Punkte P_{re} und P_{li}.

④ Von Punkt P_{re} der Höhenlinie H_T eine Hilfslinie parallel // zur Trauflinie Profil 2 reißen. Es entsteht der Punkt TG_{re}.

⑤ Von Punkt P_{li} der Höhenlinie H_T eine Hilfslinie parallel // zur Trauflinie Profil 1 reißen. Es entsteht der Punkt TG_{li}.

⑥ Aus den Punkten TG_{re} und TG_{li} werden parallel zur Gratgrundlinie die rechte Begrenzungsgrundlinie ***R*** und die linke Begrenzungslinie ***L*** eingezeichnet. Damit ist der Gratsparren im Grundriss so verlegt, dass gleiche Grundverstichmaße g_{Vre} und g_{Vli} entstehen. Die Abgratungshöhen h_{Are} und h_{Ali} sind gleich!

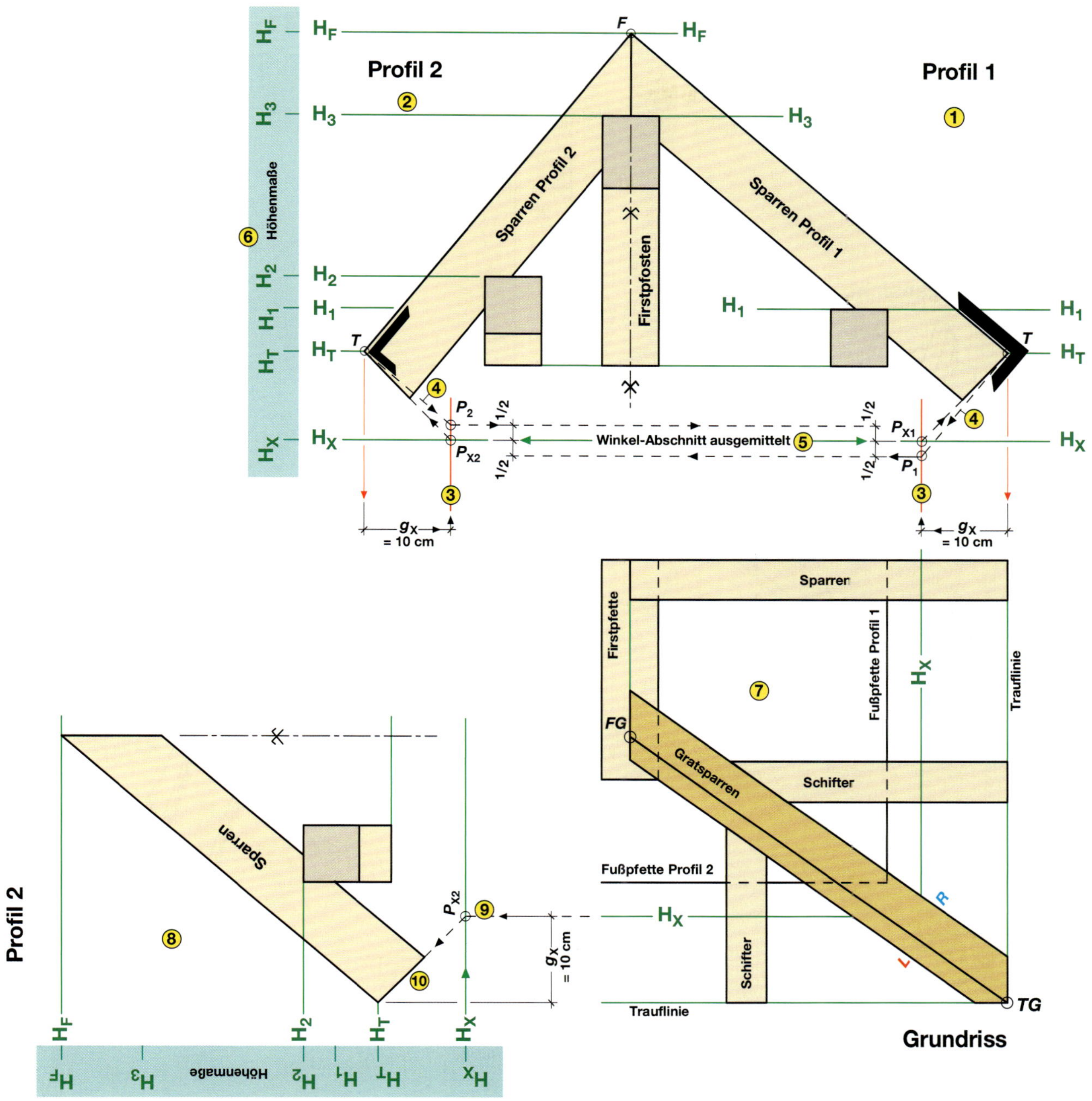

Schrägansicht
Abschnittsebene mit ausgemittelter Höhenebene H_X

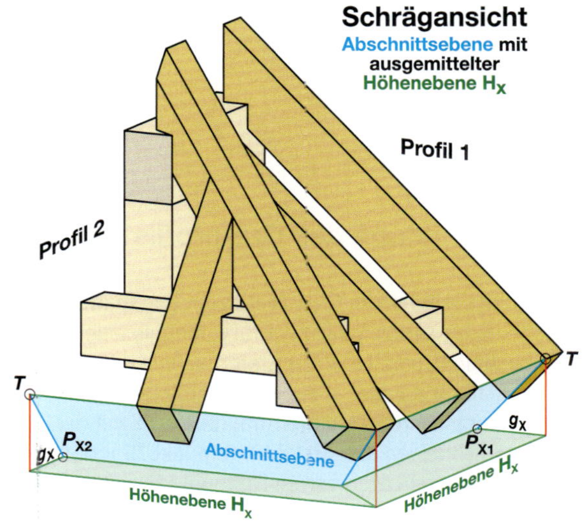

8.6 Grundriss und Profile

① **Profil 1** aufreißen. Der **Sparren** in **Profil 1** erhält vorläufig einen rechtwinkligen Traufabschnitt.

② **Profil 2** aufreißen. Der **Sparren** in **Profil 2** erhält vorläufig einen rechtwinkligen Traufabschnitt.

③ Zum jeweiligen Traufpunkt ***T*** in beliebigem Abstand (Grundmaß g_X, hier beispielsweise 10 cm) eine Senkrechte reißen.

④ Den rechtwinkligen Traufabschnitt jeweils bis zum Senkelriss aus ③ verlängern, Schnittpunkte mit P_1 und P_2 bezeichnen

⑤ Aus P_1 und P_2 jeweils eine Waagrechte unter die Profile reißen und die Mittellinie zwischen den beiden Waagrechten ermitteln. Die Mittellinie ist die „ausgemittelte" Höhenlinie H_X für den Hexenschnitt.

⑥ Höhen H_X, H_T, H_1, H_2, H_3 und H_F auf die Höhenmaßlatte übertragen.

⑦ **Grundriss** unter Profil 1 aufreißen.

⑧ **Profil 2** mit Hilfe der Höhenmaße grundrissbezogen aufreißen.

⑨ **Höhenlinie** H_X in **Profil 2** mit dem Senkelriss im Abstand g_X schneiden, Schnittpunkt mit P_X bezeichnen.

⑩ Traufabschnitt am Normalsparren von Profil 2 einzeichnen

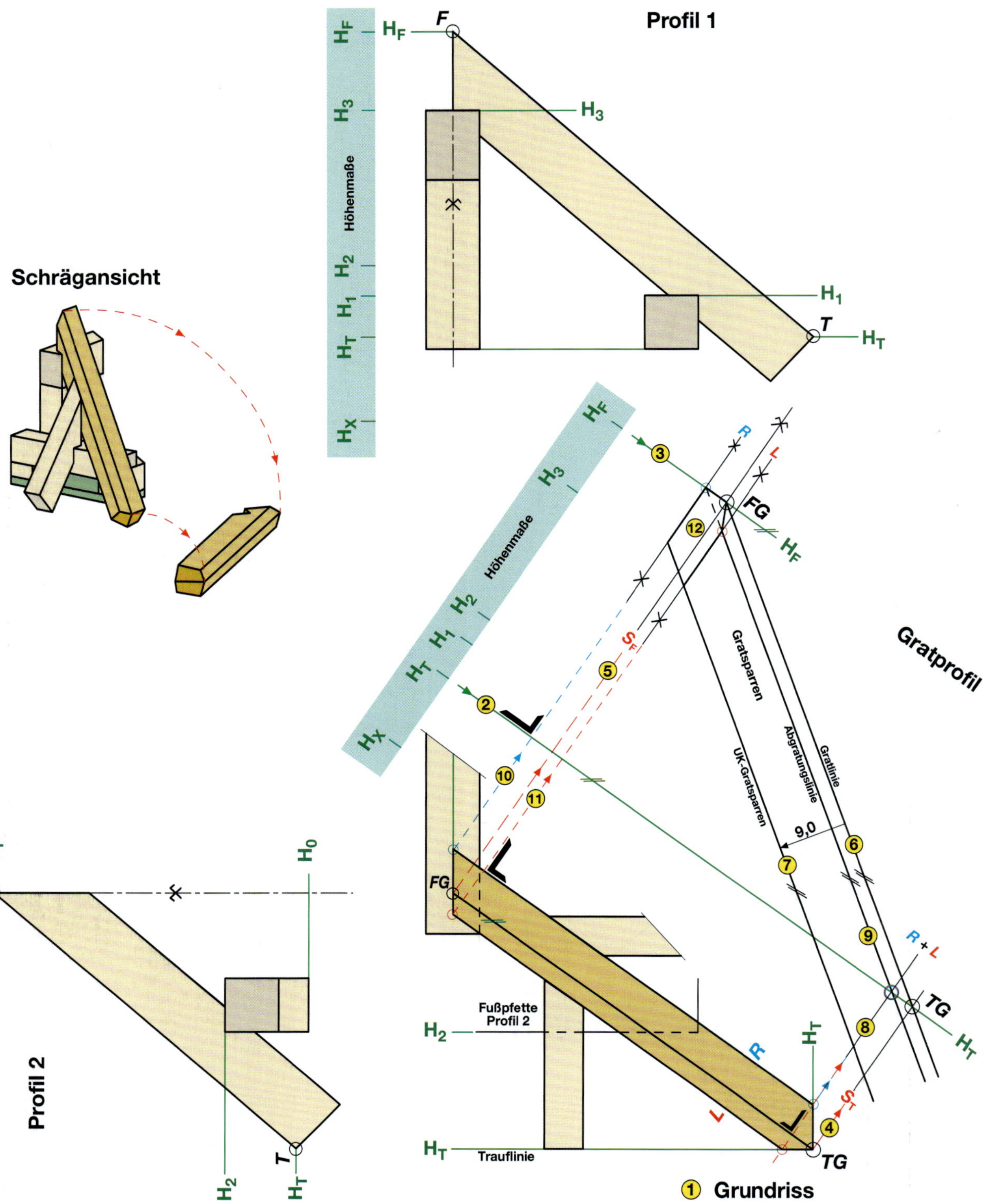

8.7 Ermittlung des Gratprofils und des Abschnitts am First

1. Grundriss mit dem im Grund verlegten Gratsparren reißen.
2. Höhenmaße rechtwinklig zur Gratgrundlinie anlegen und Höhenlinie H_T parallel // zur Gratgrundlinie reißen.
3. Höhenlinie H_F parallel // zur Gratgrundlinie reißen.
4. Urlot S_T aus dem Gratsparren-Traufpunkt ***TG*** mit der Höhenlinie H_T schneiden. Es entsteht Traufpunkt ***TG*** im Gratprofil.
5. Urlot S_F aus dem Gratsparren-Firstpunkt ***FG*** mit der Höhenlinie H_F schneiden. Es entsteht Firstpunkt ***FG*** im Gratprofil.
6. Firstpunkt ***FG*** mit Traufpunkt ***TG*** im Gratprofil verbinden. Dies ist die Gratlinie.
7. Zum besseren Verständnis kann die Unterkante des Gratsparrens im Abstand Gratsparrenhöhe = 9 cm parallel // zur Gratlinie gerissen werden.
8. Traufpunkte links und rechts in das Gratprofil übertragen. Der Schnittpunkt mit der Traufhöhe H_T ist der Anfallspunkt für die Abgratungslinie.
9. Abgratungslinie als Parallele // zur Gratlinie reißen.
10. Firstabschnitt rechts in das Gratprofil übertragen.
11. Firstabschnitt links in das Gratprofil übertragen.
12. Firstabschnitt vervollständigen.

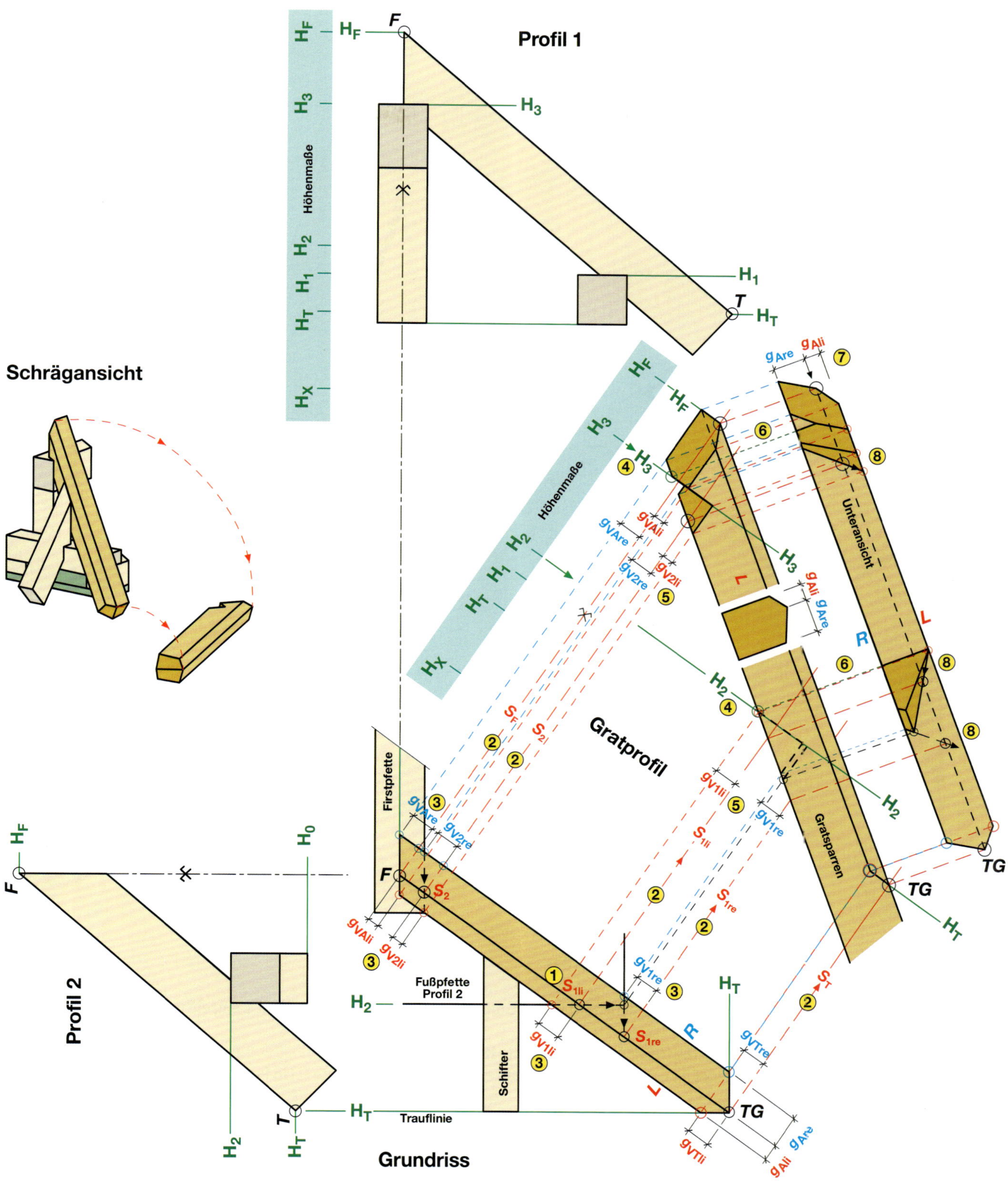

8.8 Ermittlung der Kerven mit Verstichmaß und Umkantung des Gratsparrens

1. Auf der Gratgrundlinie die Ursenkel S_{1re}, S_{1li}, S_2 und S_F festlegen.
2. Die Ursenkel S_T, S_{1re}, S_{1li}, S_2 und S_F aus dem Grundriss in das Gratprofil übertragen. Zum Anreißen ist es erforderlich, dass die Risse (in der Zeichnung rote Volllinien) über Unter- und Oberkante des Gratsparrens hinaus reichen.
3. Im Grundriss die Grundverstichmaße g_{VTli}, g_{V1li}, g_{V2li}, g_{VAli} (links) und g_{VTre}, g_{V1re}, g_{V2re} und g_{VAre} (rechts) festlegen.
4. Im Gratprofil die waagerechten Höhenlinien H_2 (OK-Fußpfette) und H_3 (OK-Firstpfette) reißen.
5. Die Grundverstichmaße sind hier zum besseren Verständnis noch einmal eingezeichnet. Sie werden in der Praxis unmittelbar auf der linken beziehungsweise rechten Seitenfläche des Gratsparrenholzes von den jeweiligen Senkelrissen aus angetragen.
6. Übertragen der Risse in die Umkantung (Unteransicht)
7. Darstellung des fertigen Firstabschnitts
8. Darstellung der fertig ausgearbeiteten Kerven.

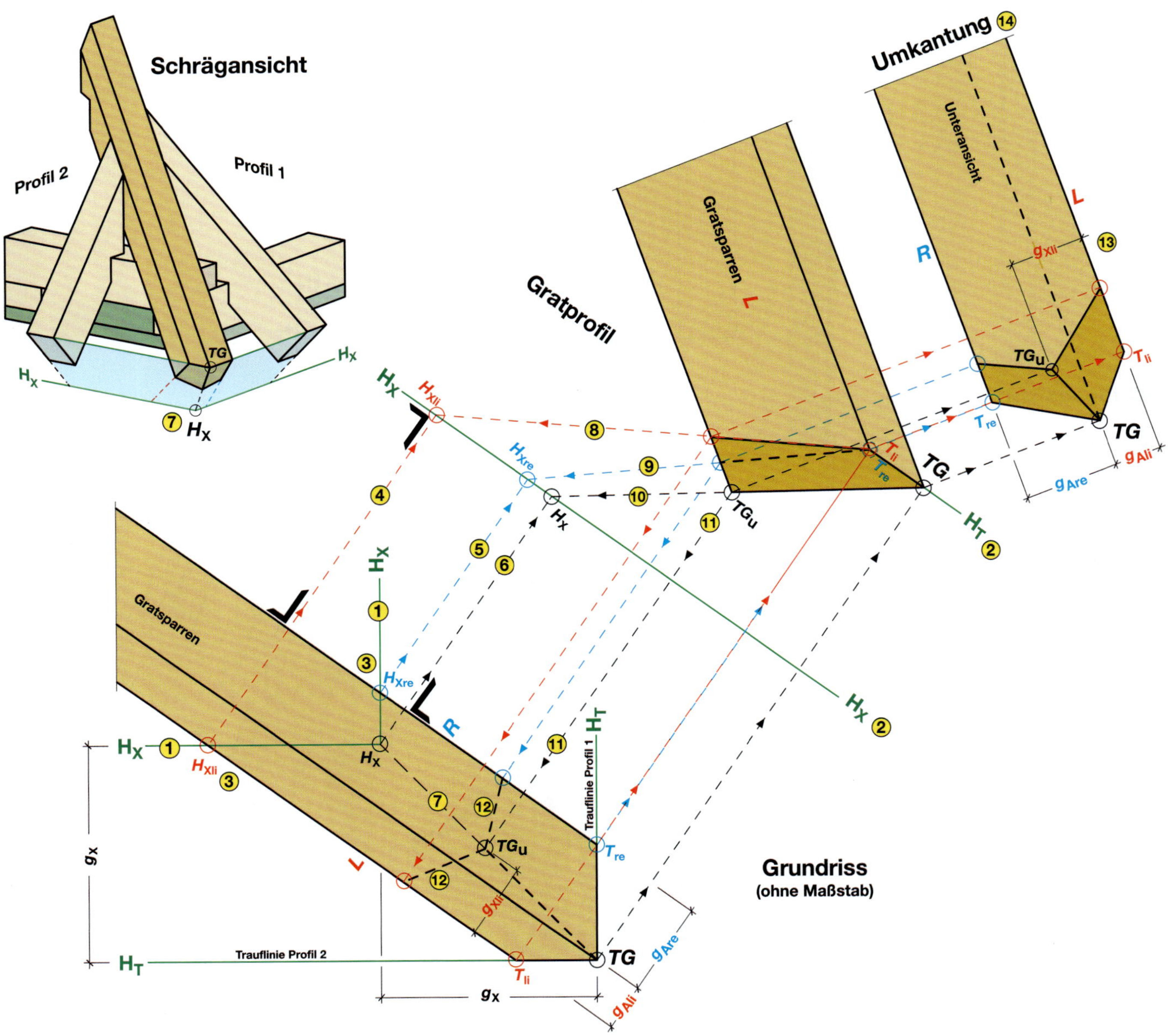

8.9 Hexenschnittdetail mit Verstichmaßen

① „Hexenschnitthöhenlinie“ H_x mit Grundmaß g_x (siehe 8.6) in den Grundriss von Profil 2 und von Profil 1 einzeichnen. Die beiden Höhenlinien schneiden sich in Punkt H_x

② Im Gratprofil die Traufhöhenlinie H_T und die Hexenschnitthöhenlinie H_x einzeichnen.

③ Die Hexenschnitthöhenlinie H_x schneidet im Grundriss den Gratsparren an seiner linken Kante (*L*) in Punkt H_{Xli} und an seiner rechten Kante (*R*) in Punkt H_{Xre}.

④ Schnittpunkt H_{Xli} aus dem Grundriss in das Gratprofil auf die Hexenhöhenlinie H_x übertragen.

⑤ Schnittpunkt H_{Xre} aus dem Grundriss in das Gratprofil auf die Hexenhöhenlinie H_x übertragen.

⑥ Schnittpunkt H_x aus dem Grundriss in das Gratprofil auf die Hexenhöhenlinie H_x übertragen.

⑦ Die Verbindungslinie von Gratsparren-Traufpunkt *TG* bis zum Schnittpunkt H_x der Höhenlinien H_x im Grundriss stellt die Grundverschneidungslinie zwischen den Traufabschnittsebenen von Profil 1 und Profil 2 dar (siehe Schrägansicht).

⑧ Linke Hexenschnittschmiege im Gratprofil: Punkt T_{li} mit Punkt H_{Xli} verbinden.

⑨ Rechte Hexenschnittschmiege im Gratprofil: Punkt T_{re} mit Punkt H_{Xre} verbinden.

⑩ Die Richtung der Verschneidungslinie zwischen den Traufabschnittsebenen von Profil 1 und Profil 2 ergibt sich durch die Verbindung der Punkte *TG* und H_x.

⑪ Der Anfallspunkt TG_u der Verschneidungslinie ⑩ auf UK-Gratsparren wird aus dem Gratprofil in den Grundriss auf die Grundverschneidungslinie ⑦ übertragen. Es entsteht das Grundverstichmaß g_{Xli}.

⑫ Überträgt man die Anfallspunkte der Hexenschnittschmiegen *L* ⑧ und *R* ⑨ (UK-Gratsparren im Gratprofil) auf die jeweiligen Seiten im Grundriss, so entstehen die beiden Abschnittsfluchten.

⑬ Mit dem Grundverstichmaß g_{Xli} kann an der Unterseite des Gratsparrenholzes die Lage des Anfallspunkts der Hexenschnitt-Verschneidungslinie angerissen werden.

⑭ Hier ist der Hexenschnitt in der Ansicht der Unterseite dargestellt.

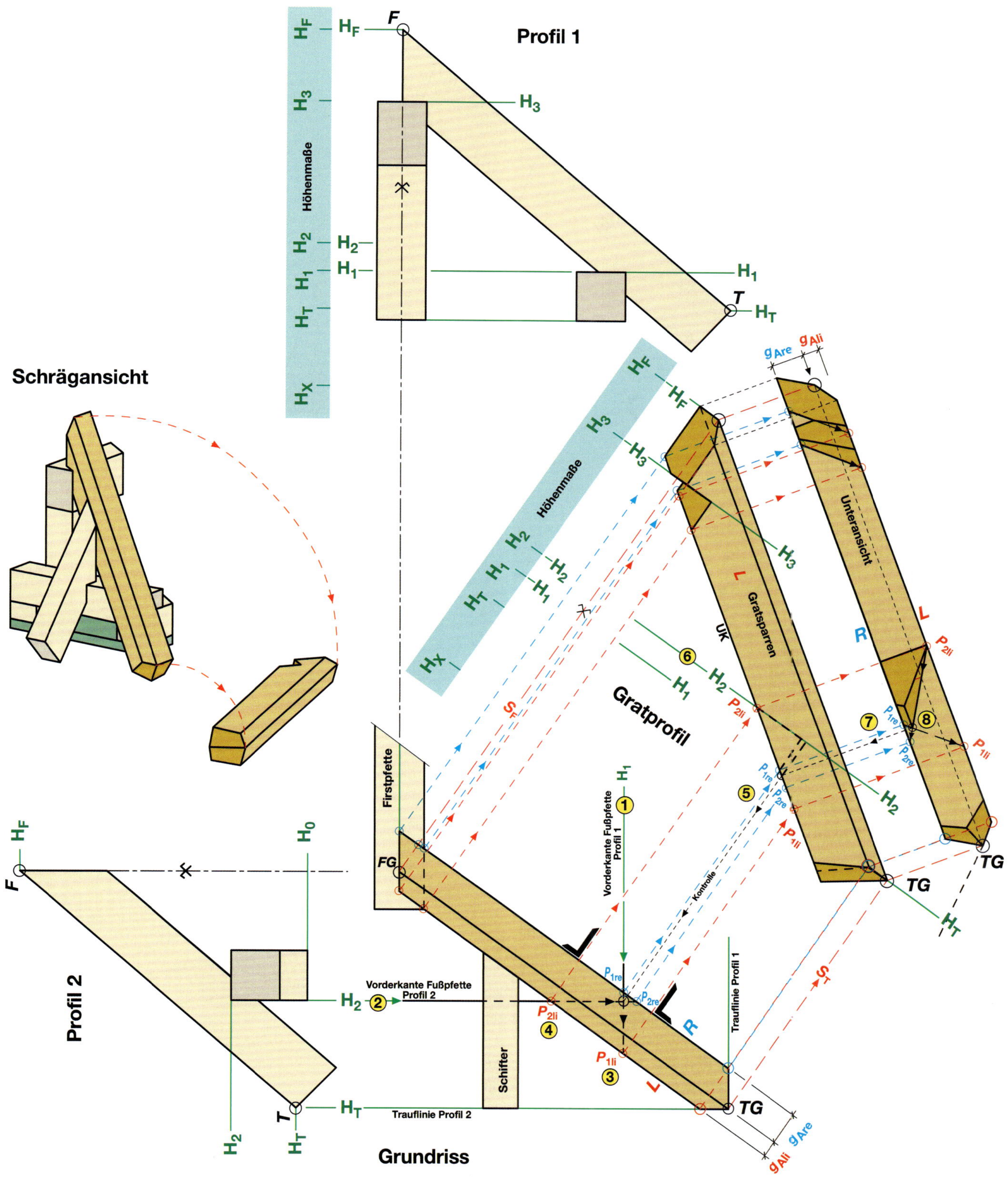

8.10 Ermittlung der Pfettenkerven auf Überschneidung

① Im Grundriss die Höhenlinie H_1 (Vorderkante Fußpfette Profil 1) auf die linke Gratsparrenkante verlängern.
② Im Grundriss die Höhenlinie H_2 (Vorderkante Fußpfette Profil 2) auf die rechte Gratsparrenkante verlängern.
③ Aus Profil 1 kommend erzeugt H_1 auf der linken Gratsparrenkante den Punkt P_{1li} und auf der rechten Gratsparrenkante den Punkt P_{1re}.
④ Aus Profil 2 kommend erzeugt H_2 auf der linken Gratsparrenkante den Punkt P_{2li} und auf der rechten Gratsparrenkante den Punkt P_{2re}.
⑤ Die Punkte P_{2li}, P_{2re}, P_{1li} und P_{1re} werden aus dem Grundriss in das Gratprofil und dort auf die Unterkante-Gratsparren übertragen.
⑥ OK Fußpfette Profil 2 (H_2) liegt höher als OK-Fußpfette Profil 1(H_1) und wird deshalb für die Pfettenkerve maßgeblich.
⑦ Die Punkte P_{2li}, P_{2re}, P_{1li} und P_{1re} werden aus dem Gratprofil in die Umkantung (Unteransicht) übertragen.
⑧ In der Unteransicht werden P_{2li} mit P_{2re} und P_{1li} mit P_{1re} „über Kreuz“ verbunden.

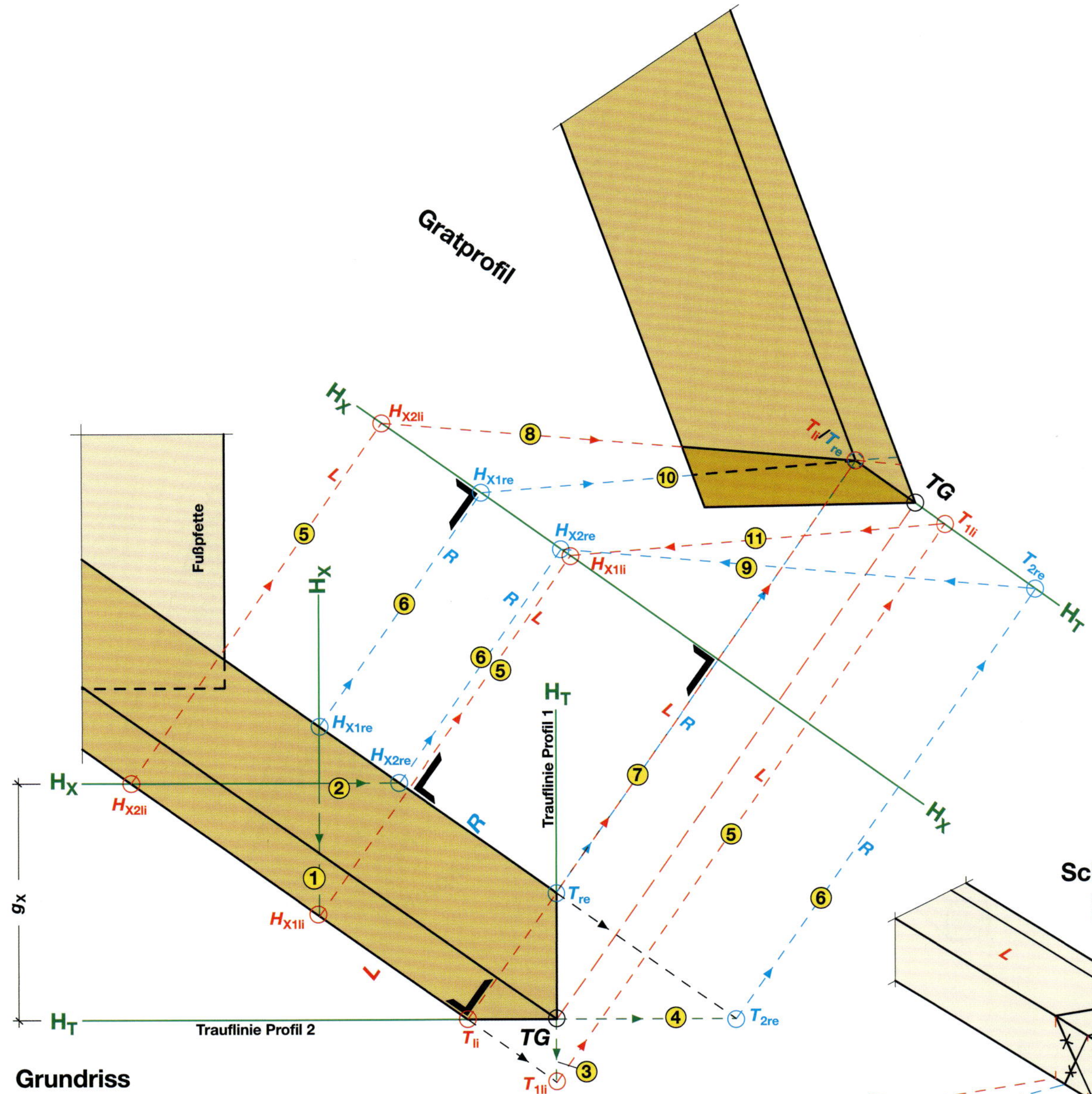

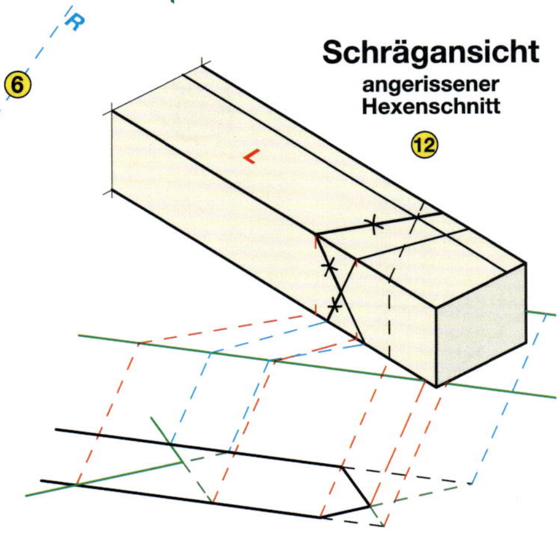

8.11 Hexenschnitt mit Überschneidungslinien und Übertragung in das Gratprofil

① „Hexenschnitthöhenlinie" H_X mit Grundmaß g_X (siehe 8.6) in den Grundriss von Profil 1 einzeichnen und bis zur linken Gratsparrenseite verlängern. Es entstehen die Schnittpunkte H_{X1re} und H_{X1li}.

② „Hexenschnitthöhenlinie" H_X mit Grundmaß g_X (siehe 8.6) in den Grundriss von Profil 2 einzeichnen und bis zur rechten Gratsparrenseite verlängern. Es entstehen am Gratsparren die Schnittpunkte H_{X2re} und H_{X2li}.

③ Traufhöhenlinie H_T aus dem Grundriss von Profil 1 durch Traufpunkt (rechts) T_{re} bis zur linken Gratsparrenseite verlängern. Es entsteht der Schnittpunkt T_{1li}.

④ Traufhöhenlinie H_T aus dem Grundriss von Profil 2 durch Traufpunkt (links) T_{li} bis zur rechten Gratsparrenseite verlängern. Es entsteht der Schnittpunkt T_{2re}.

⑤ Die Punkte auf der linken Gratsparrenseite H_{X2li} und H_{X1li} werden aus dem Grundriss auf die Höhenlinie H_X im Gratprofil übertragen. Punkt T_{1li} wird auf die Höhenlinie H_T im Gratprofil übertragen.

⑥ Die Punkte auf der rechten Gratsparrenseite H_{X1re} und H_{X2re} werden aus dem Grundriss auf die Höhenlinie H_X im Gratprofil übertragen. Punkt T_{2re} wird auf die Höhenlinie H_T im Gratprofil übertragen.

⑦ Die Punkte T_{re} und T_{li} mit der Höhe H_T werden in das Gratprofil auf die Höhenlinie H_T übertragen.

⑧ Die Hexenschnittschmiege links wird im Gratprofil durch Verbindung der Punkte T_{li} und H_{X2li} festgelegt.

⑨ Die zugehörige Schmiege auf der rechten Seite entsteht durch Verbindung der Punkte T_{2re} und H_{X2re}.

⑩ Die Hexenschnittschmiege rechts wird im Gratprofil durch Verbindung der Punkte T_{re} und H_{X1re} festgelegt.

⑪ Die zugehörige Schmiege auf der linken Seite entsteht durch Verbindung der Punkte T_{1li} und H_{X1li}.

⑫ So sieht der angerissene Hexenschnitt aus.

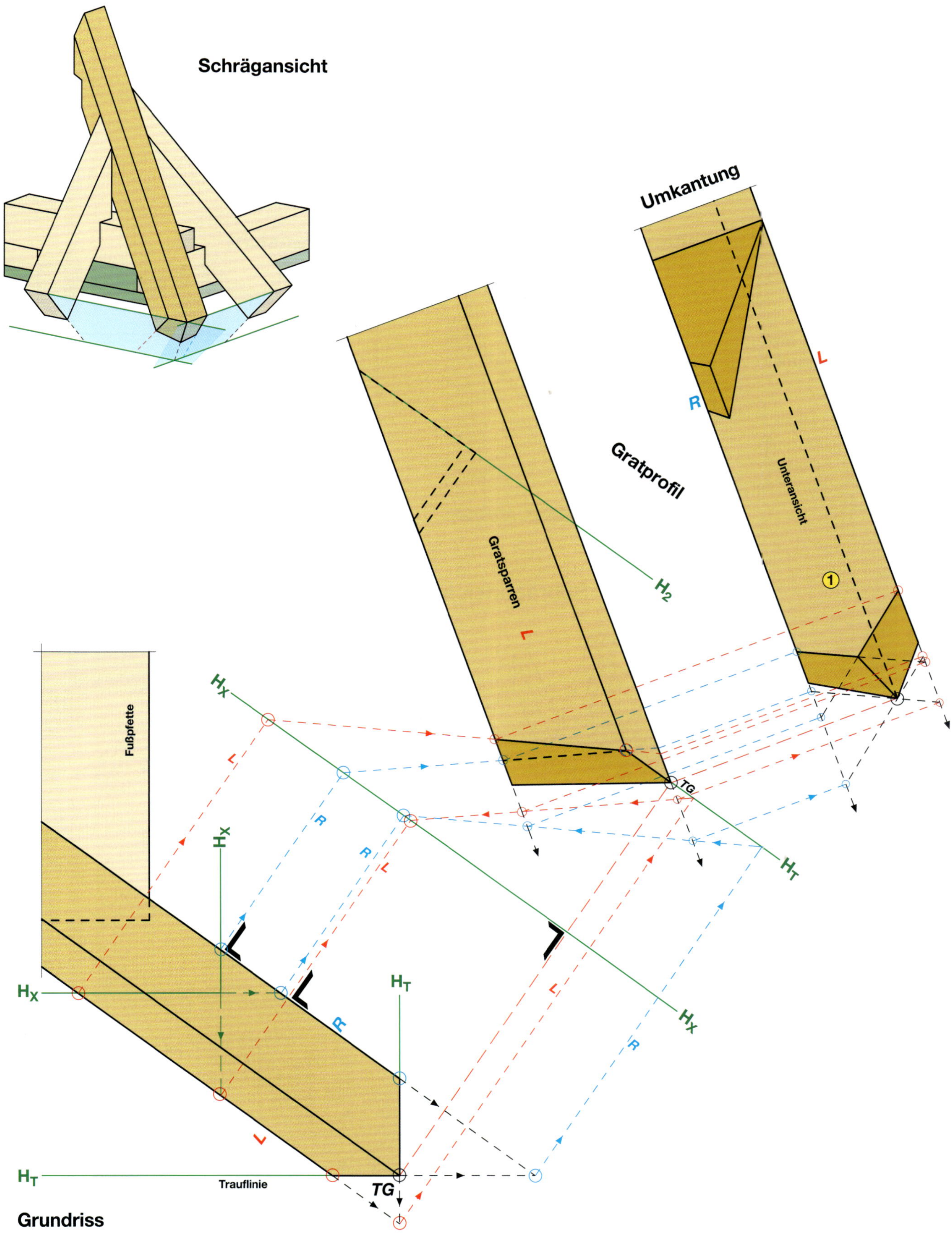

8.12 Hexenschnitt mit Überschneidungslinien und Übertragung in die Gratumkantung

① Hier sind die Zusammenhänge des Traufabschnitts des Gratsparrens als Hexenschnitt in der Umkantung mit Blick auf die untere Kantenfläche des Gratsparrens dargestellt.

Aufgabe 9

Kehlsparren mit angepasstem Hexenschnitt bei ungleichen Dachneigungen

Es ist eine Dachkonstruktion mit Kehlsparren bei ungleich geneigten Dachprofilen zu erstellen.

Der Traufabschnitt ist als angepasster Hexenschnitt auszuführen.

Der Sparren in Profil 1 erhält einen rechtwinkligen Abschnitt. Die Oberkanten der Fußpfetten liegen in beiden Profilen auf der gleichen Höhe (H_1).

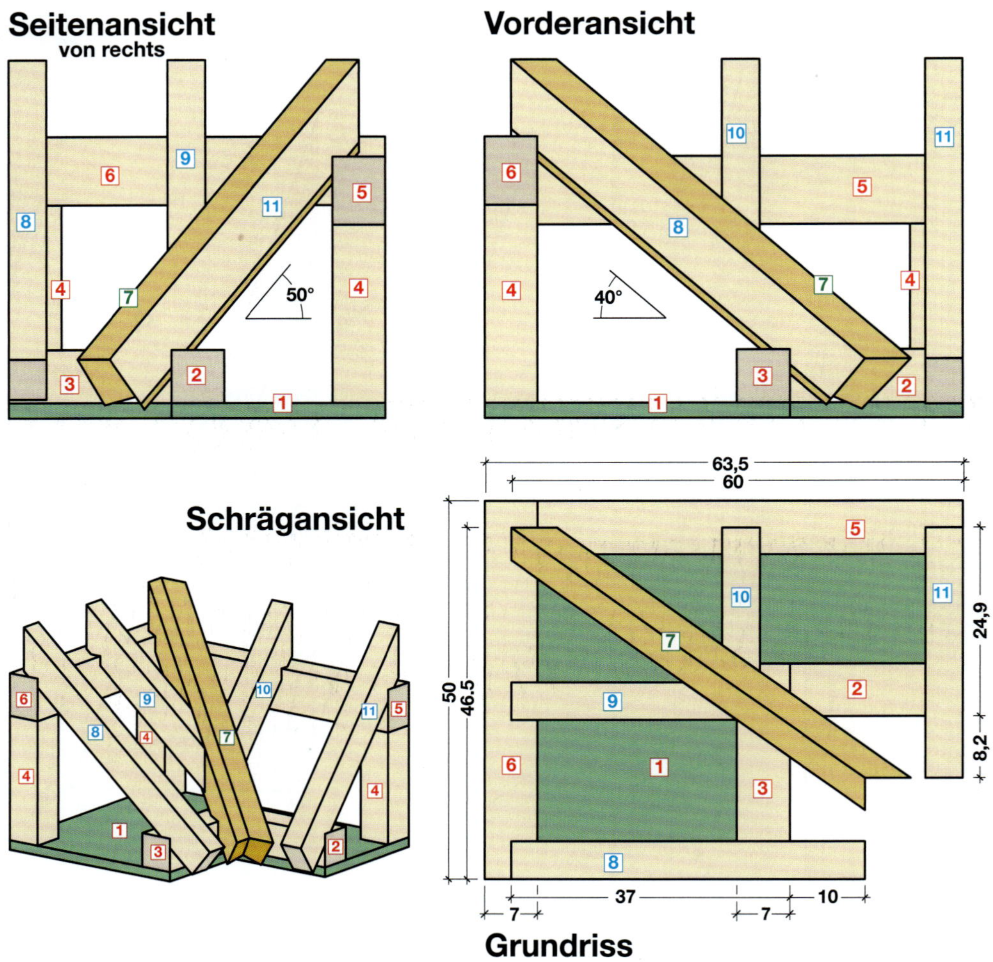

9.1: Das Modell für die Aufgabe 9 in Grundriss, Vorderansicht, Seitenansicht und Schrägansicht. Die Ziffern entsprechen den Positionen der Bauteile in der Holzliste.

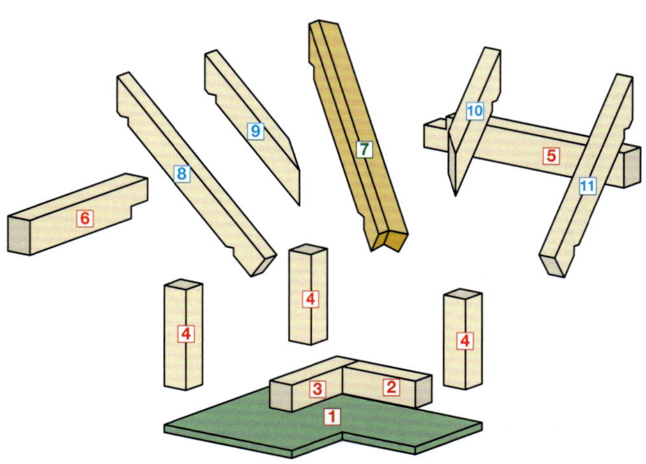

Holzliste

Position	Bezeichnung	Anzahl	Breite [cm]	Höhe [cm]	Länge [cm]
1	Bodenplatte	1	65	2	50
2	Fußpfette	1	7	7	35
3	Fußpfette	1	7	7	35
4	Pfosten	3	7	7	35
5	Firstpfette	1	7	9	65
6	Firstpfette	1	7	9	55
7	Kehlsparren	1	7	10	90
8	Sparren	1	5	7	70
9	Schifter	1	5	7	55
10	Schifter	1	5	7	45
11	Sparren	1	5	7	60

9.2: Explosionszeichnung und Holzliste des Modells. Die Bauteile sind in der Reihenfolge des Aufrichtens aufgeführt: Zuerst die Pfosten und Pfetten (rot), dann der Kehlsparren (grün), anschließend die Normalsparren und Schifter (blau).

Grundriss ④

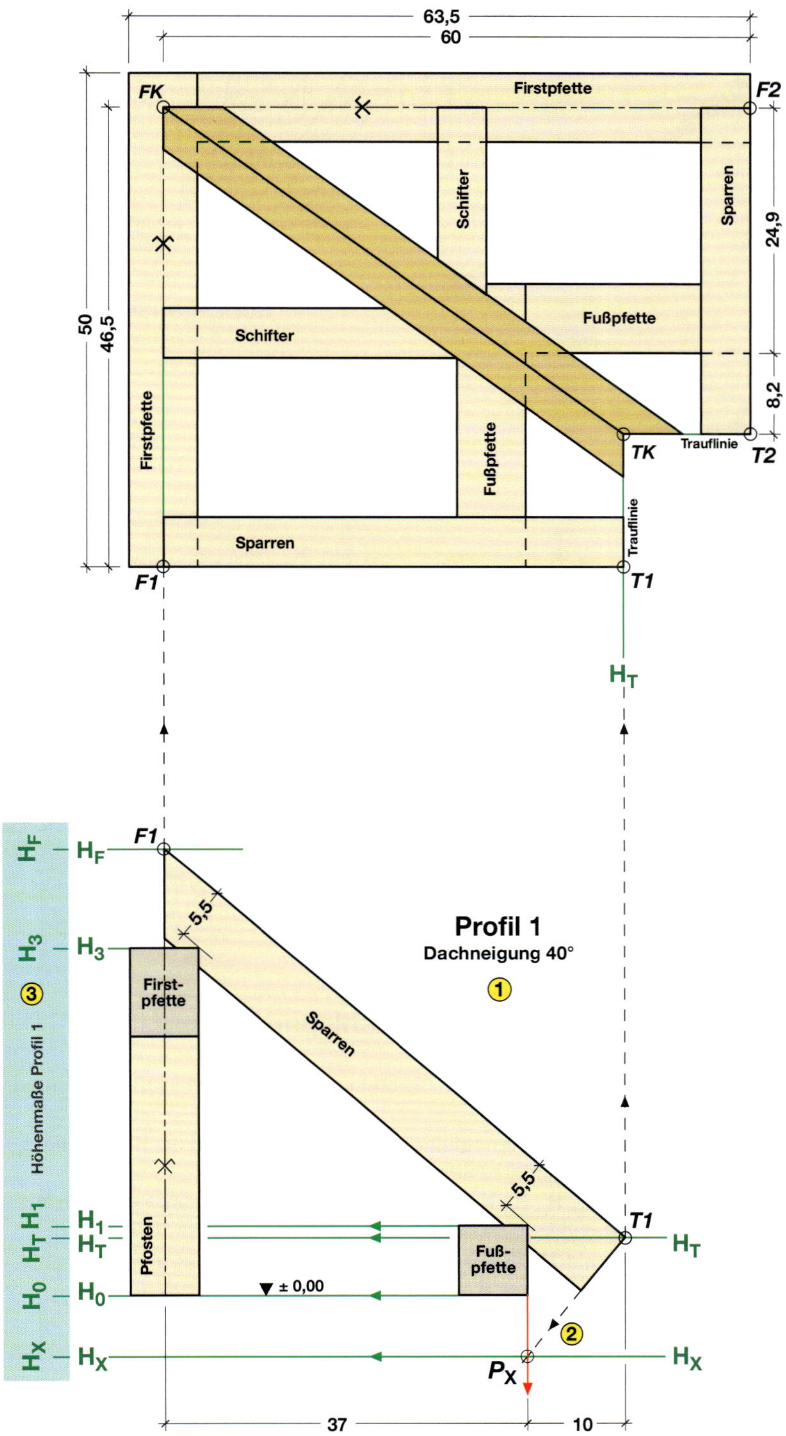

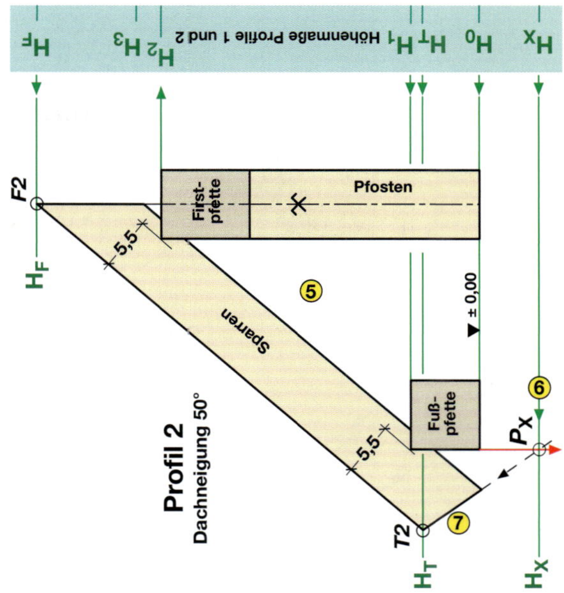

Schrägansicht

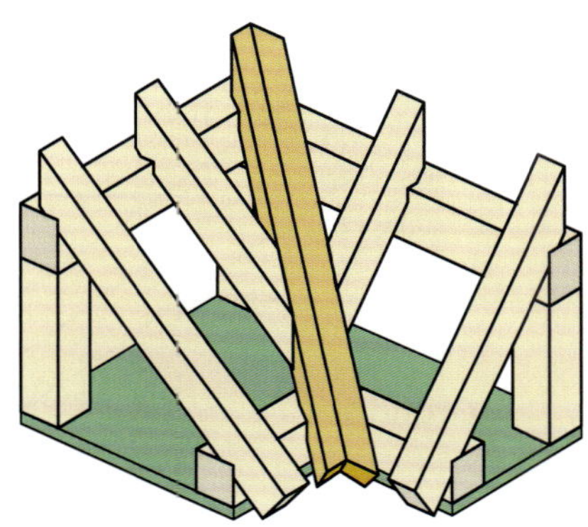

Dachausmittlung
(nicht maßstäblich)

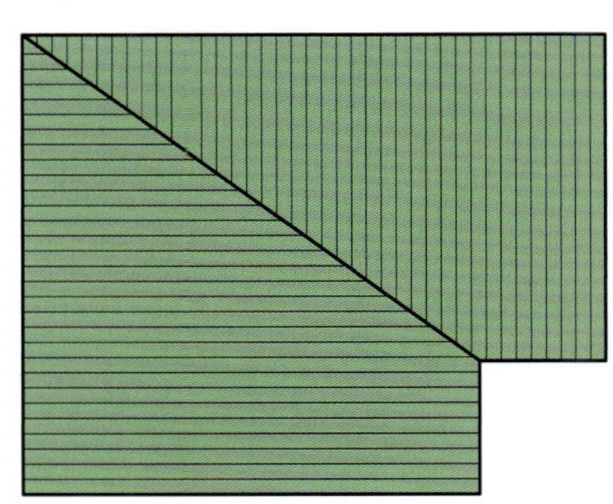

9.3 Grundriss und Profile

① **Profil 1** aufreißen. Der **Sparren** in **Profil 1** erhält einen rechtwinkligen Traufabschnitt.
② Den rechtwinkligen Traufabschnitt bis zum Senkelriss Außenkante-Fußpfette verlängern, Schnittpunkt mit P_X bezeichnen
③ Höhen H_X, H_0, H_T, H_1, H_2, H_3 und H_F auf Höhenmaßlatte übertragen
④ **Grundriss** über Profil 1 aufreißen
⑤ **Profil 2** mit Hilfe der Höhenmaße grundrissbezogen aufreißen
⑥ **Höhenlinie** H_X in **Profil 2** mit dem Senkelriss **Außenkante-Fußpfette** schneiden, Schnittpunkt mit P_X bezeichnen
⑦ Traufabschnitt am Normalsparren von Profil 2 einzeichnen

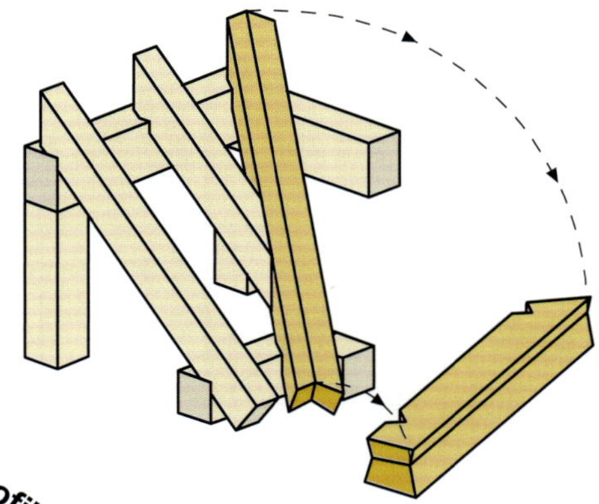

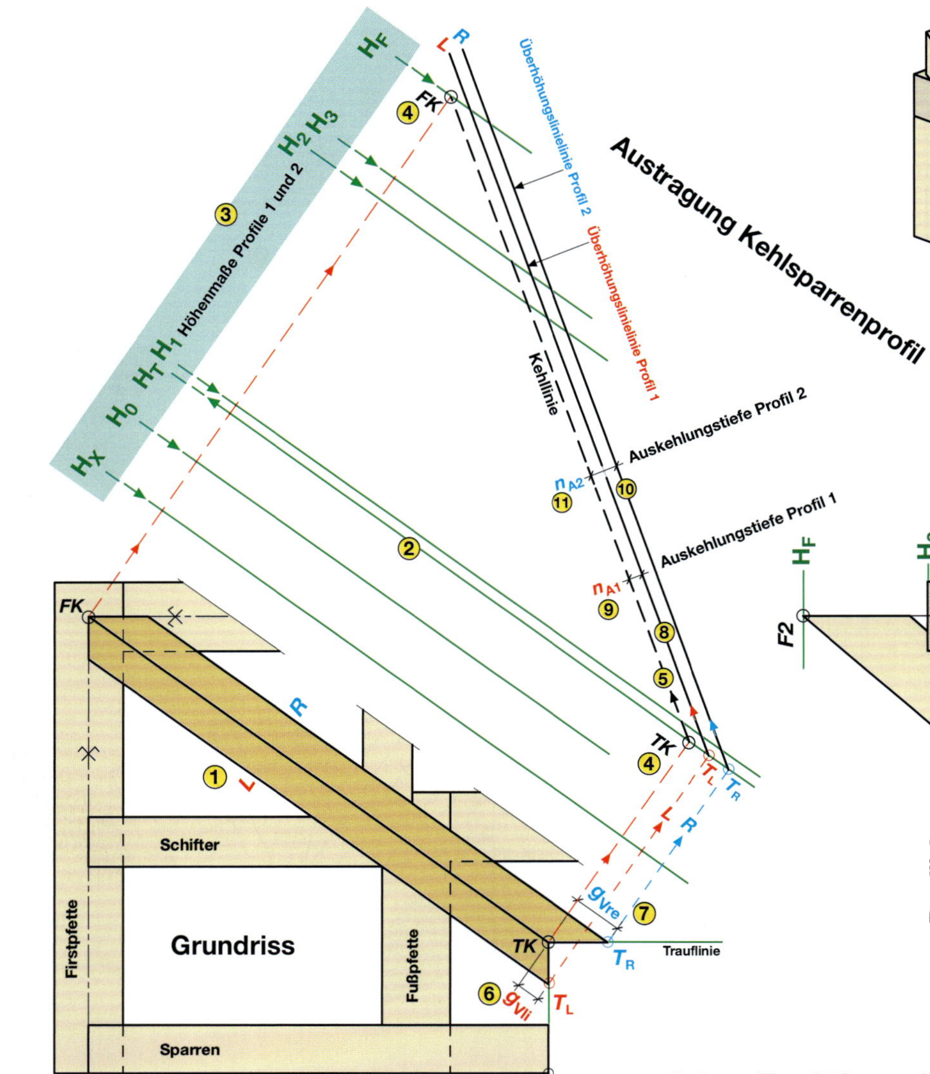

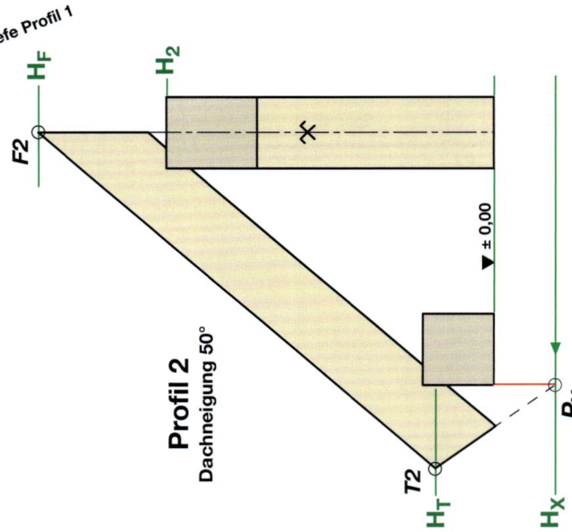

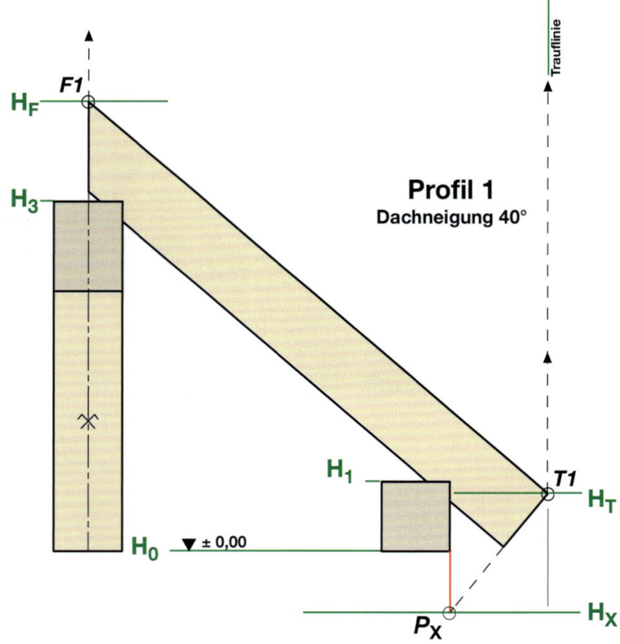

9.4 Ermittlung des Kehlsparrenprofils

(1) Bezugsseite ***R*** und ***L*** (rechts und links) für den Kehlsparren im Grundriss festlegen.

(2) **Parallel zur Kehlgrundlinie** in beliebigem Abstand die **Höhenlinie** H_T (Traufhöhenlinie) reißen.

(3) **Höhen** H_X, H_0, H_1, H_2, H_3 und H_F mit Hilfe der Höhenmaßlatte von H_T ausgehend in das **Kehlsparrenprofil** übertragen.

(4) Traufpunkt ***TK*** und Firstpunkt ***FK*** aus dem **Grundriss** auf die zugehörigen Höhenlinien H_T und H_F im **Kehlsparrenprofil** übertragen.

(5) Traufpunkt ***TK*** und Firstpunkt ***FK*** im **Kehlsparrenprofil** miteinander verbinden. Diese Verbindungslinie stellt die Kehllinie in ihrer wahren Länge dar.

(6) **Trauf-Grundverstichmaß (Profil 1)** g_{Vli} von Traufpunkt T_L (links) bis Traufpunkt ***TK*** im Grundriss ermitteln und auf die Höhenlinie H_T im Kehlsparrenprofil übertragen.

(7) **Trauf-Grundverstichmaß (Profil 2)** g_{Vre} von Traufpunkt T_R (rechts) bis Traufpunkt ***TK*** im Grundriss ermitteln und auf die Höhenlinie H_T im Kehlsparrenprofil übertragen

(8) Im Kehlsparrenprofil parallel zur Kehllinie die Überhöhungslinie von Profil 1 (***L***) durch Traufpunkt T_L reißen.

(9) Auskehlungstiefe n_{A1} von Profil 1 rechtwinklig zur Kehllinie ermitteln und bezeichnen.

(10) Im Kehlsparrenprofil parallel zur Kehllinie die Überhöhungslinie von Profil 2 (***R***) durch Traufpunkt T_R reißen.

(11) Auskehlungstiefe n_{A2} von Profil 2 rechtwinklig zur Kehllinie ermitteln und bezeichnen.

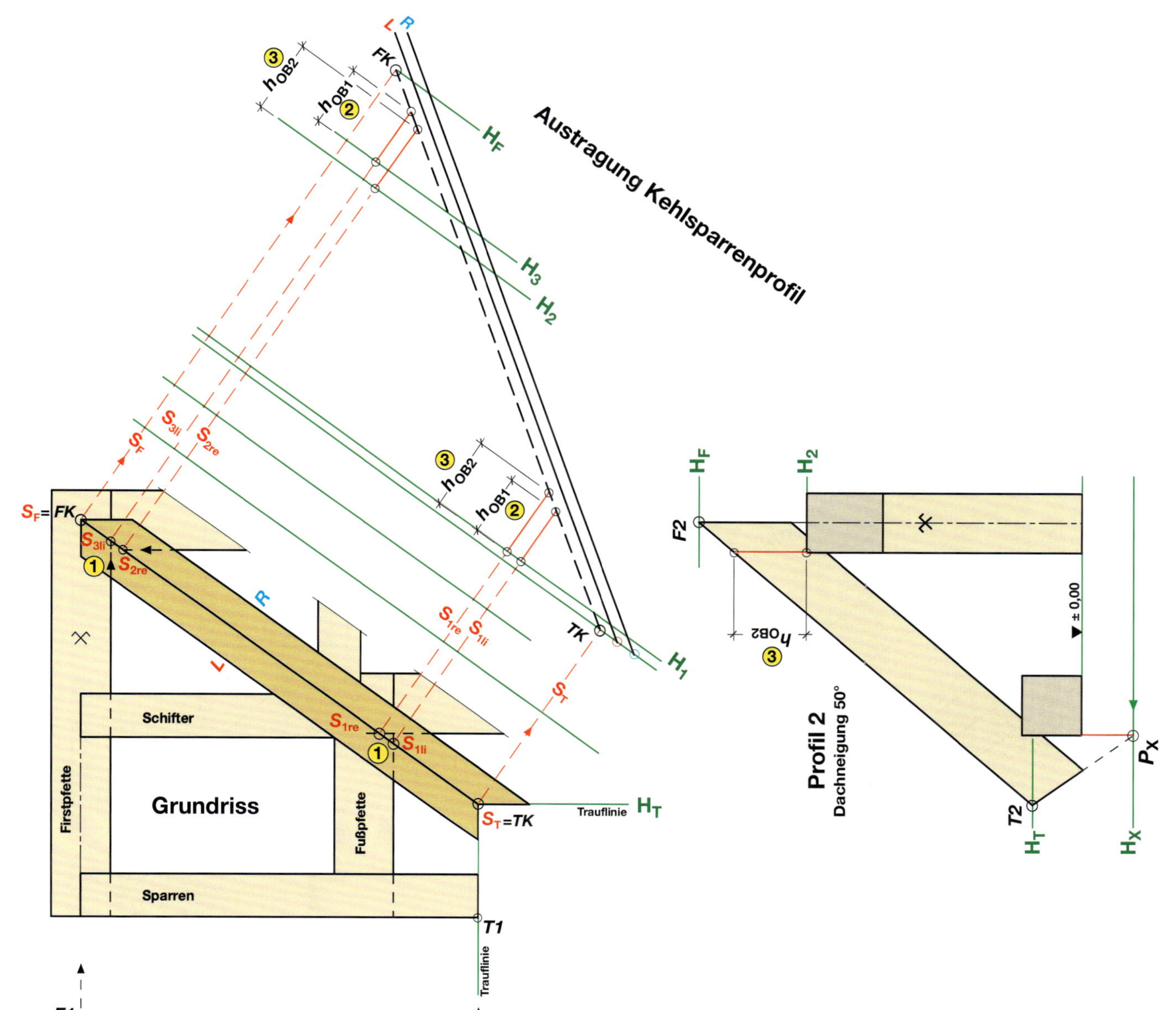

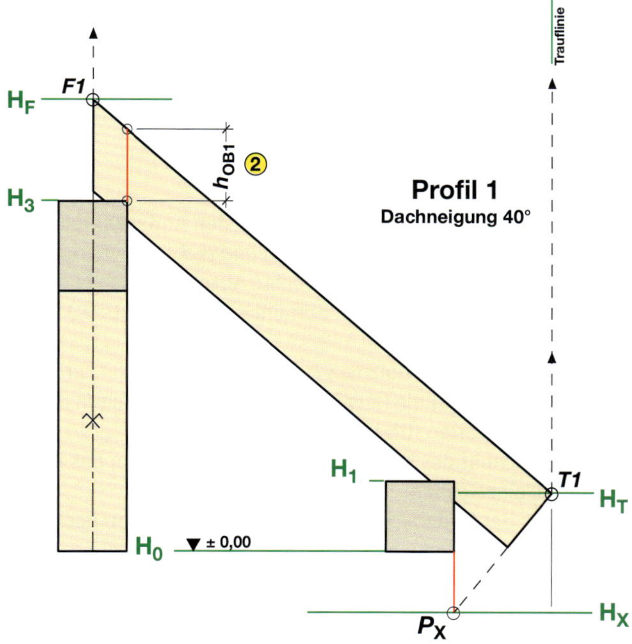

9.5 Kontrolle des Kehlsparrenprofils über das senkrechte Obholz

① Im Grundriss die Schnittpunkte der Außenkanten-Pfetten mit der Kehlgrundlinie feststellen. Es entstehen: S_T (Traufurlot, Höhe H_T); S_{1li} (Fußpfette Profil 1, Höhe H_1, links); S_{1re} (Fußpfette Profil 2, Höhe H_1, rechts); S_{2re} (Firstpfette Profil 2, Höhe H_2, rechts); S_{3li} (Firstpfette Profil 1, Höhe H_3, links); S_F (Firsturlot, Höhe H_F)

② Das senkrechte Obholz h_{OB1} in **Profil 1** abmessen und im **Kehlsparrenprofil** am zugehörigen **Urlot** S_{H1li} beziehungsweise S_{H3li} prüfen

③ Das senkrechte Obholz h_{OB2} in **Profil 2** abmessen und im **Kehlsparrenprofil** am zugehörigen **Urlot** S_{H1re} beziehungsweise S_{H2re} prüfen

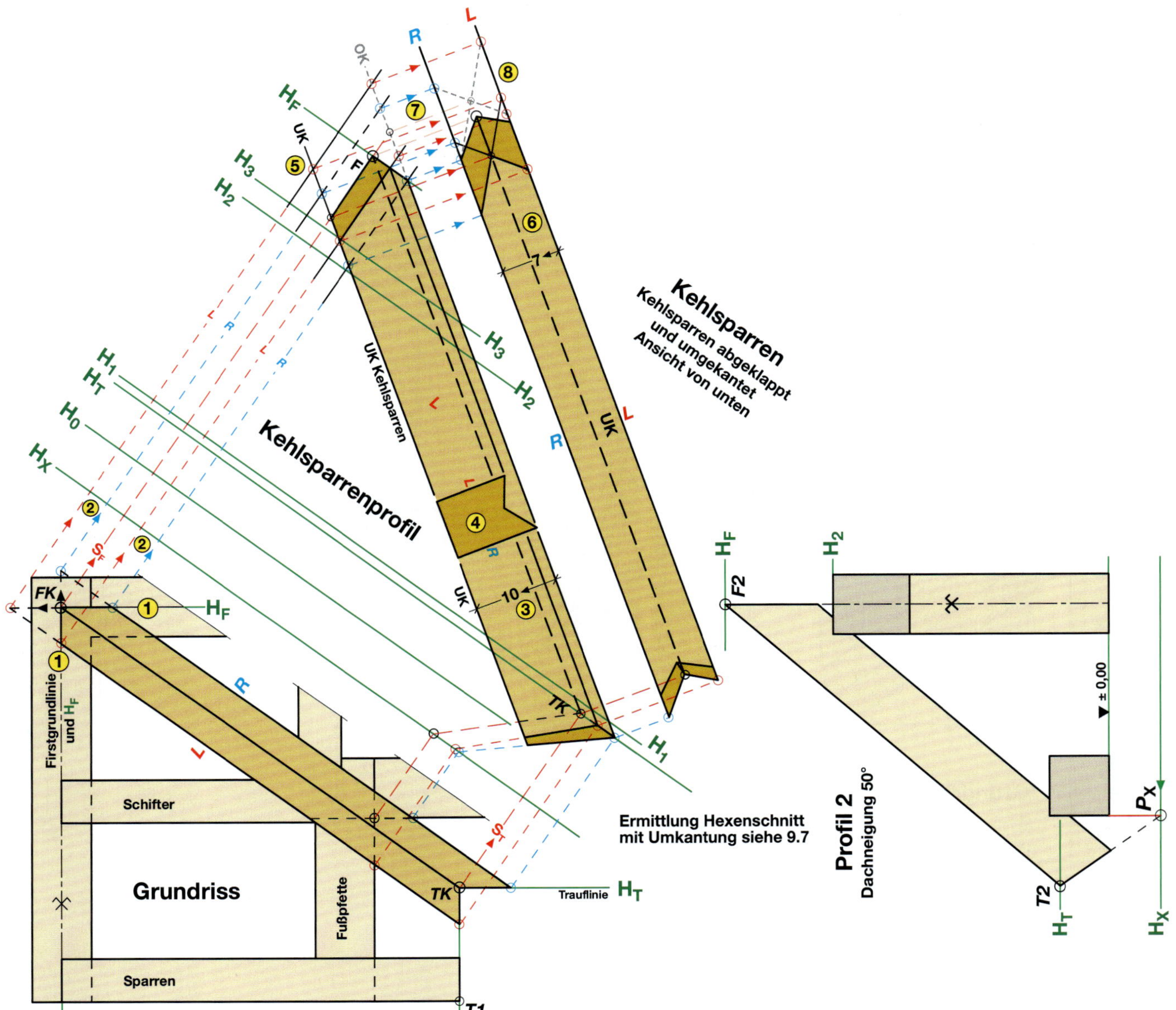

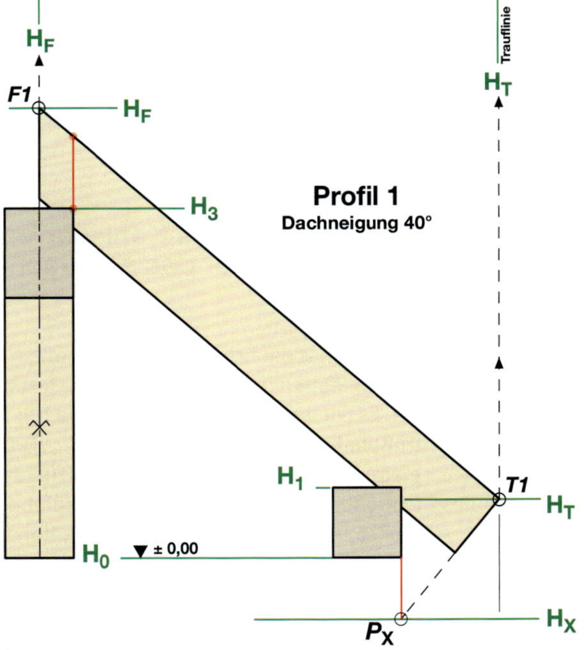

9.6 Ermittlung des Firstabschnitts auf Überschneidung

① Im Grundriss die **Firstgrundlinien** (H_F) bis zu den Außenkanten des Kehlsparrens verlängern. Punkte links (*L*) und rechts (*R*) markieren

② Die Lage der Schnittpunkte als senkrechte Abschnittsrisse in das Kehlsparrenprofil übertragen und dort links (*L*) und rechts (*R*) markieren

③ Im **Kehlsparrenprofil** das Holzmaß ***h* = 10 cm** rechtwinklig zur **höheren Überhöhungslinie** (aus Profil 2, siehe 9.4) abtragen und Unterkante-Kehlsparren (**UK-Kehlsparren**) reißen.

④ Den Holzquerschnitt des Kehlsparrens mit Auskehlung in das Kehlsparrenprofil einzeichnen

⑤ Schnittpunkte der Firstabschnittsrisse an **UK-Kehlsparren** nach links (*L*) und rechts (*R*) zuordnen und markieren.

⑥ Parallel zur Kehllinie in beliebigem Abstand die **Umkantung des Kehlsparrens** (Ansicht von unten) mit dem Holzmaß ***b* = 7 cm** anlegen

⑦ Schnittpunkte der Firstabschnittsrisse an **UK-Kehlsparren** und an den **Überhöhungslinien** in die Umkantung übertragen, nach links (*L*) und rechts (*R*) und zu den Kanten zuordnen und markieren.

⑧ Überschneidungslinien für den Abschnitt an **Unterseite** (UK, durchgezogene Linien) und **Oberseite-Kehlsparrenholz** (grau und gestrichelt) reißen.

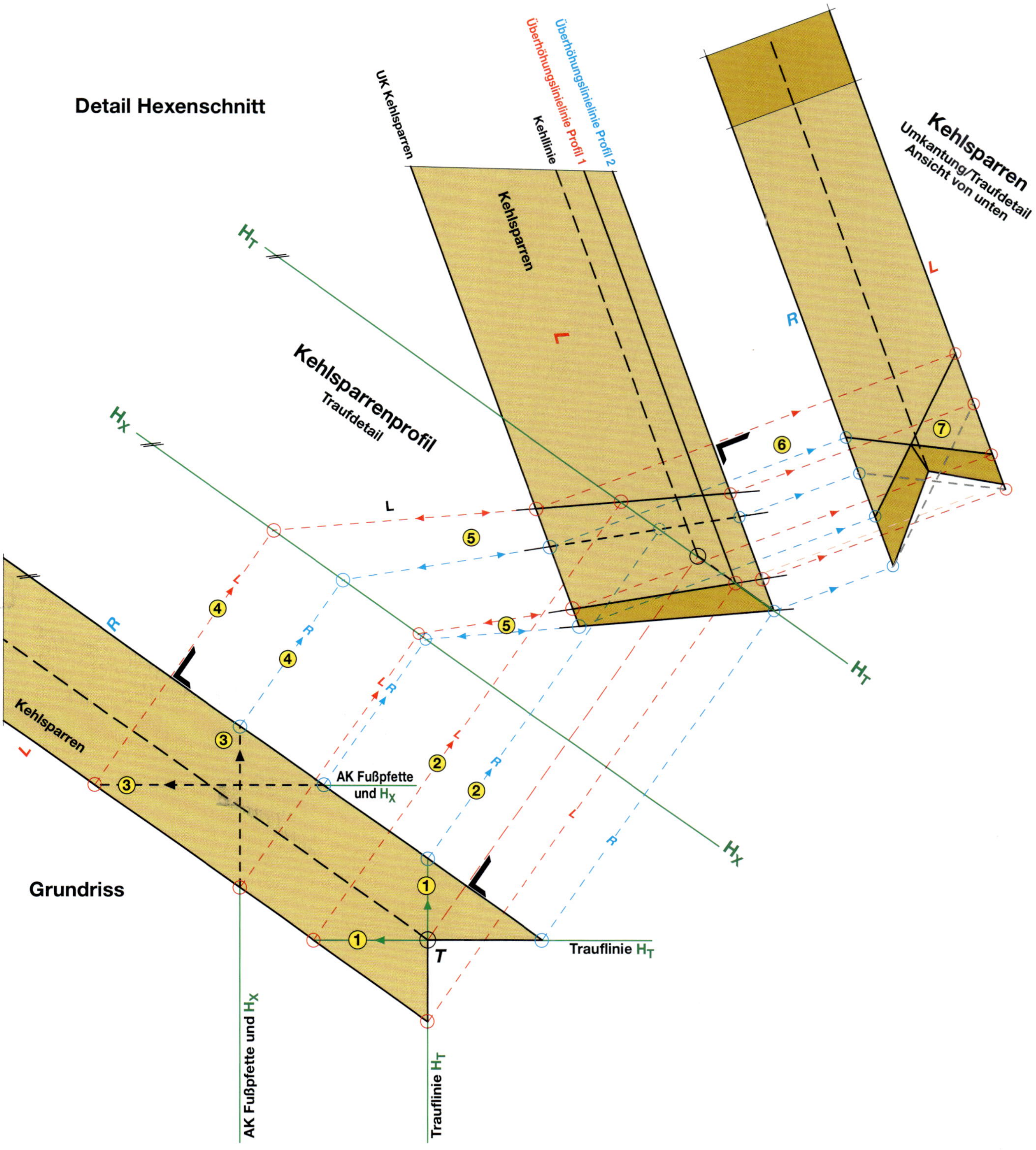

9.7 Detail: Ermittlung des Traufabschnitts als Hexenschnitt

① Im Grundriss die **Traufgrundlinien** bis zu den **Außenkanten** des Kehlsparrens verlängern. Punkte links (*L*) und rechts (*R*) markieren.
② Die **Lage der Schnittpunkte** aus dem Grundriss zur **Höhenlinie** H_T (Traufhöhe) im **Kehlsparrenprofil** übertragen und dort links (*L*) und rechts (*R*) markieren.
③ Im Grundriss die Fußpfetten-Außenkanten bis zu den Außenkanten des Kehlsparrens verlängern. Punkte links (*L*) und rechts (*R*) markieren.
④ Die **Lage der Schnittpunkte** aus dem Grundriss zur **Höhenlinie** H_X („Hexenschnitt-Höhenlinie") im **Kehlsparrenprofil** übertragen und dort links (*L*) und rechts (*R*) markieren.
⑤ Die zugehörigen Schnittpunkte (*L*) und (*R*) zu den **Abschnittsrichtungsrissen** (*L*) und (*R*) verbinden.
⑥ Die Schnittpunkte (*L*) und (*R*) der Abschnittsrisse mit **OK-Kehlsparrenholz** und **UK-Kehlsparrenholz** markieren und rechtwinklig in die **Umkantung** übertragen.
⑦ **Überschneidungslinien** für den Abschnitt an **Unterseite-** (durchgezogene Linien) und **Oberseite-Kehlsparrenholz** (grau gestrichelt) reißen.

Kehlsparren
Austragung und Umkantung

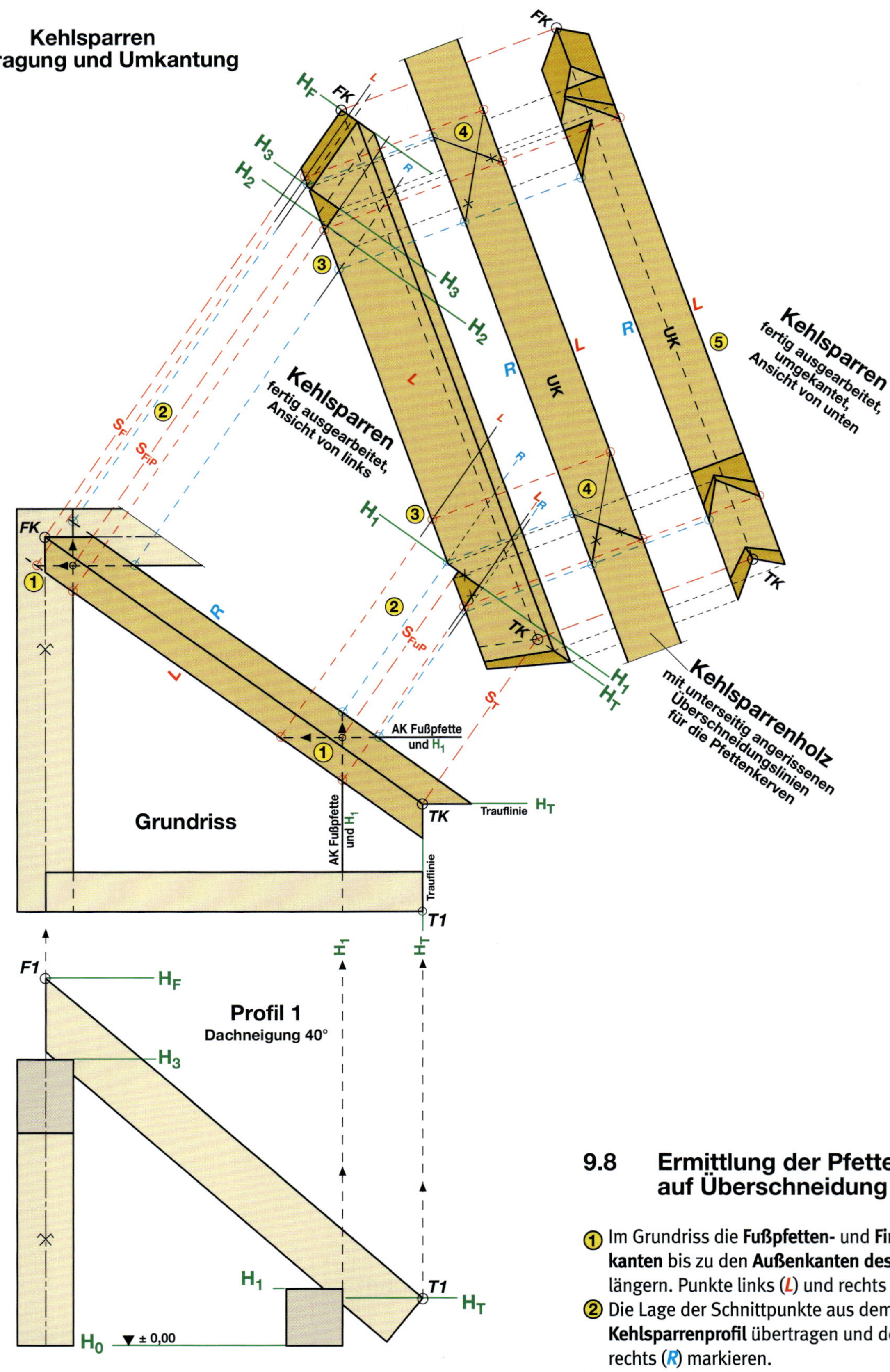

9.8 Ermittlung der Pfettenkerven auf Überschneidung

① Im Grundriss die **Fußpfetten-** und **Firstpfetten-Außenkanten** bis zu den **Außenkanten des Kehlsparrens** verlängern. Punkte links (*L*) und rechts (*R*) markieren.

② Die Lage der Schnittpunkte aus dem Grundriss in das **Kehlsparrenprofil** übertragen und dort links (*L*) und rechts (*R*) markieren.

③ **Anfallspunkte der Senkelrisse** links (*L*) und rechts (*R*) im Kehlprofil an **UK-Kehlsparren** anreißen und markieren.

④ **Anfallspunkte der Senkelrisse** links (*L*) und rechts (*R*) vom Kehlprofil (UK Kehlsparren) in die **Umkantung** (Ansicht von unten) übertragen und dort auf Überschneidung verbinden.

⑤ Umkantung des fertig ausgearbeiteten Kehlsparrens austragen.

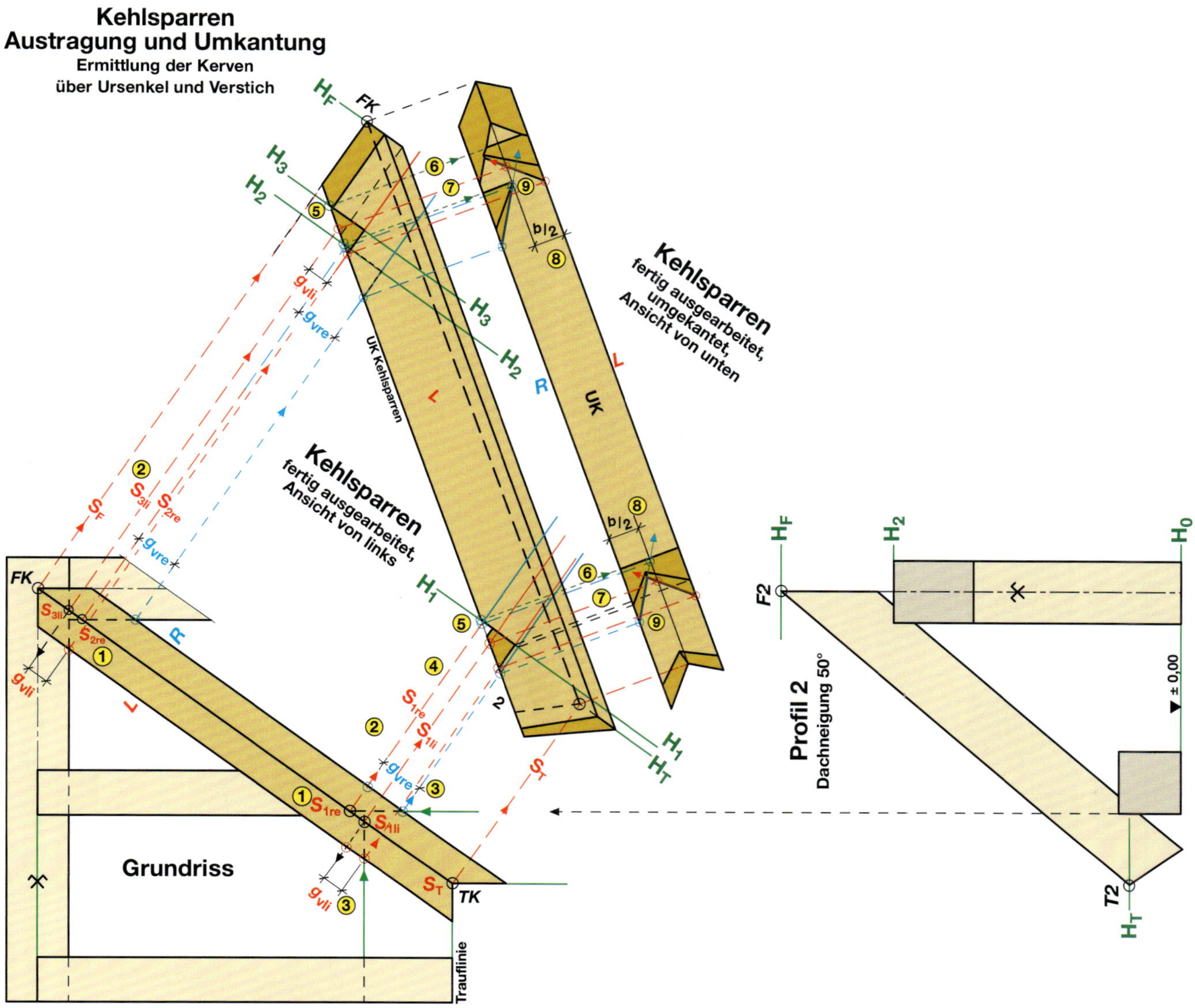

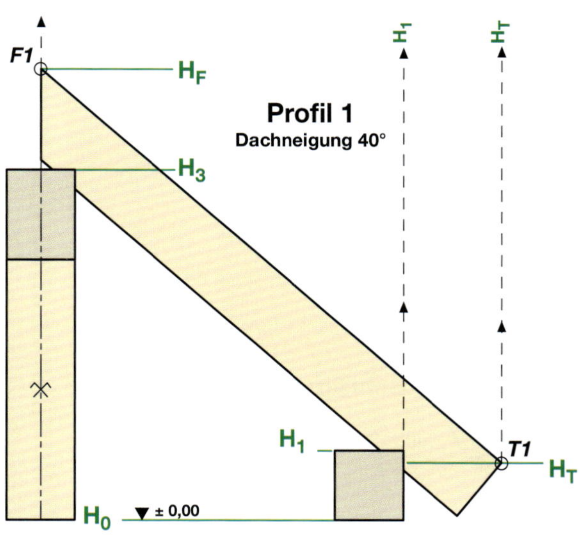

9.9 Ermittlung der Pfettenkerven über Ursenkel und Verstich

① Im Grundriss die **Schnittpunkte der Außenkanten-Pfetten** mit der **Kehlgrundlinie** für die **Urlote** feststellen. Es entstehen: Urlotpunkt S_{1li} (Fußpfette Profil 1, Höhe H_1, links); Punkt S_{1re} (Fußpfette Profil 2, Höhe H_1, rechts); Punkt S_{2re} (Firstpfette Profil 2, Höhe H_2, rechts); Punkt S_{3li} (Firstpfette Profil 1, Höhe H_3, links).

② **Urlote** S_{1li}, S_{1re}, S_{2re} und S_{3li}, senkrecht in das **Kehlsparrenprofil** übertragen.

③ Die **Grundverstichmaße** g_{vre} und g_{vli} **im Grundriss** links (*L*) und rechts (*R*) festlegen.

④ Die **Grundverstichmaße** g_{vre} und g_{vli} in das **Kehlsparrenprofil** übertragen und dort links (*L*) und rechts (*R*) zuordnen.

⑤ Die **Schnittpunkte der Höhenlinien** H_1, H_2 und H_3, mit **UK-Kehlsparren** im Kehlsparrenprofil **markieren** (grüne Kreismarkierungen) und

⑥ **rechtwinklig** zu UK-Kehlsparren in die **Umkantung** übertragen.

⑦ Die **Urlote** S_{1li}, S_{1re}, S_{2re} und S_{3li}, von UK-Kehlsparren und rechtwinklig dazu in die **Umkantung** übertragen.

⑧ In den **Kervenbereichen** der Fuß- und Firstpfetten auf der **unteren Kantenfläche** (UK) des Kehlsparrens mit ***b*/2 = 3,5 cm** die **Lage der Kehllinie** anreißen.

⑨ Den **Kervenverlauf** über die aus dem Kehlsparrenprofil übertragenen Punkte (Punkt auf der **Kante** rechts oder links und **Urlot-Schnittpunkte auf der Projektion der Kehllinie**) reißen.

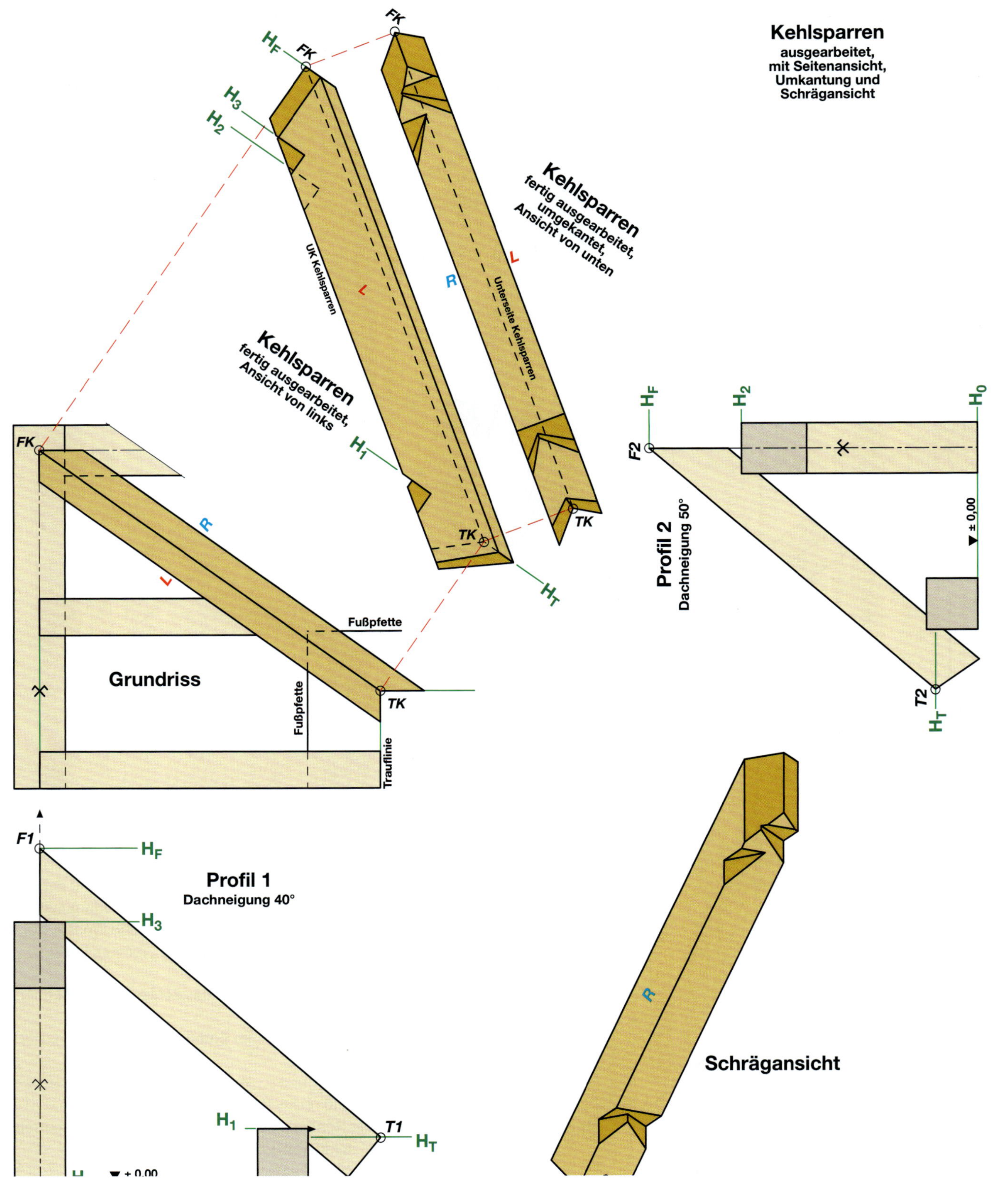

9.10 Übersichtliche Darstellung der ermittelten Pfettenkerven

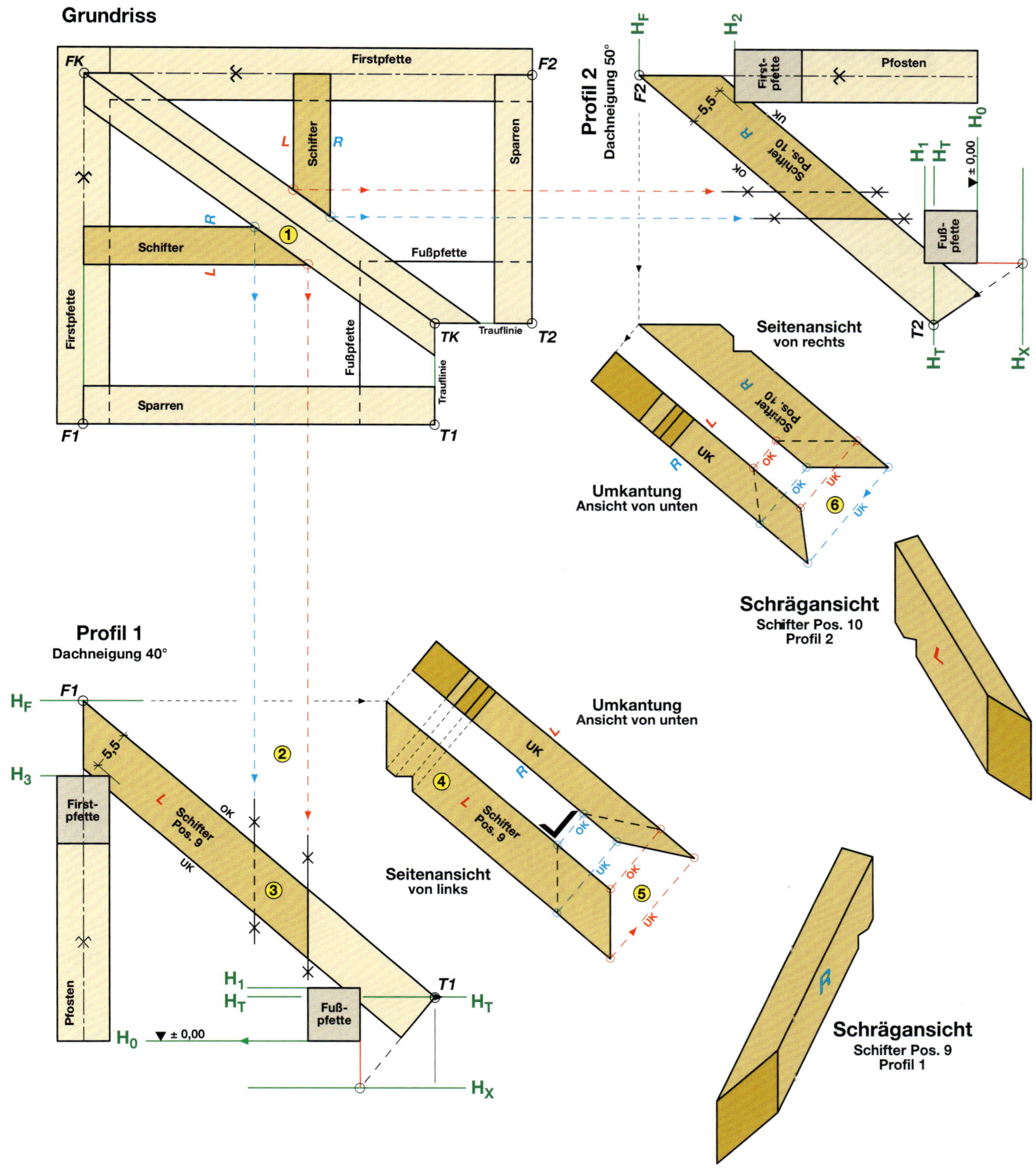

9.11 Ermittlung der Schifter für Profil 1 und Profil 2

① Für den **Schifter in Profil 1** im Grundriss die Seiten links (*L*) und rechts (*R*) festlegen.
② Die **wahre Größe des Kehlschifters** durch Übertragen der Grundmaße in das Profil 1 ermitteln.
③ Die Senkelschmiege des Schifters für die Seiten links (*L*) und rechts (*R*) in Profil 1 einzeichnen und Abschnitte bezeichnen.
④ Schifter in Profil 1 waagerecht herauszeichnen.
⑤ **Parallel zu OK-Schifter** in beliebigem Abstand die **Umkantung** (Ansicht von unten) reißen. Dabei die erforderlichen Kantenpunkte links (*L*) und rechts (*R*) auf Oberkante (OK) und Unterkante-Schifter (UK) übertragen.
⑥ Mit dem Schifter in Profil 2 in gleicher Weise verfahren wie oben beschrieben.

Aufgabe 10

Strahlenschifter mit Klaue

In dieser Aufgabe sind zwei Strahlenschifter an einen Gratsparren mit gleich geneigten Dachflächen anzuschließen.

Die Strahlenschifter liegen mit ihrer oberen Kantenfläche in der Dachebene und sind deshalb „verkantet". Sie werden mit einer Unterklaue an den Gratsparren angepasst.

Die Dimensionen der Strahlenschifter: ***b*** **= 5 cm,** ***h*** **= 7 cm.**

Das rechtwinklige Obholz n_{OB} beim Normalsparren beträgt **5,5 cm.**

Die rechtwinklige Kerventiefe n_{KT} für den Pfosten Pos. 4 unter dem Gratsparren beträgt **1,5 cm.**

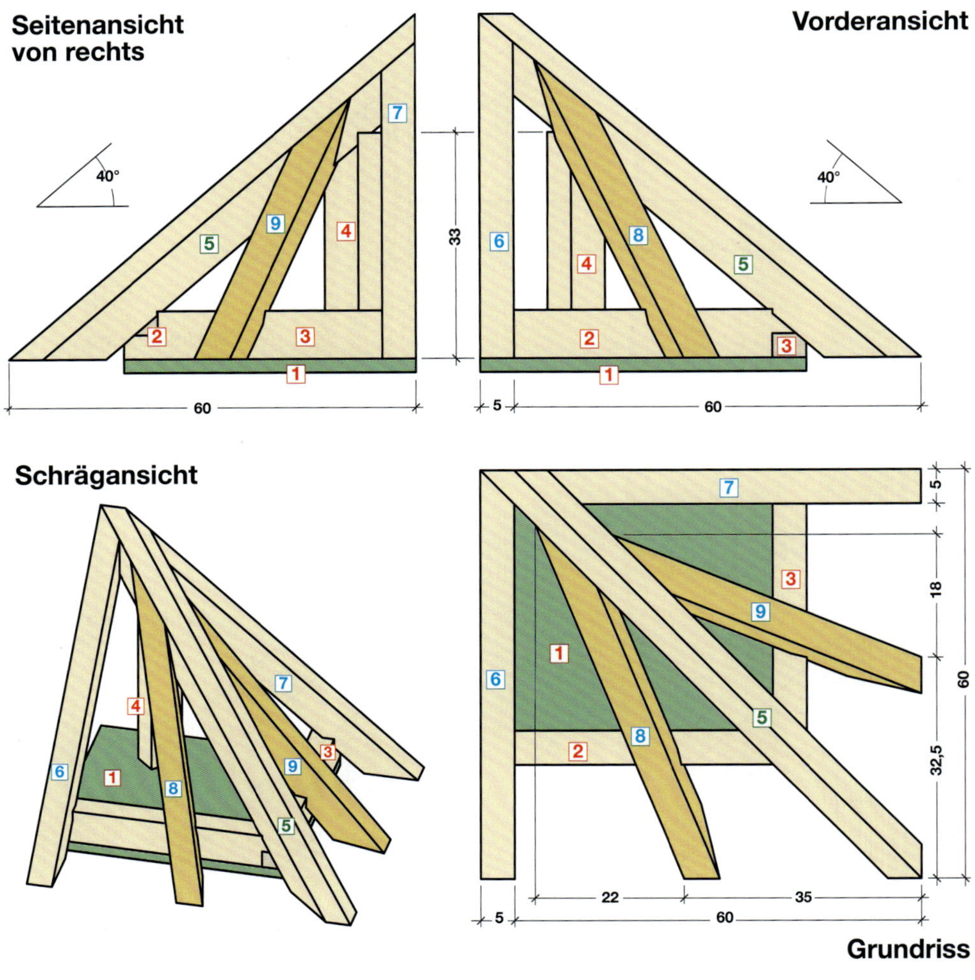

10.1: Das Modell für die Aufgabe 10 in Grundriss, Vorderansicht, Seitenansicht und Schrägansicht. Die Ziffern entsprechen den Positionen der Bauteile in der Holzliste.

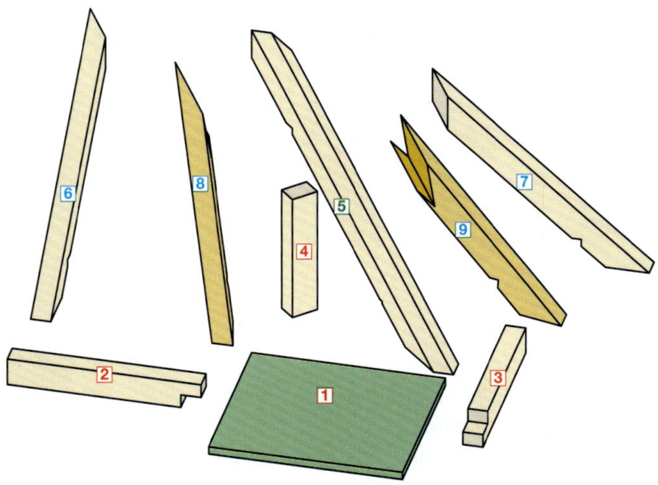

Holzliste

Position	Bezeichnung	Anzahl	Breite [cm]	Höhe [cm]	Länge [cm]
1	Bodenplatte	1	45	2	50
2	Fußpfette	1	5	7	50
3	Fußpfette	1	5	7	45
4	Pfosten	1	5	7	35
5	Gratsparren	1	7	8,5	110
6	Schifter	1	5	7	80
7	Schifter	1	5	7	74
8	Strahlenschifter	1	5	7	75
9	Strahlenschifter	1	5	7	65

10.2: Explosionszeichnung und Holzliste des Modells. Die Bauteile sind in der Reihenfolge des Aufrichtens aufgeführt: Zuerst die Pfetten, dann der Pfosten (rot), dann der Gratsparren (grün), dann die beiden Schifter (blau), anschließend die beiden verkanteten Strahlenschifter (blau)

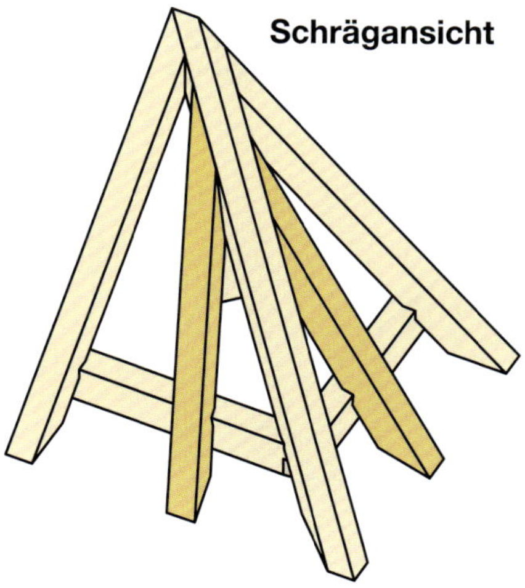

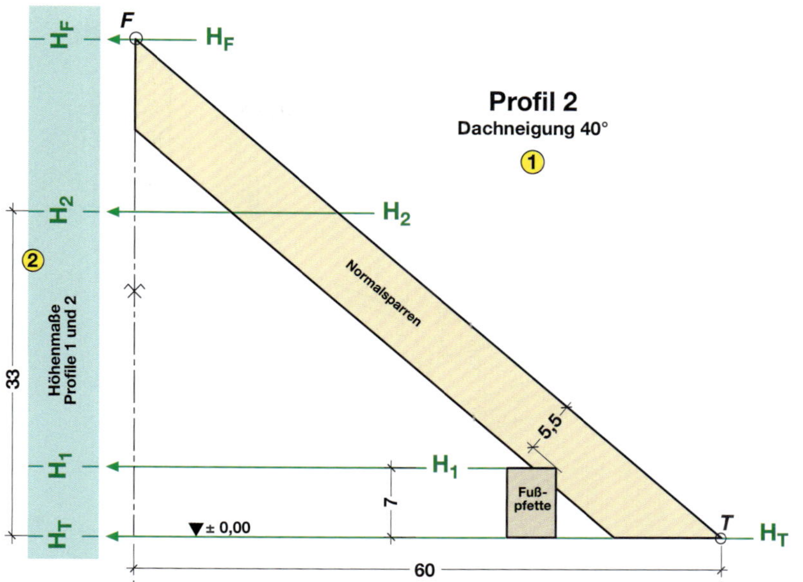

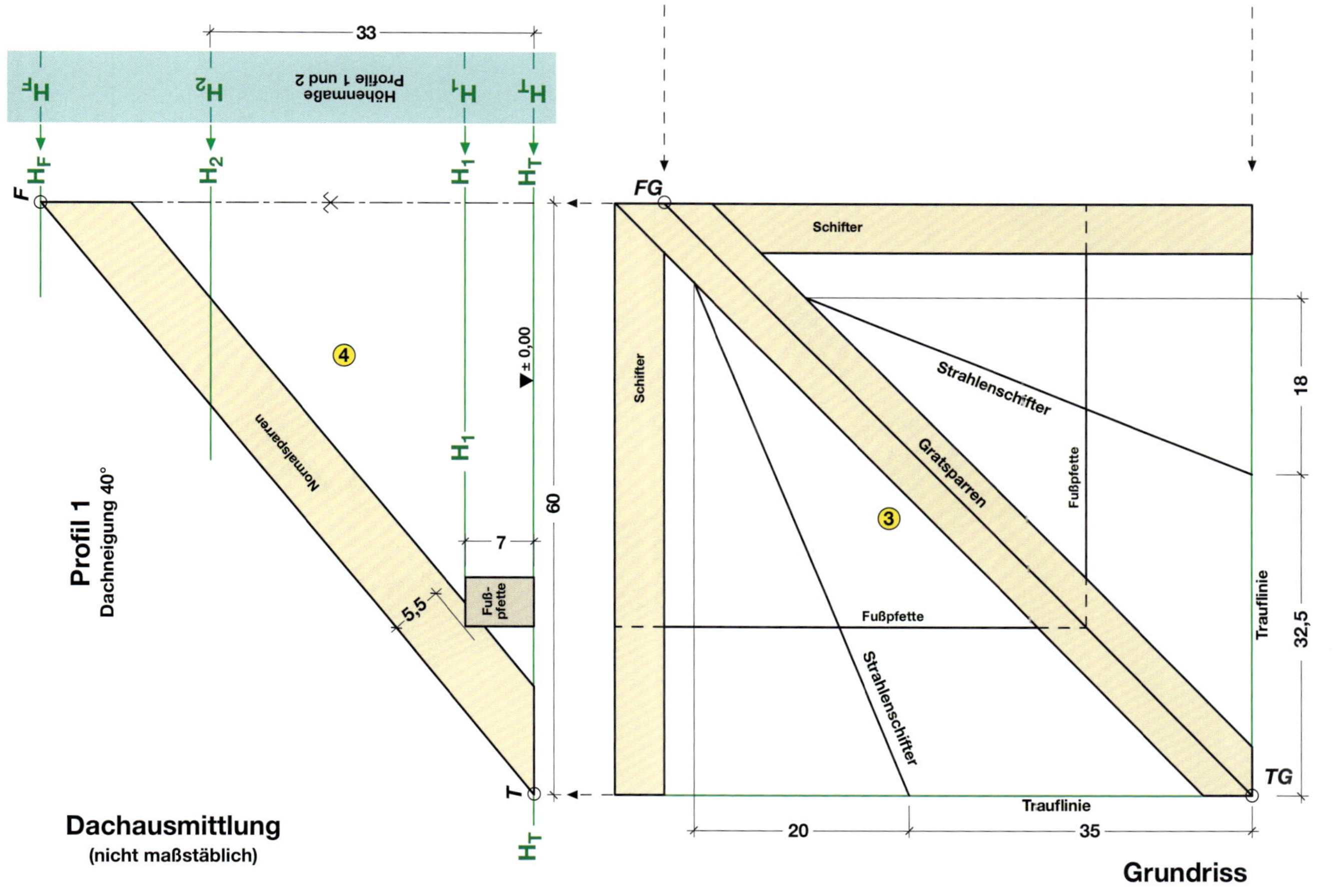

Dachausmittlung
(nicht maßstäblich)

10.3 Grundriss und Profile

① **Profil 2** aufreißen
② **Höhenlinien** auf die **Höhenmaßlatte** übertragen.
③ **Grundriss** unter dem Profil 2 anordnen
④ **Profil 1** grundrissbezogen aufreißen.

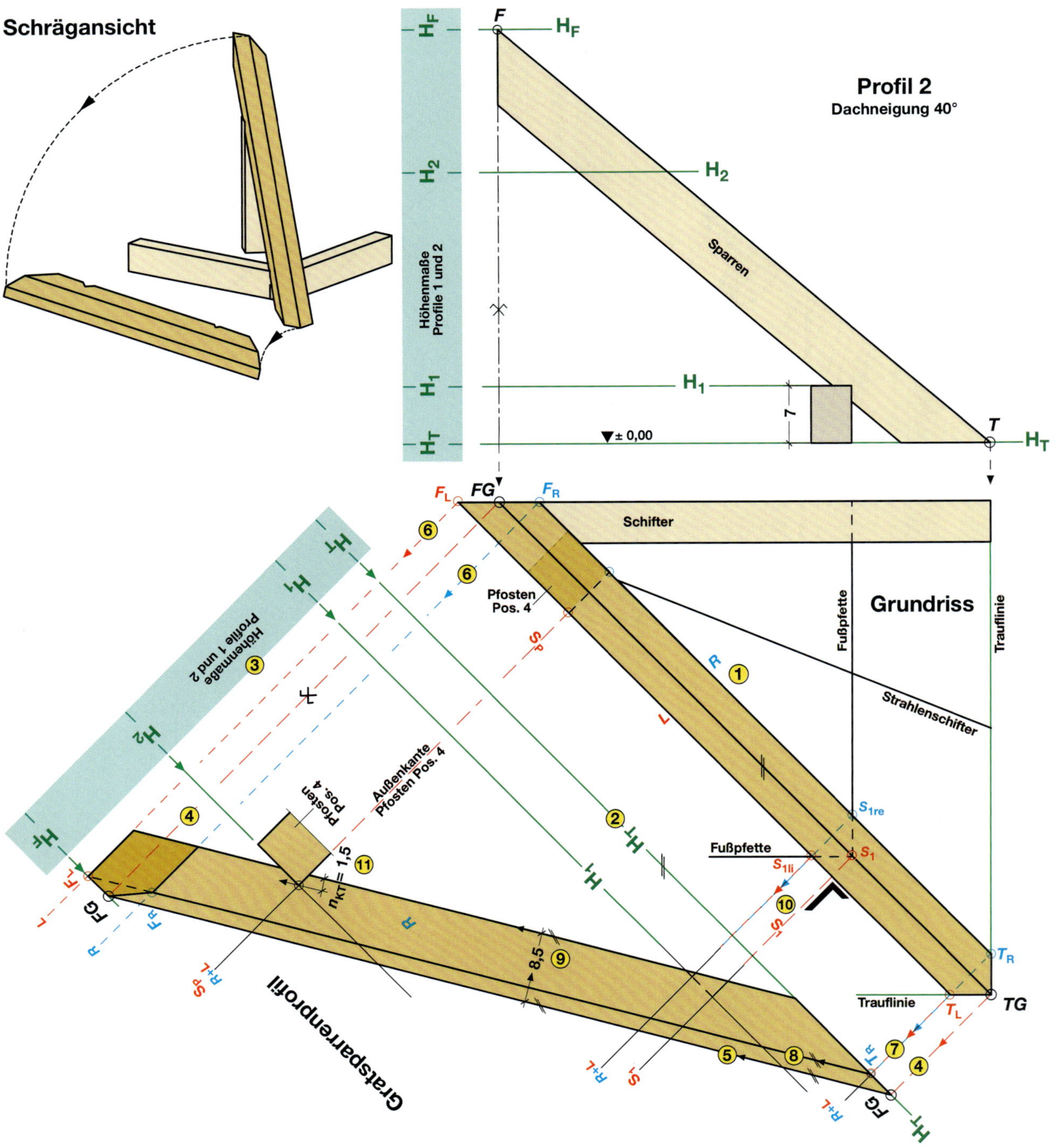

10.4 Ermittlung des Gratsparrenprofils und des Abschnitts am First

① Bezugsseite ***R*** und ***L*** (rechts und links) für den **Gratsparren im Grundriss** festlegen.

② **Parallel zur Gratgrundlinie** in beliebigem Abstand die **Höhenlinie** H_T (Traufhöhenlinie) einzeichnen.

③ Mit der Höhenmaßlatte vom **Profil 1** (aus **Bild 10.3**), ausgehend von **Höhenlinie** H_T, die **Höhenlinien** H_1, H_2, und H_F ins **Gratprofil** reißen.

④ Die Punkte ***TG*** und ***FG*** aus dem Grundriss („Gratgrund") senkrecht (das heißt rechtwinklig zur Gratgrundlinie) an die entsprechenden Höhenlinien (H_T, H_F) ins **Gratprofil** übertragen.

⑤ Die Punkte ***TG*** und ***FG*** im **Gratprofil** verbinden. Es entsteht die **Gratlinie**.

⑥ Lage der **Firstabschnittspunkte** F_R und F_L (rechts und links) senkrecht aus dem Grundriss in das Gratprofil übertragen.

⑦ **Traufabschnittspunkte** T_R und T_L (rechts und links) senkrecht aus dem Grundriss ins **Gratprofil** übertragen (im Gratprofil liegen wegen der gleichen Dachneigungen die beiden Punkte aufeinander, sichtbar ist T_R).

⑧ Durch Traufpunkt T_R **parallel zur Gratlinie** die **Abgratungslinie** einzeichnen (da beide Dachflächen die gleiche Neigung aufweisen, liegen die Abgratungslinien im Gratprofil aufeinander. Sichtbar ist die Abgratungslinie auf der rechten Gratsparrenseite).

⑨ Unterkante-Gratsparren mit ***h* = 8,5 cm** parallel zur Gratlinie einzeichnen.

⑩ Lage des **Fußpfetten-Ursenkels** S_1 und Lage der **Schnittpunkte** Außenkanten-Gratsparren mit Außenkanten-Fußpfetten S_{1re} und S_{1li} vom Grundriss ins **Gratprofil** übertragen.

⑪ **Vorderkante-Pfosten** (**Ursenkel** S_P, ergibt sich aus H_2 und dem rechtwinkligen Obholz n_{KT}) ins **Gratprofil** einreißen.

Schrägansicht
Flächenverschneidung UK-Sparren / UK-Gratsparren

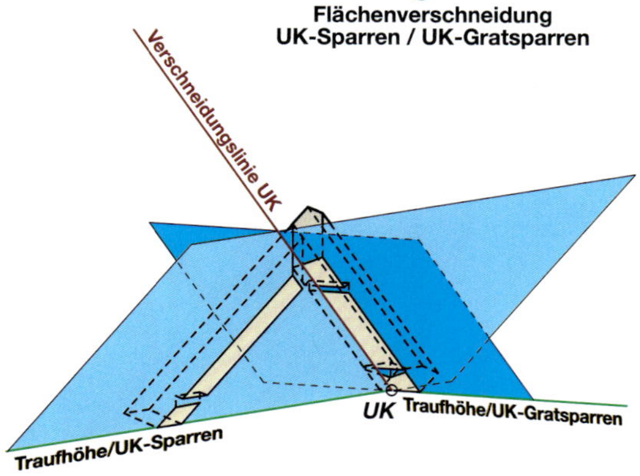

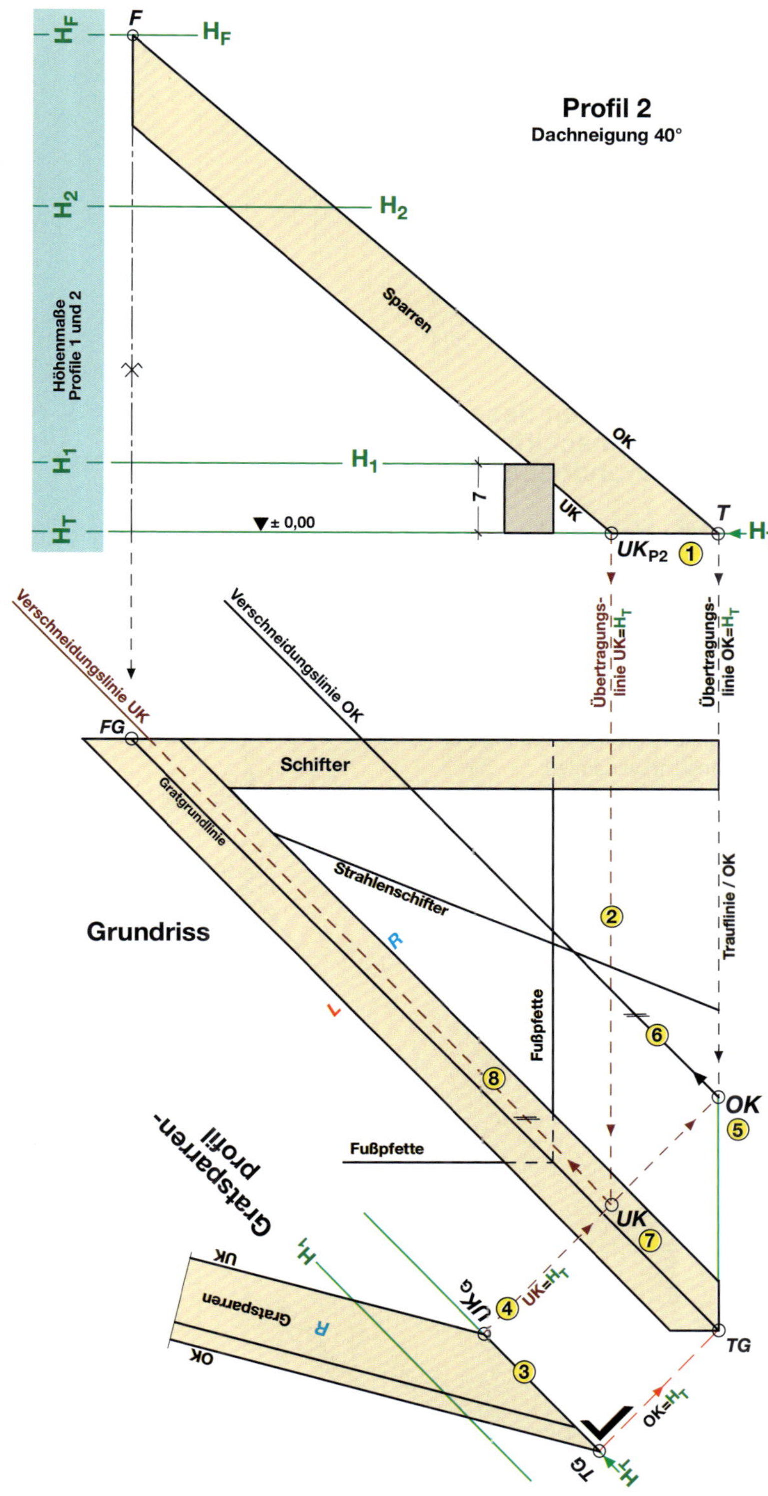

Schrägansicht
Flächenverschneidung UK-Gratsparren / OK-Sparren

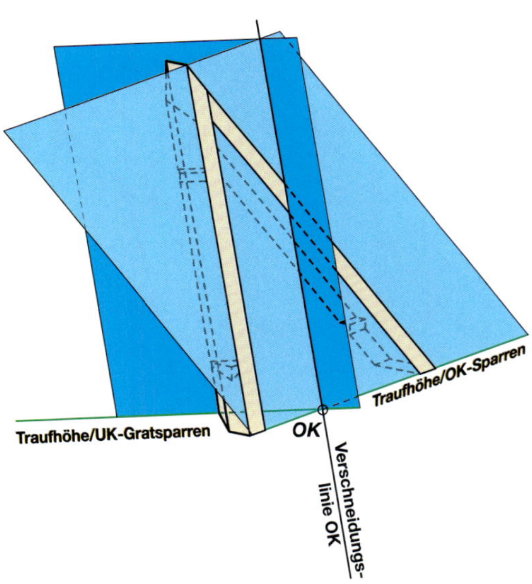

10.5 Verschneidung von Oberkante- und Unterkante Sparren mit der unteren Kantenfläche des Gratsparrens

① Höhenlinie H_T (Traufhöhe) im **Profil 2** mit Unterkante-Sparren zum Schnitt bringen. Es entsteht Punkt UK_{P2}.
② Lage von Punkt UK_{P2} in den **Gratgrundriss** übertragen.
③ Im **Gratprofil** Höhenlinie H_T (Traufhöhe) mit Unterkante-Gratsparren zum Schnitt bringen. Es entsteht Punkt UK_G.
④ Lage von Punkt UK_G in den Gratgrundriss übertragen.
⑤ Die Übertragungslinie aus UK_G schneidet die Trauflinie in Punkt ***OK***.
⑥ Die Parallele zur Gratgrundlinie durch ***OK*** stellt die Verschneidungslinie an der Oberkante (der Dachflächenebene) dar.
⑦ Die Übertragungslinien **UK** aus dem Gratprofil und aus **Profil 2** schneiden sich im **Grundriss** in Punkt ***UK*** (liegt der Schnittpunkt ***UK*** innerhalb des Gratsparrens, entsteht eine Klaue am Schifter).
⑧ Die Parallele zur Gratgrundlinie durch ***UK*** stellt im **Grundriss** die Verschneidungslinie an der unteren Kantenfläche des Gratsparrens dar.

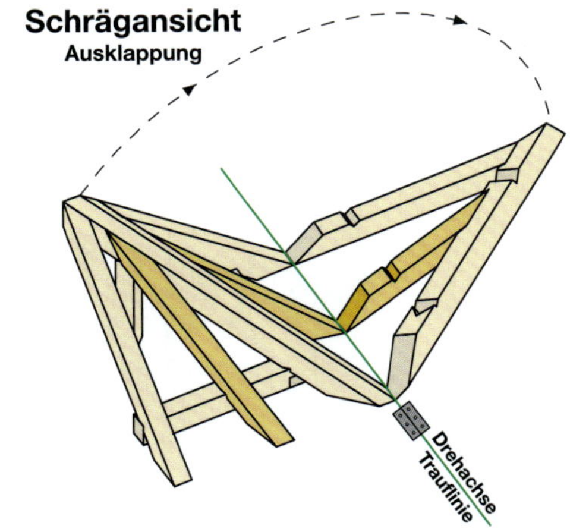

10.6 Ausklappen des Strahlenschifters in die Grundrissebene

① Punkt ***UK***$_{P2}$ wird in **Profil 1** rechtwinklig auf die Sparren-Oberkante nach ***P***$_1$ übertragen.

② Der Sparren wird mit Drehpunkt ***T*** (Drehachse = Trauflinie) in die Traufebene (H_T) ausgeklappt.

③ Die Firstgrundlinie wird aus dem Grundriss In die Ausklappung (Flächenansicht) verlängert

④ ***F***, ***T*** und ***P***$_1$ werden rechtwinklig (parallel zur Trauflinie) in die **Ausklappung** übertragen. Die entstehenden Punkte ***FG*** und ***TG*** sind Elemente der Gratlinie.

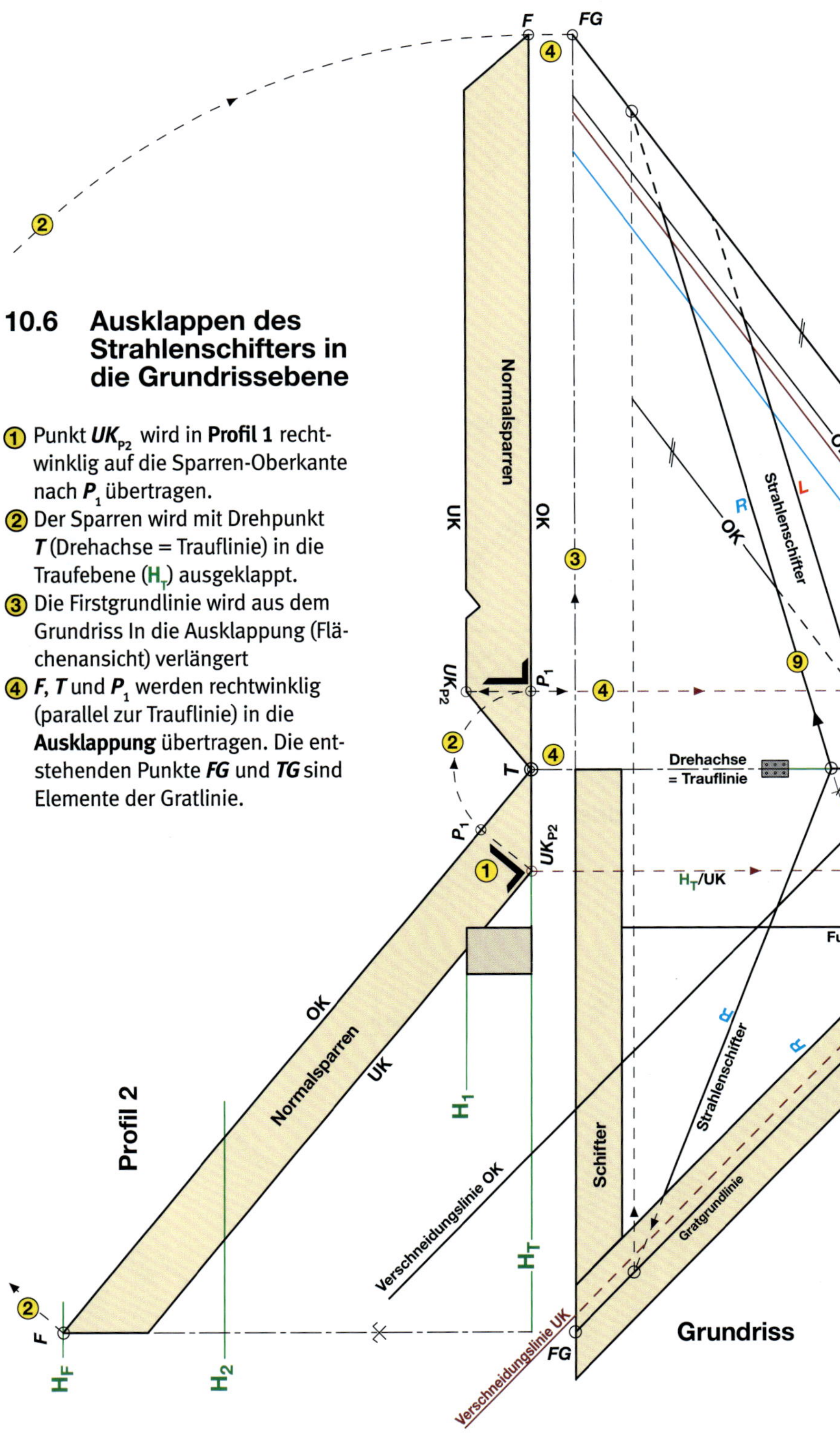

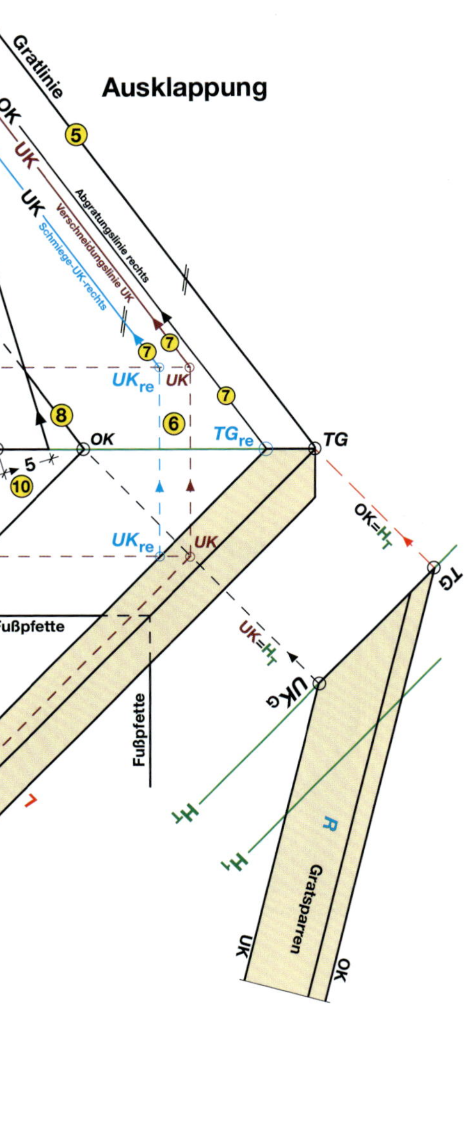

⑤ Die Verbindungslinie ***FG–TG*** stellt die Gratlinie in ihrer wahren Länge dar.

⑥ Aus den Punkten ***UK*** und ***UK***$_{re}$ werden rechtwinklig zur Drehachse (Trauflinie) Übertragungslinien aus dem **Grundriss** in die **Ausklappung** gezogen und mit der Übertragungslinie aus ***P***$_1$ geschnitten. Die Schnittpunkte stellen die Lage der Punkte von ***UK*** und ***UK***$_{re}$ in der **Ausklappung** dar.

⑦ In der **Ausklappung** werden durch ***TG***$_{re}$, ***UK*** und ***UK***$_{re}$ Parallelen zur Gratlinie gezogen. Diese Parallelen sind die **Abgratungslinie**, die **Verschneidungslinie UK** und die **Schmiege-UK-rechts**.

⑧ Die Parallele zur Gratlinie in der **Ausklappung** durch den Punkt ***OK*** auf der Trauflinie stellt die **Verschneidungslinie OK** in der Ebene Sparren-Oberkante dar.

⑨ Übertragung der **rechten (*R*) Seitenkante des Strahlenschifters** in die Ausklappung.

⑩ Reißen der der **linken (*L*) Seitenkante des Strahlenschifters** im rechtwinkligen Abstand von ***b* = 5 cm** parallel zur rechten Seitenkante.

10.7 Ermittlung der Kerve beim Strahlenschifter

① Anfallspunkt des **Pfettensenkelrisses an UK-Sparren** rechtwinklig auf **OK-Sparren** reißen und mit S_u bezeichnen

② Anfallspunkt des **Pfettenwaagerisses an UK-Sparren** rechtwinklig auf **OK-Sparren** reißen und mit W_u bezeichnen

③ Anfallspunkt des **Pfettensenkelrisses** an OK-Sparren mit S_o bezeichnen

④ Anfallspunkt des **Pfettenwaagerisses** an OK-Sparren mit W_o bezeichnen.

⑤ Punkte S_u, W_u, S_o und W_o mit Drehpunkt Traufpunkt *T* **ausklappen**

⑥ **Übertragungslinien** aus den Punkten S_u, W_u, S_o und W_o **rechtwinklig** in die Ausklappung reißen und mit rechter (*R*) und linker Kante (*L*) des Strahlenschifters schneiden.

⑦ Legt man das Strahlenschifterholz mit seiner **oberen Kantenfläche auf die Ausklappung**, so kann die Kerve mit Hilfe dieser Risse am Holz angerissen werden.

Schrägansicht
Anrisslinien am Strahlenschifter mit ausgearbeiteter Pfettenkerve

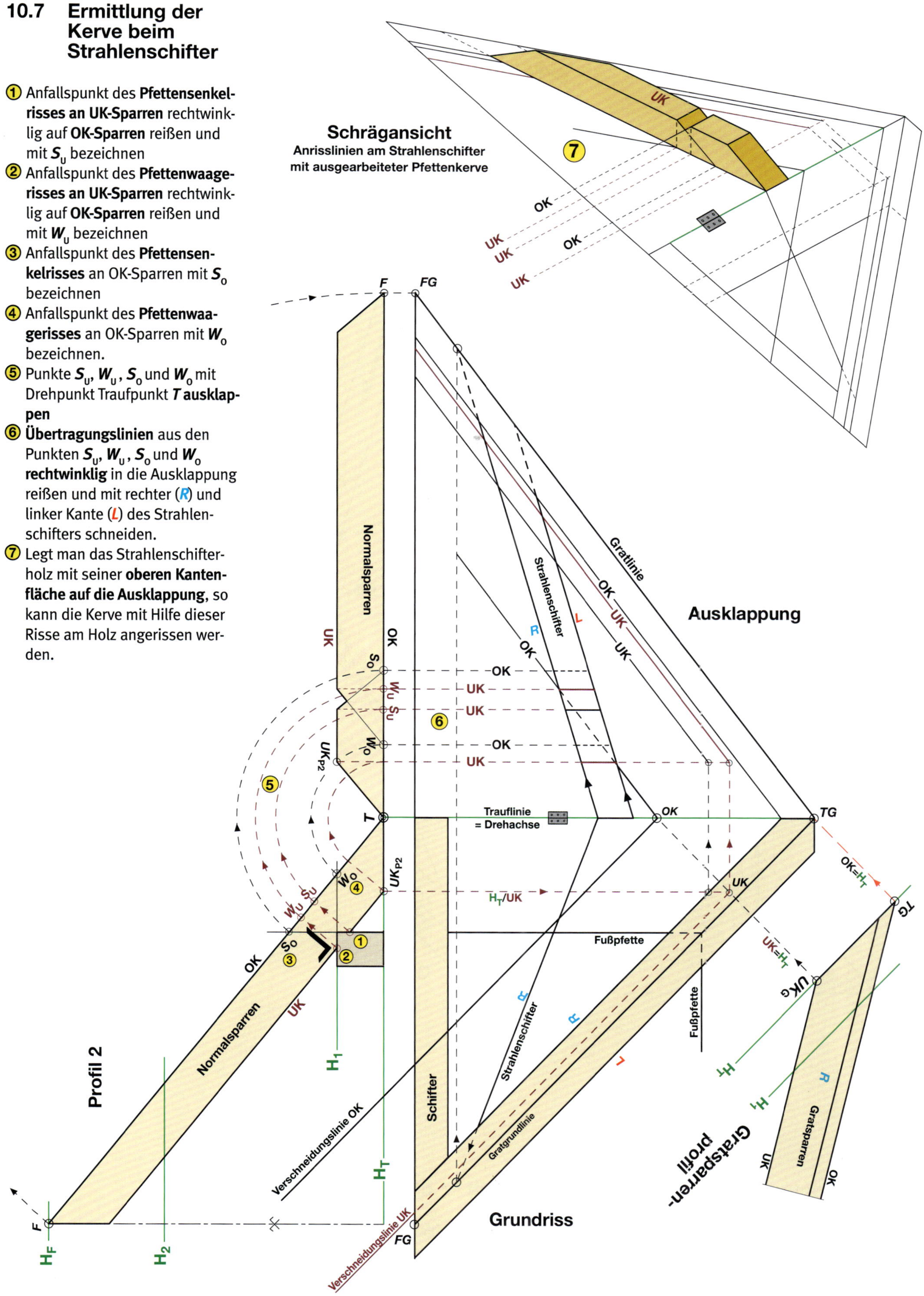

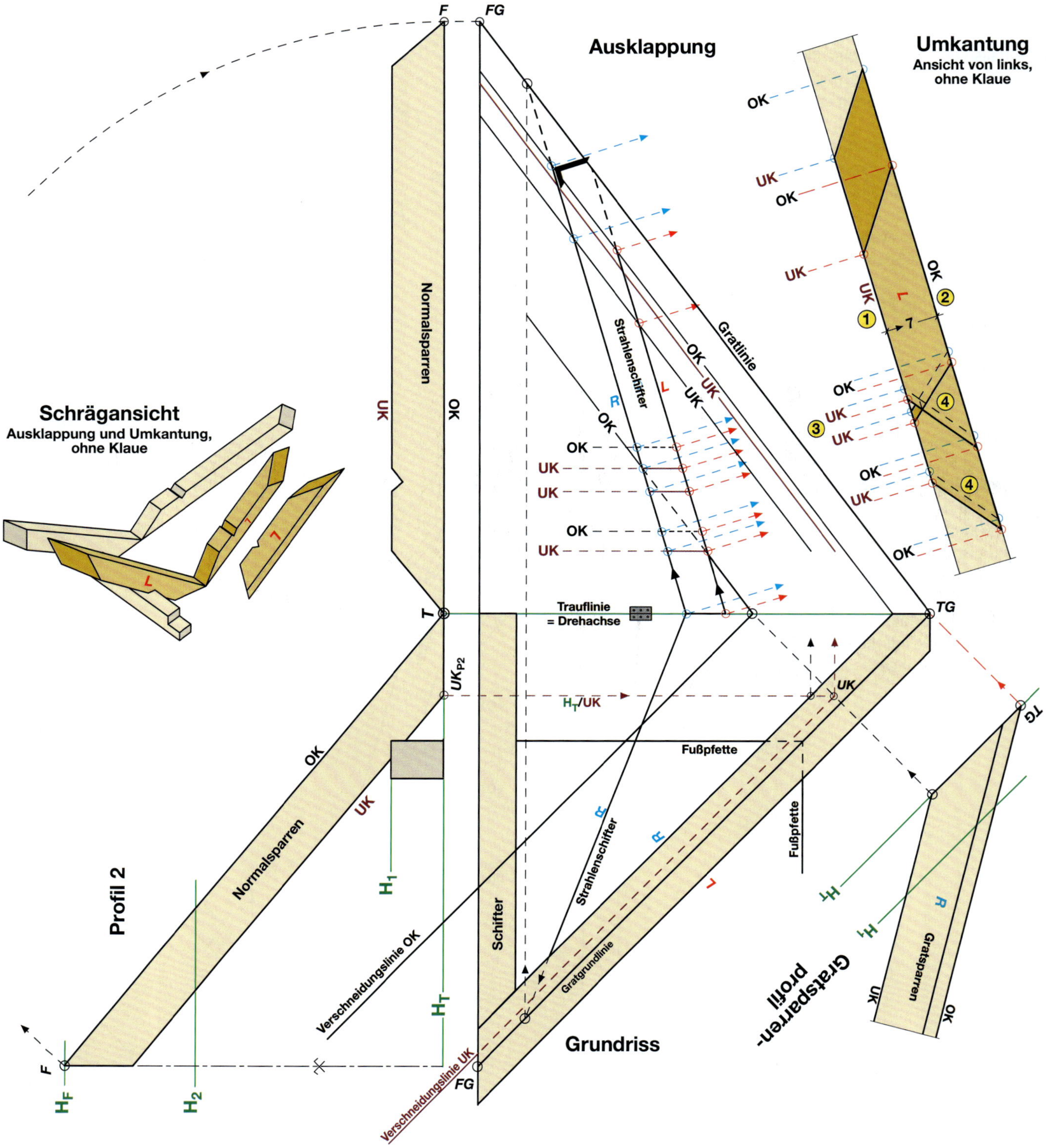

10.8 Umkantung des Strahlenschifters – Schritt 1: ohne Klaue

① **Parallel zu den Längskanten** des Strahlenschifters in der Fläche **UK-Strahlenschifter** in beliebigem Abstand herauszeichnen.
② Im rechtwinkligen **Abstand *h* = 7 cm** zur UK wird **OK-Strahlenschifter** angelegt.
③ Von der Ausklappung ausgehend alle **OK-Linien** auf **Oberkante-Schifter** und **UK-Linien** auf **Unterkante- Schifter** anreißen
④ Linien verbinden, es ergeben sich der **Abschnitt**, die **Pfettenkerve** und die **Schifterschmiege**, hier noch ohne Klaue.

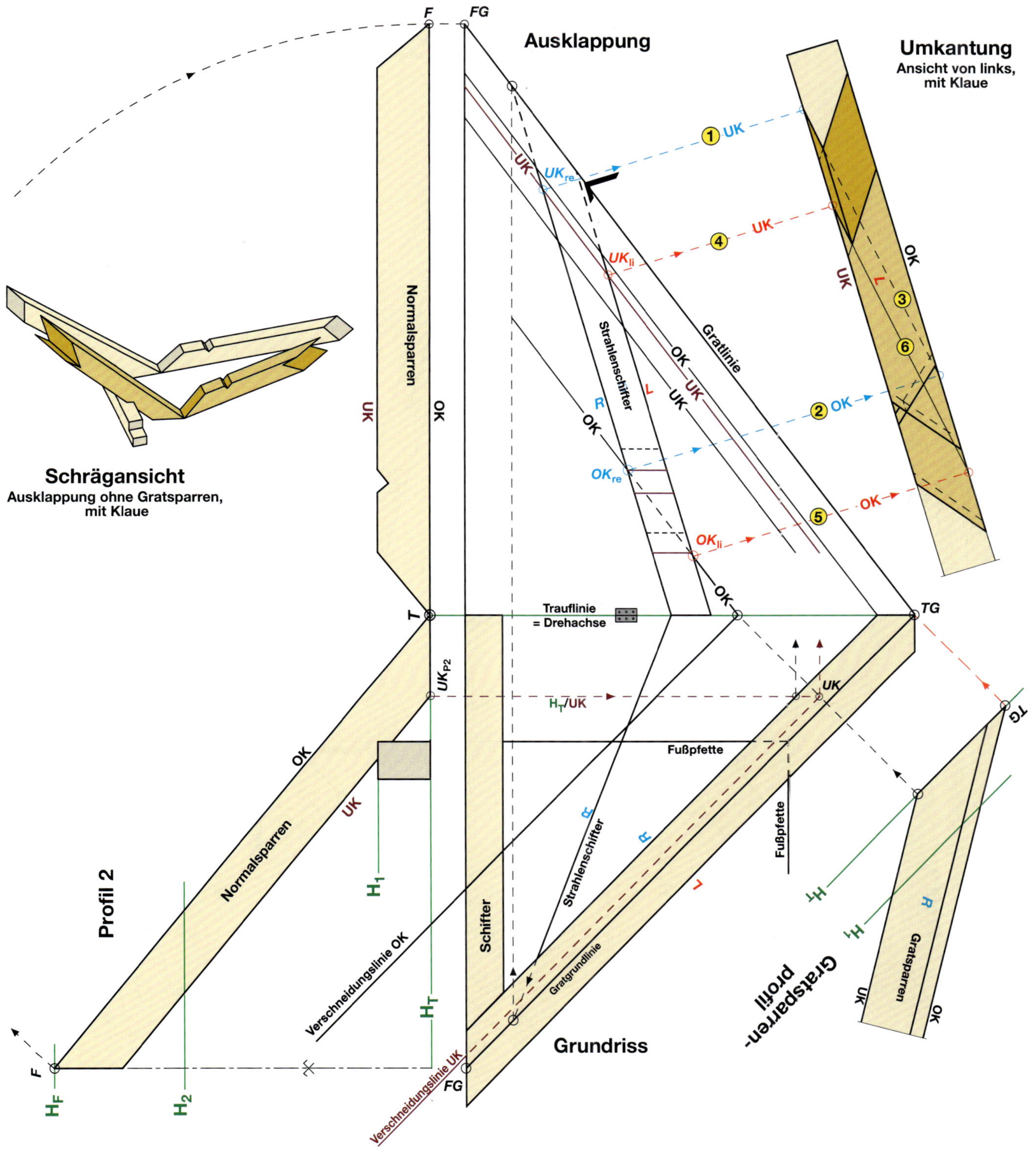

10.9 Umkantung des Strahlenschifters – Schritt 2: mit Klaue

① Schnittpunkt UK_{re} von der **rechten Kante des Strahlenschifters** in der Ausklappung auf **UK-Strahlenschifter in der Umkantung** übertragen.
② Schnittpunkt OK_{re} von der **rechten Kante des Strahlenschifters** in der Ausklappung auf **OK-Strahlenschifter in der Umkantung** übertragen.
③ OK_{re} und UK_{re} in der Umkantung zur Festlegung der Klauenrichtung auf der rechten Strahlenschifterseite miteinander verbinden.
④ Schnittpunkt UK_{li} von der **linken Kante des Strahlenschifters** in der Ausklappung auf **UK-Strahlenschifter in der Umkantung** übertragen.
⑤ Schnittpunkt OK_{li} von der **linken Kante des Strahlenschifters** in der Ausklappung auf **OK-Strahlenschifter in der Umkantung** übertragen.
⑥ OK_{li} und UK_{li} in der Umkantung zur Festlegung der Klauenrichtung auf der linken Strahlenschifterseite miteinander verbinden.

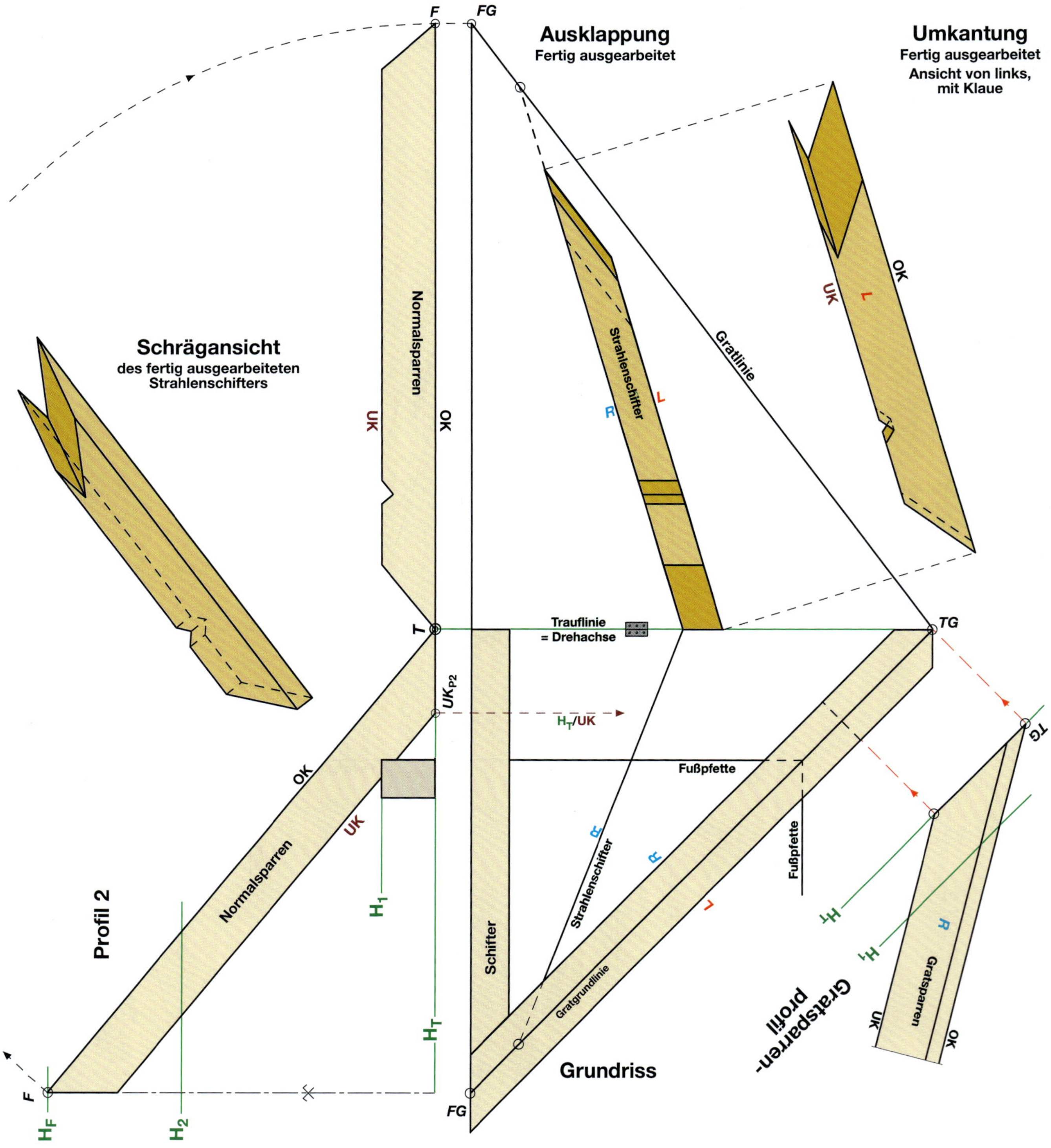

10.10 Fertig ausgearbeiteter Strahlenschifter in Umkantung und Schrägansicht

Aufgabe 11

Gratsparren, ungleiche Dachneigung, mit geneigtem Gratklauenwechsel

Thema dieser Aufgabe ist ein „schräg“ (geneigt) in der Dachfläche liegender Gratklauenwechsel. Diese Lage des Gratklauenwechsel nennt man auch „verkantet“. Die Seitenflächen des Gratklauenwechsels liegen rechtwinklig zur Dachflächenebene.

Der Gratklauenwechsel weist die gleichen Dimensionen auf wie die Sparren: ***b*** **= 5 cm,** ***h*** **= 8 cm.**

Das rechtwinklige Obholz bei den Normalsparren beträgt **5,5** cm.

Die Fußpfetten weisen die Dimension ***b*** **= 7 cm,** ***h*** **= 7 cm** auf.

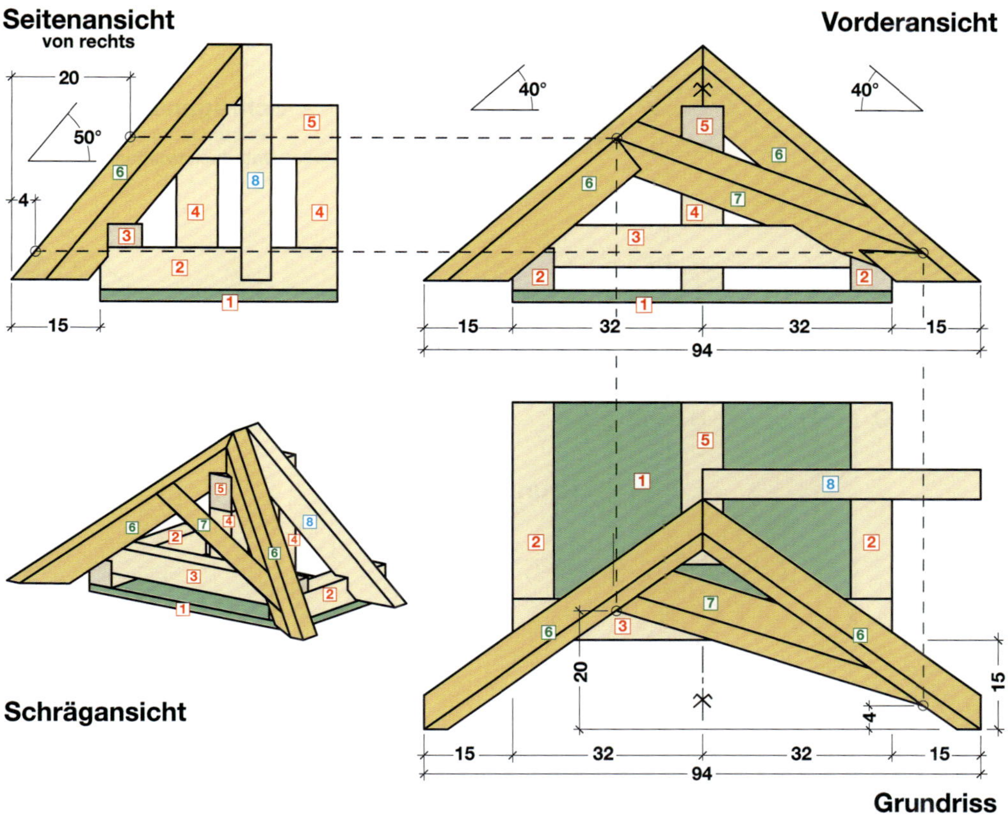

11.1: Das Modell für die Aufgabe 11 in Grundriss, Vorderansicht, Seitenansicht und Schrägansicht. Die Ziffern entsprechen den Positionen der Bauteile in der Holzliste.

Holzliste

Position	Bezeichnung	Anzahl	Breite [cm]	Höhe [cm]	Länge [cm]
1	Bodenplatte	1	40	2	64
2	Fußpfette	2	7	7	42
3	Fußpfette	1	7	7	65
4	Pfosten	2	7	7	23
5	Firstpfette	1	7	9	29
6	Gratsparren	2	7	9	78
7	Gratklauenwechsel	1	5	8	60
8	Sparren	1	5	8	63

11.2: Explosionszeichnung und Holzliste des Modells. Die Pfosten und Pfetten sind rot, die Gratsparren und der verkantete Gratklauenwechsel sind grün, und der Sparren ist blau bezeichnet.

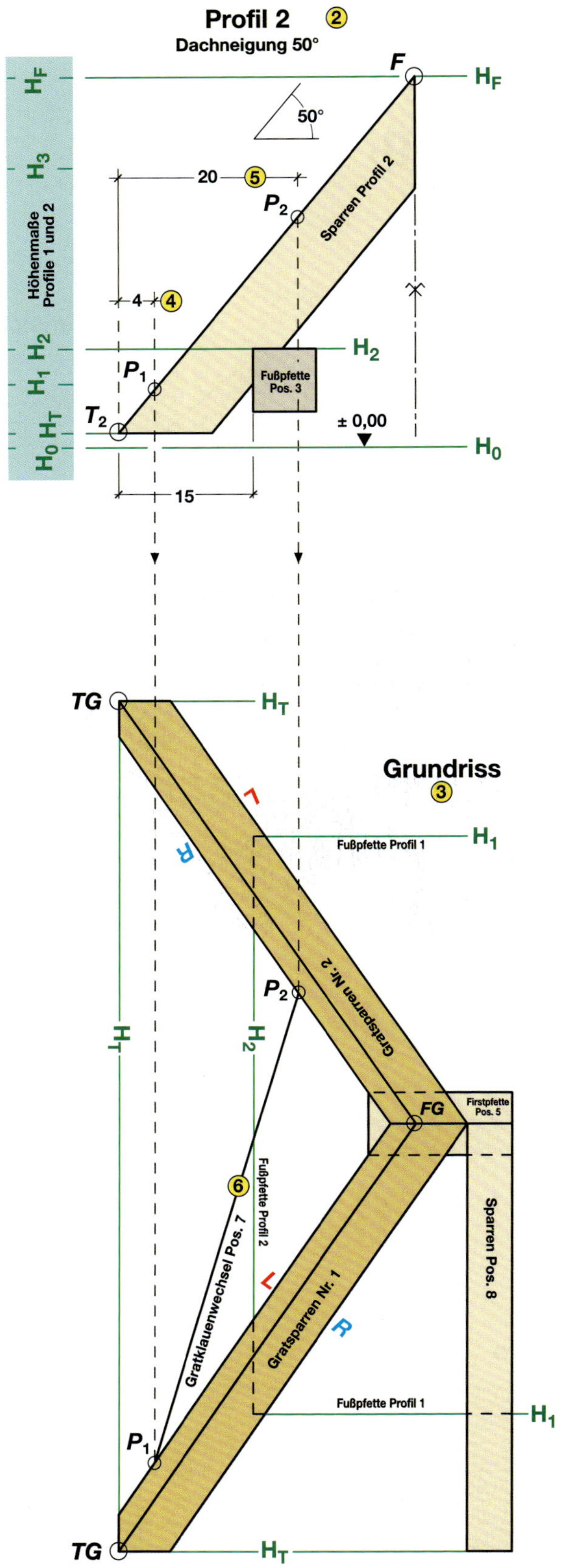

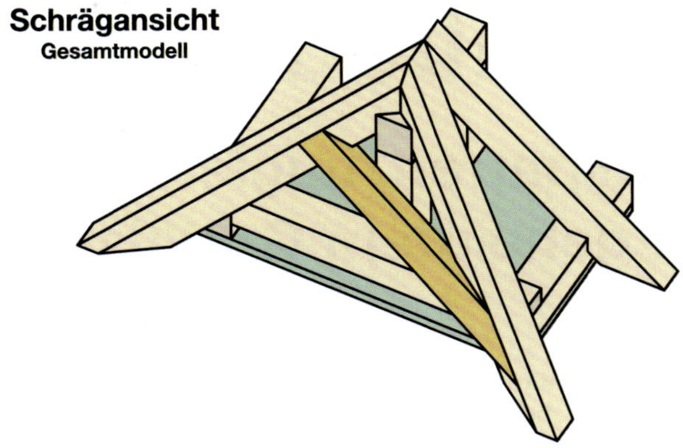

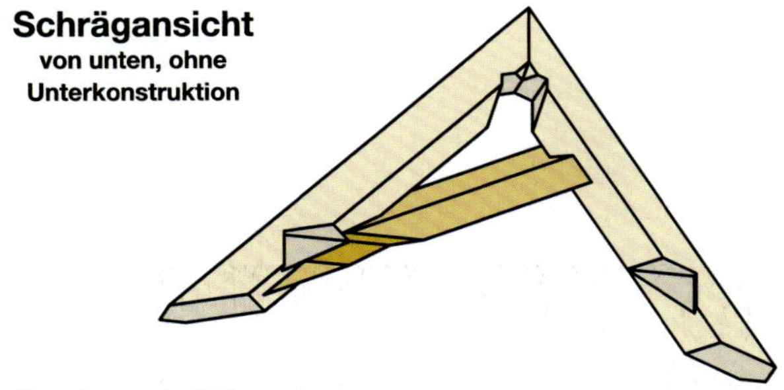

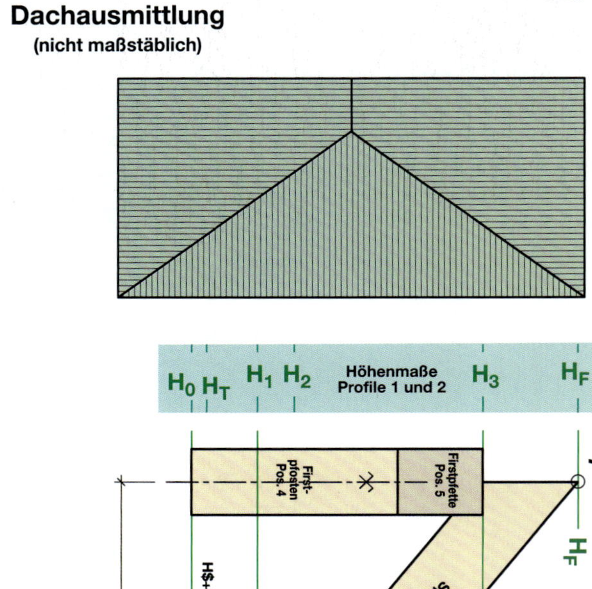

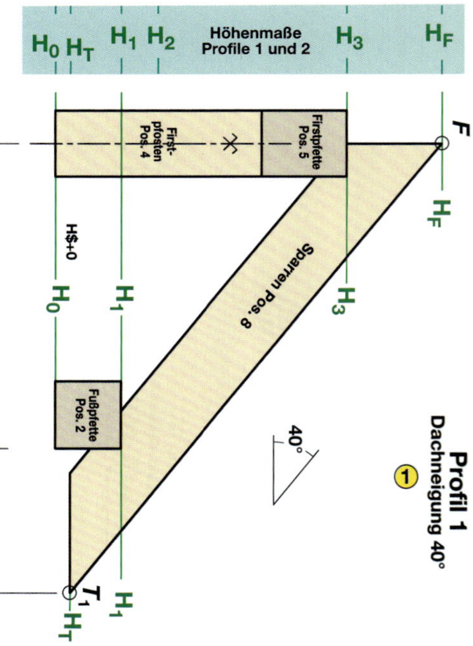

11.3 Grundriss, Profile und Lage des Gratklauenwechsels

① **Profil 1** aufreißen. Der **Sparren** in **Profil 1** erhält einen waagerechten Traufabschnitt.
② **Profil 2** aufreißen. Der waagerechte Traufabschnitt des **Sparrens** in **Profil 2** liegt auf der Traufhöhe H_T.
③ Grundriss reißen. Die Gratsparren erhalten die Bezeichnung **„Gratsparren Nr. 1"** und **„Gratsparren Nr. 2"**.
④ Festlegen des Anfallspunkts P_1 des Gratwechsels an Außenkante-Gratsparren Nr. 1 in Profil 2 und Übertragen in den Grundriss.
⑤ Festlegen des Anfallspunkts P_2 des Gratwechsels an Außenkante-Gratsparren Nr. 2 in Profil 2 und Übertragen in den Grundriss.
⑥ Lage des Gratklauenwechsels im Grundriss als Verbindungslinie zwischen den Punkten P_1 und P_2 reißen.

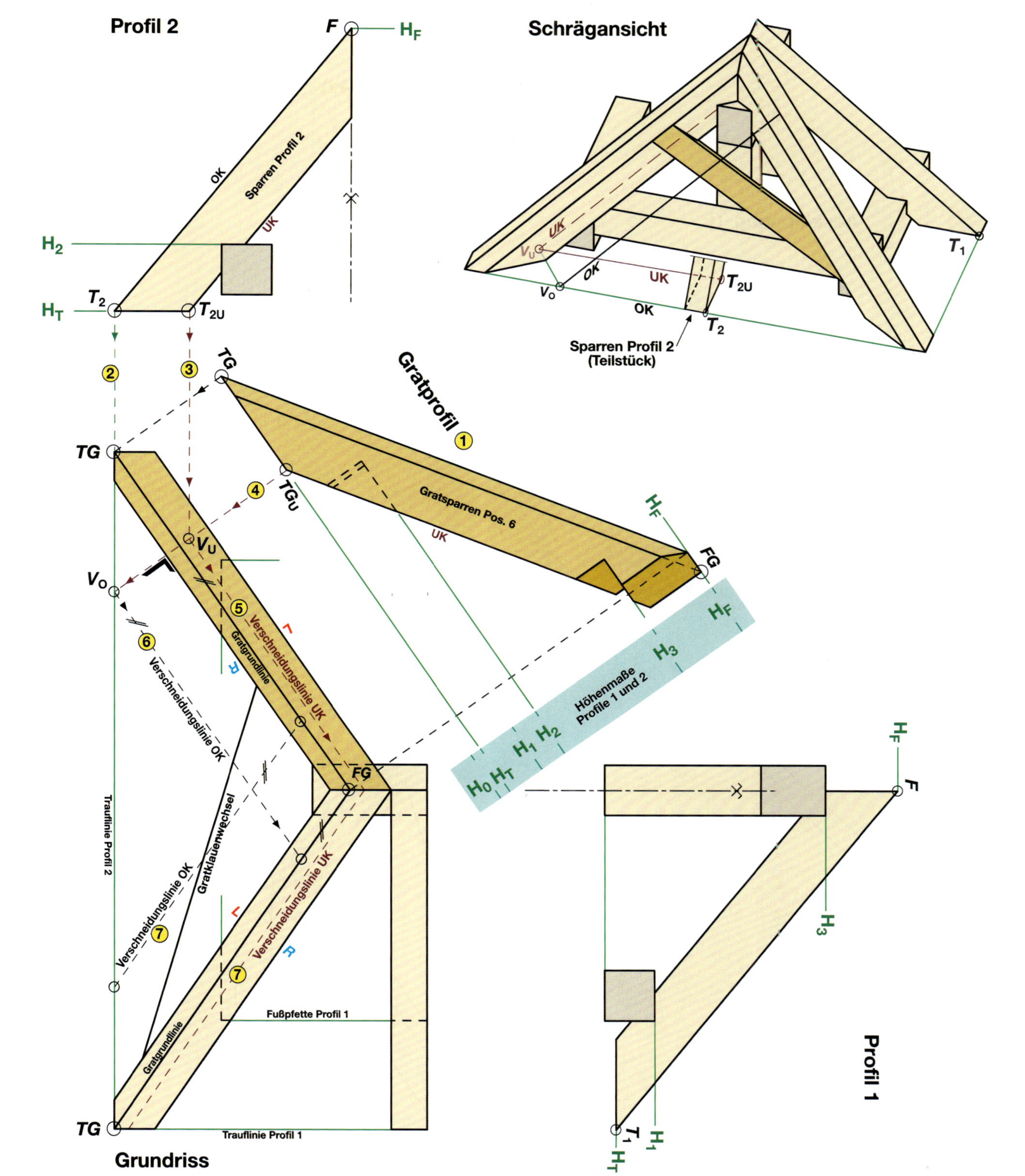

11.4 Ermittlung der Verschneidungslinie von UK-Sparren Profil 2 an UK-Gratsparren

① Gratprofil reißen. UK-Gratsparren mit Höhe Gratsparren = **9 cm** festlegen. Es ergibt sich Punkt TG_U auf UK-Gratsparren (Höhe H_T).
② Punkt T_2 liegt auf OK-Sparren, im Grundriss ist demnach die Traufinie ebenfalls OK-Sparren.
③ Punkt T_{2U} liegt auf UK-Sparren. Die Lage von UK-Sparren kann somit in den Grundriss übertragen werden.
④ Die Lage von Punkt TG_U wird aus dem Gratprofil in den Grundriss übertragen und schneidet sich mit der Übertragungslinie aus Punkt T_{2U} in Punkt V_U und mit der Traufinie in Punkt V_O.
⑤ Die Parallele zur Gratgrundlinie durch Punkt V_U ist die Verschneidungslinie UK-Sparren auf der Gratsparren-Unterseite.
⑥ Die Parallele zur Gratgrundlinie durch Punkt V_O ist die Verschneidungslinie OK-Sparren in der Dachflächenebene.
⑦ Die Verschneidungslinien UK und OK können auf die andere Seite der Walmgrundfläche gespiegelt werden.

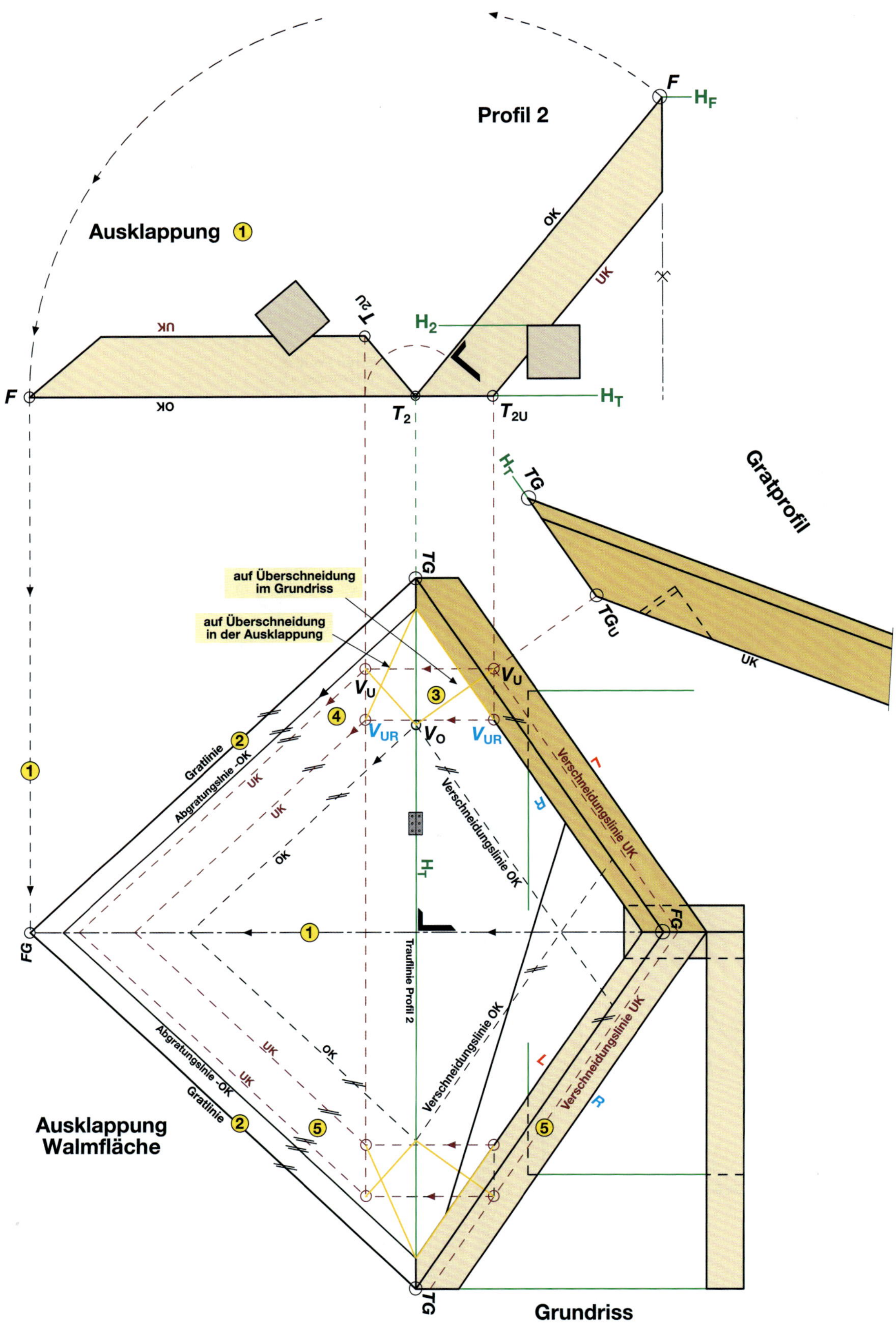

11.5 Ausklappung der Walmfläche

① Profil 2 mit Drehpunkt T_2 (Drehachse Trauflinie Profil 2) in die Grundrissebene ausklappen und Firstpunkt ***FG*** in den Grundriss übertragen.
② Die Verbindungslinien ***TG–FG*** in der Ausklappung sind die Gratlinien in ihrer wahren Länge.
③ Punkte auf UK-Gratsparren V_U und V_{UR} in die Ausklappung übertragen und dort mit der Übertragungslinie aus T_{2U} (des Profils) in der Ausklappung schneiden.
④ In der Ausklappung die Verschneidungslinien OK und UK parallel zur Gratlinie reißen.
⑤ Verschneidungslinien in der Ausklappung um die Mittelachse (***FG***– ***FG***) spiegeln.

Schrägansicht

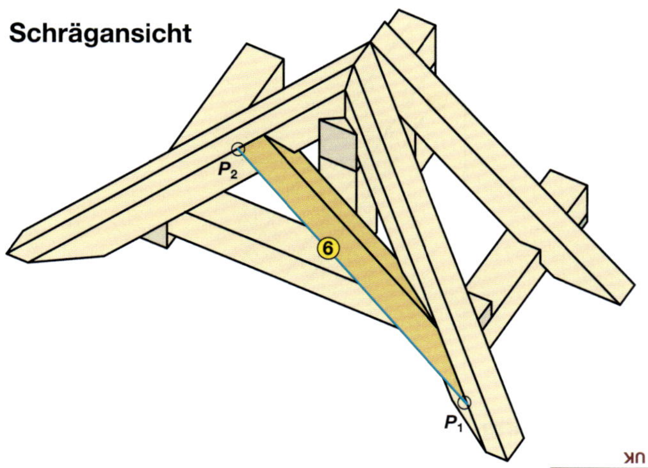

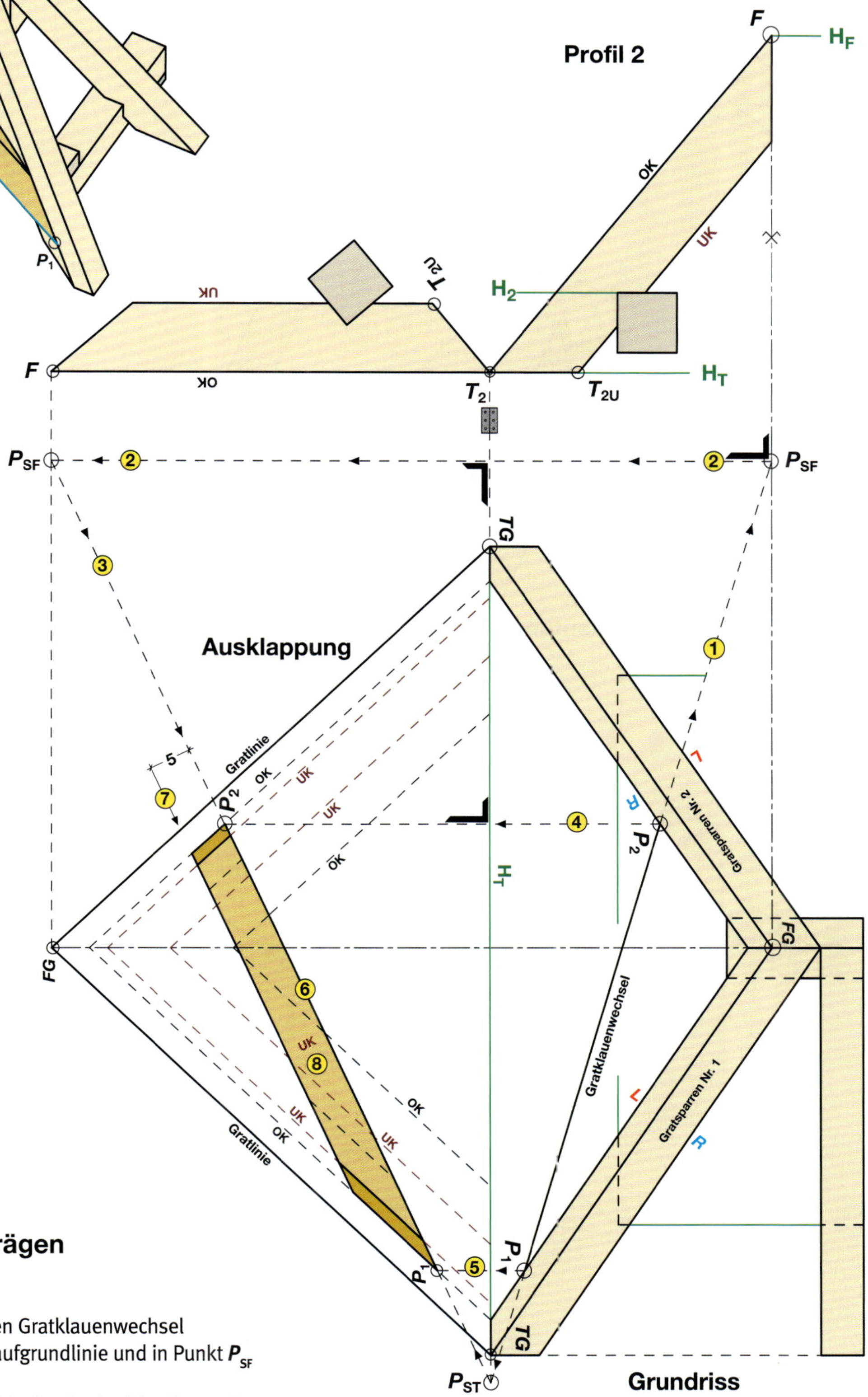

11.6 Ausklappung des schrägen Gratklauenwechsels

① Die Bezugslinie $P_1 – P_2$ für den schrägen Gratklauenwechsel verlängern und in Punkt P_{ST} mit der Traufgrundlinie und in Punkt P_{SF} mit der Firstgrundlinie schneiden.
② Punkt P_{SF} rechtwinklig zur Traufgrundlinie (Drehachse) in die Ausklappung übertragen.
③ Punkt P_{SF} in der Ausklappung mit Punkt P_{ST} auf der Traufgrundlinie (Drehachse) verbinden.
④ Den Anfallspunkt P_2 des schrägen Gratklauenwechsels (am Gratsparren Nr. 2) in die Ausklappung auf Strecke $P_{SF} – P_{ST}$ übertragen.
⑤ Den Anfallspunkt P_1 des schrägen Gratklauenwechsels (am Gratsparren Nr. 1) in die Ausklappung auf Strecke $P_{SF} – P_{ST}$ übertragen.
⑥ Die Strecke $P_1 – P_2$ in der Ausklappung zeigt die wahre Länge der Kante des Gratklauenwechsels (blaue Linie in der Schrägansicht).
⑦ Breite (**5 cm**) des Gratklauenwechsels antragen.
⑧ Hier wird die Ansicht des Gratklauenwechsels auf seine untere Kantenfläche gezeigt.

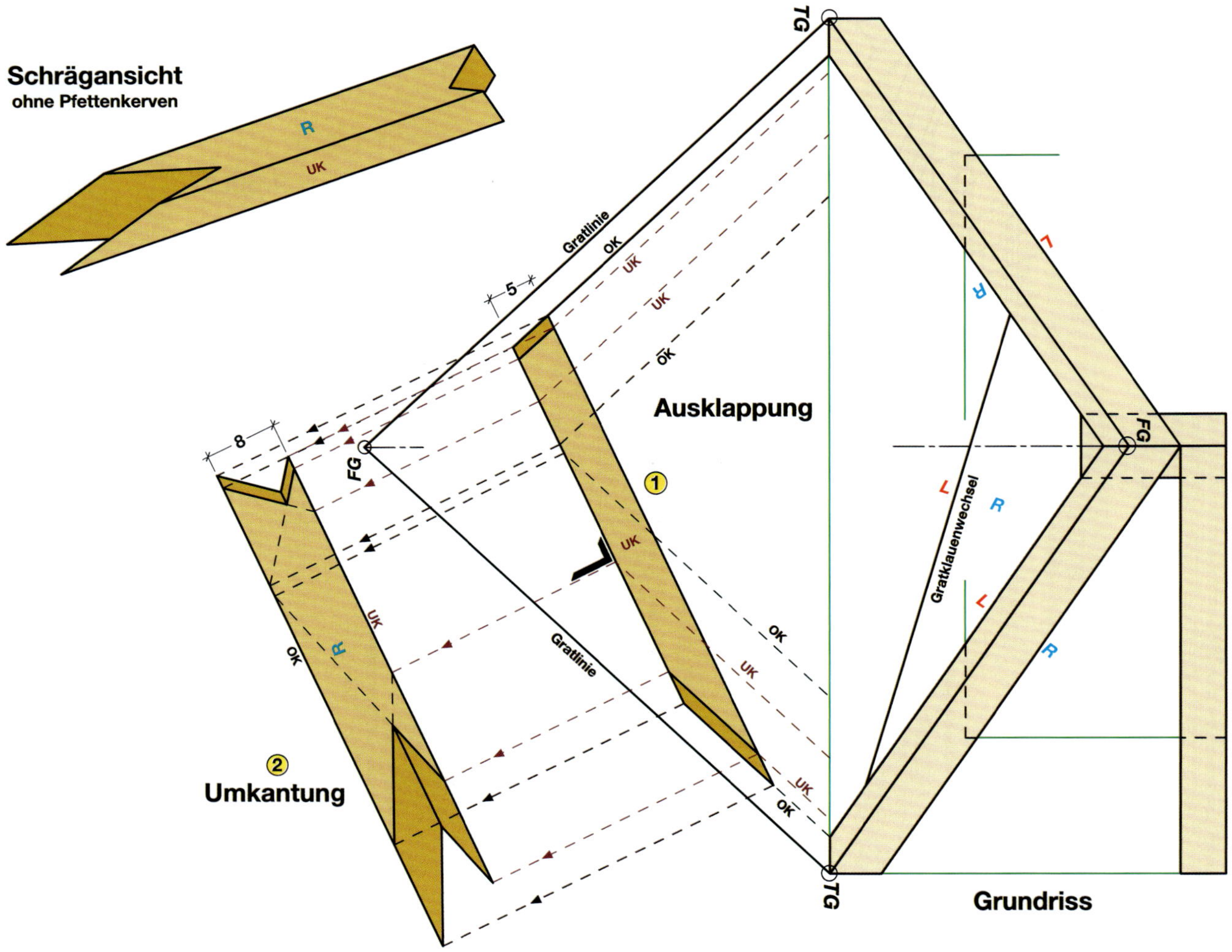

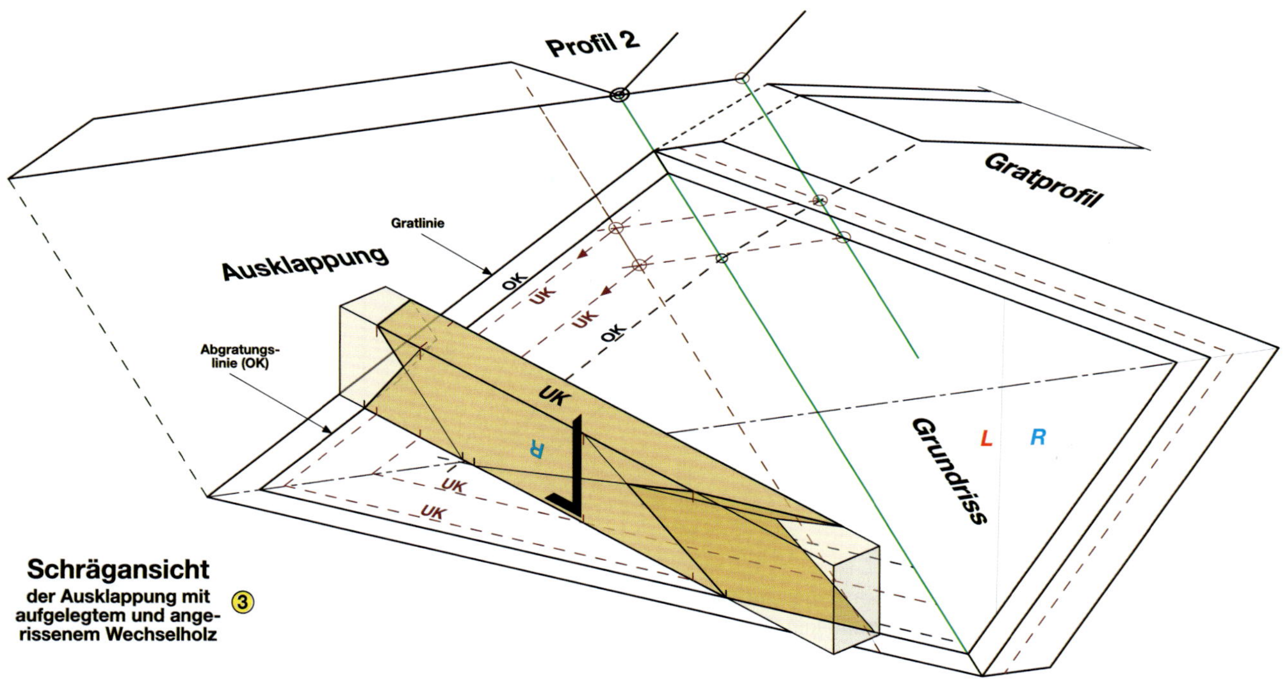

Schrägansicht
der Ausklappung mit aufgelegtem und ange-rissenem Wechselholz ③

11.7 Umkantung des schrägen Gratklauenwechsels

① Hier liegt der ausgearbeitete Gratklauenwechsel auf der Anrissebene (Ausklappung). Für das Anreißen des aufgelegten Holzes müssen die Übertragungslinien OK und UK jeweils etwas länger gezeichnet werden (siehe ③). Dies ist hier der besseren Übersicht wegen nicht geschehen.

② Die Umkantung des schrägen Gratklauenwechsels erfolgt aus der Ausklappung und rechtwinklig zu seiner Längskante.

③ Hier ist das aufgelegte und angerissene Wechselholz mit den Abschnittsrissen in einer Schrägansicht dargestellt

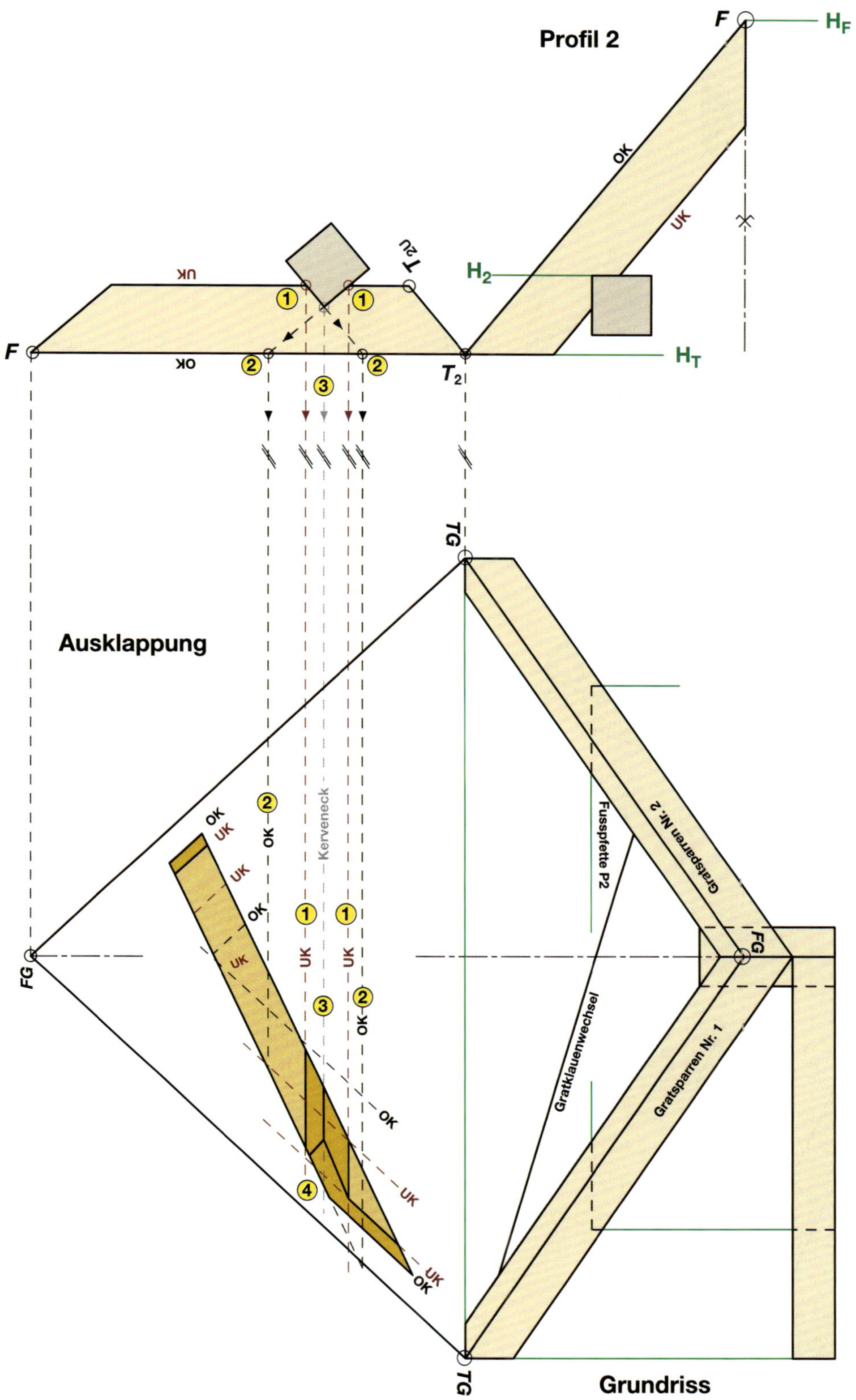

11.8 Ermittlung der Fußpfettenkerve in der Ausklappung

① Die Verschneidungspunkte von UK-Sparren mit den Fußpfettenkanten werden aus dem Profil parallel zur Traufe in die Ausklappung übertragen.

② Die Pfettenkanten (die Kervenkanten) werden im Profil bis zu OK-Sparren verlängert und die Anfallspunkte parallel zur Traufe in die Ausklappung übertragen.

③ Die Lage des Kervenecks kann zu Kontrollzwecken ebenfalls parallel zur Traufe in die Ausklappung übertragen werden.

④ Nach der Ausarbeitung der Kerve stellt sich die Unteransicht des Gratklauenwechsels so dar.

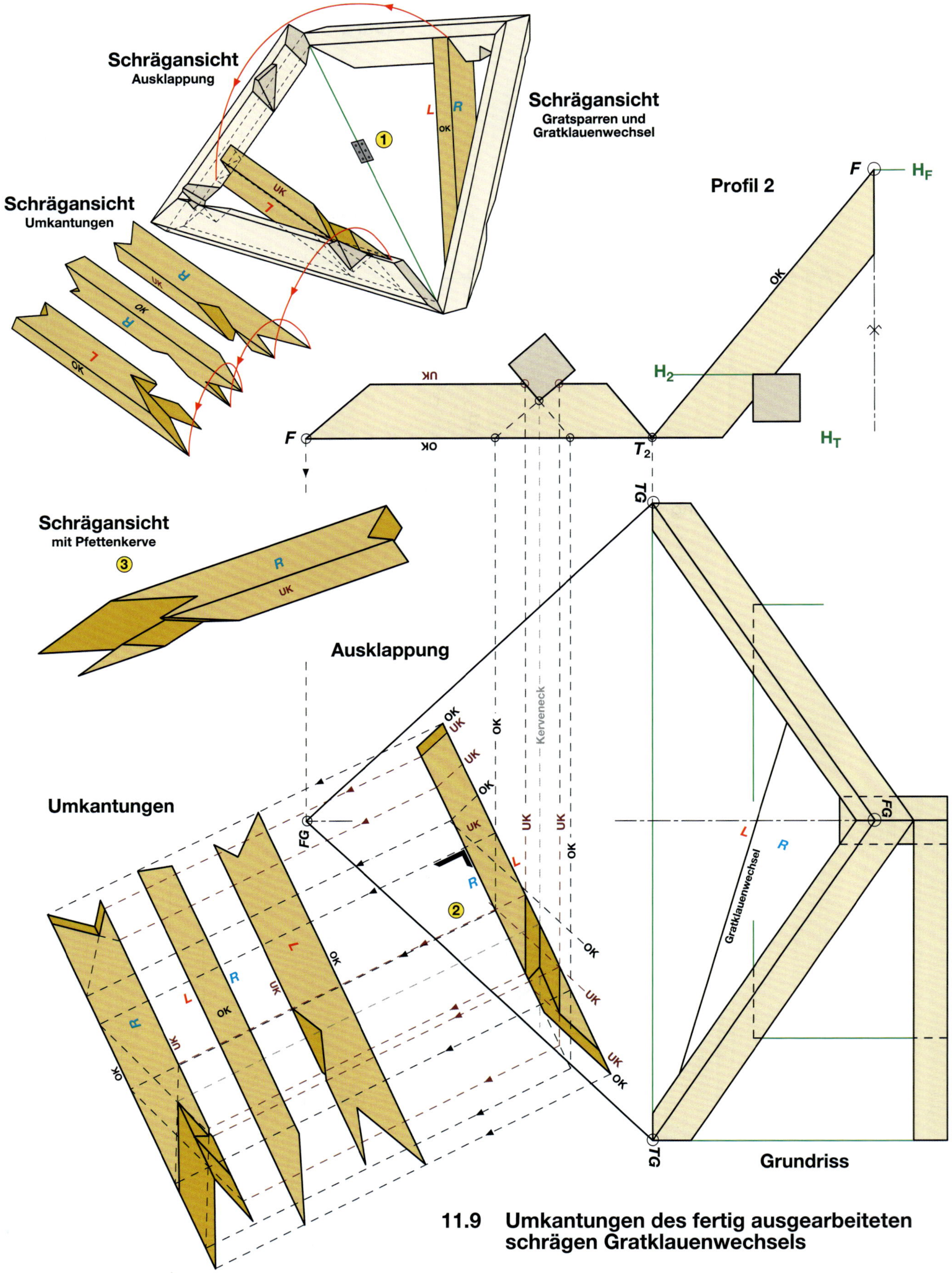

11.9 Umkantungen des fertig ausgearbeiteten schrägen Gratklauenwechsels

① Vorgehensweise bei der Umkantung

② Umkantungen erfolgen rechtwinklig zu den Längskanten des Wechsels in der Ausklappung.

③ Schrägansicht des fertig ausgearbeiteten schrägen Gratklauenwechsels

Aufgabe 12

Geneigte Fußpfette mit normalem Sparren

Die in dieser Aufgabe behandelten Bauteile sind die geneigte Fußpfette und der mit einer Kerve aufliegende „normale" Sparren.
Der parallel zur Lage der geneigten Fußpfette ausgeführte Abschnitt der Sparren erzeugt eine geneigte Trauflinie.

Die Fußpfette hat die Dimensionen ***b*** **= 7 cm,** ***h*** **= 7 cm.**
Das **rechtwinklige Obholz** bei den Sparren beträgt **5,5 cm.**
Das **rechtwinklige Obholz** für die Kerve der geneigten Fußpfette am Pfosten Pos. 4 beträgt **1,5 cm.**

Die Sparren erhalten einen rechtwinkligen Traufabschnitt.

In der Praxis läge unter dem „Traufenknick" (Punkt P_1 in **Bild 12.3**) ein Sparren. Nur der besseren Übersicht wegen ist dies in dieser Aufgabe nicht der Fall.

12.1: Das Modell für die Aufgabe 12 in Grundriss, Vorderansicht, Seitenansicht und Schrägansicht. ➢

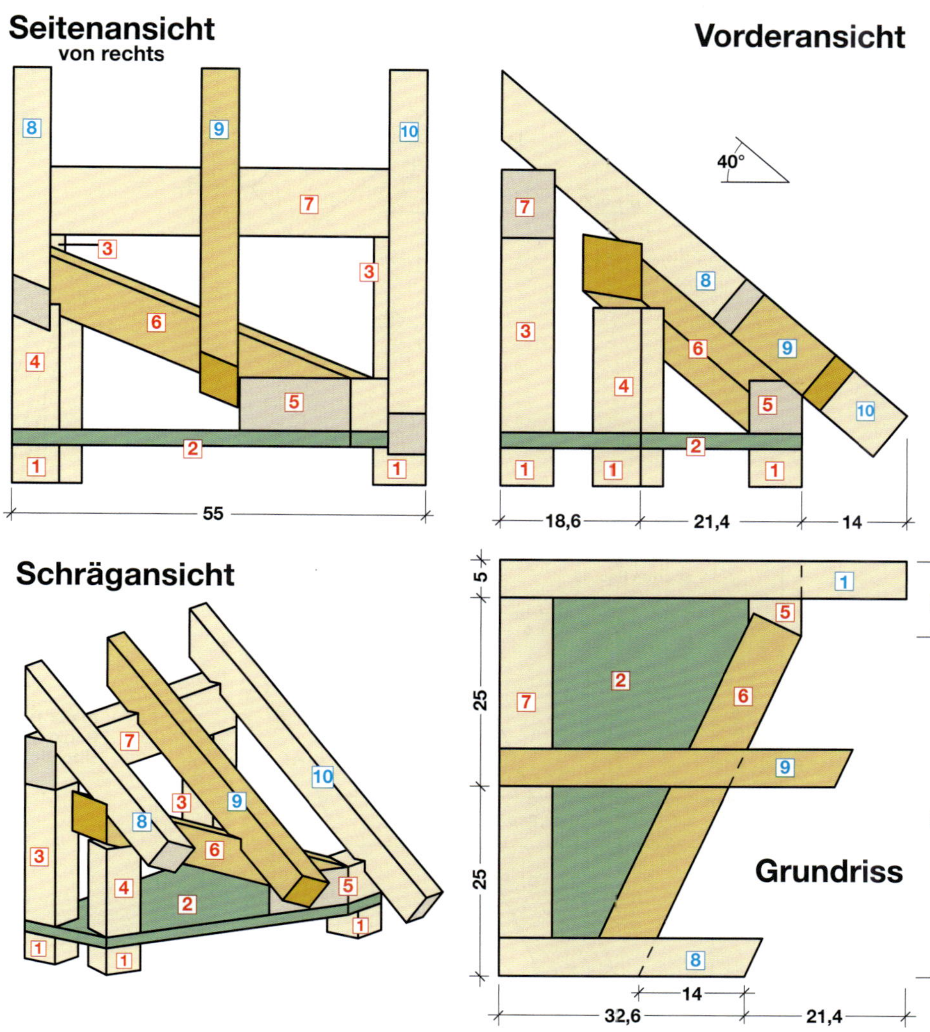

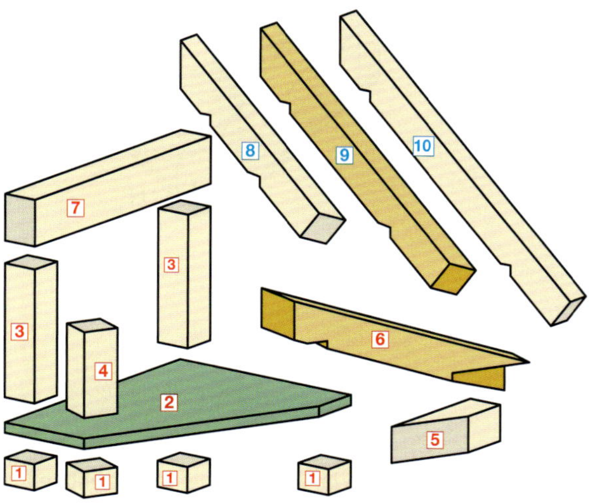

Holzliste

Position	Bezeichnung	Anzahl	Breite [cm]	Höhe [cm]	Länge [cm]
1	Pfosten	4	7	7	5
2	Bodenplatte	1	40	2	55
3	Pfosten	2	7	7	29
4	Pfosten	1	7	7	18
5	Fußpfette	1	7	7	26
6	Fußpfette	1	7	7	60
7	Firstpfette	1	7	9	56
8	Sparren	1	5	7	47
9	Sparren	1	5	7	63
10	Sparren	1	5	7	72

12.2: Explosionszeichnung und Holzliste des Modells. Die Bodenplatte, Pfosten und Pfetten sind rot, die Sparren und Schifter sind blau bezeichnet.

Profil 1
Dachneigung 40°
①

Grundriss
②

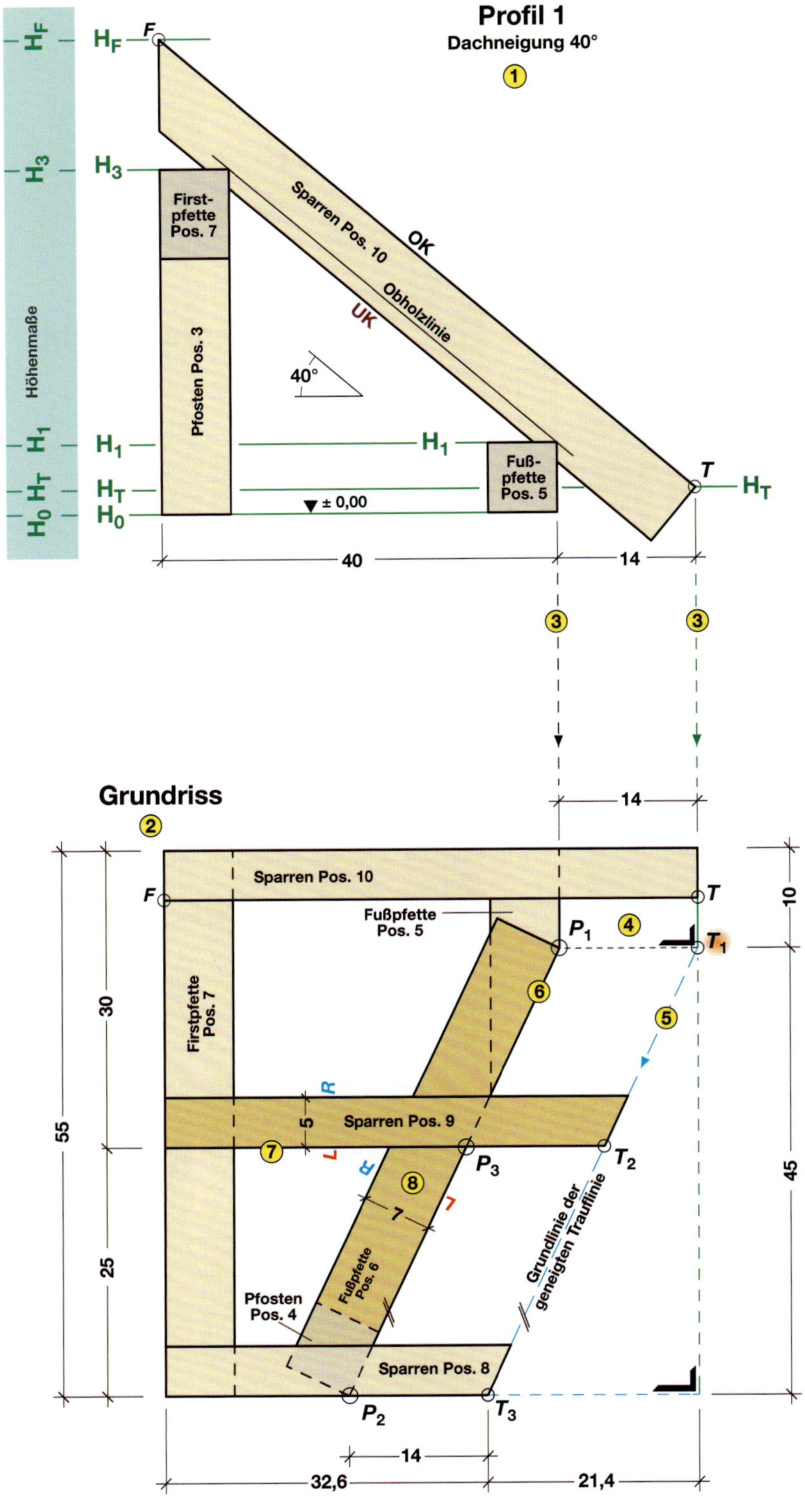

Dachausmittlung
ohne Maßstab

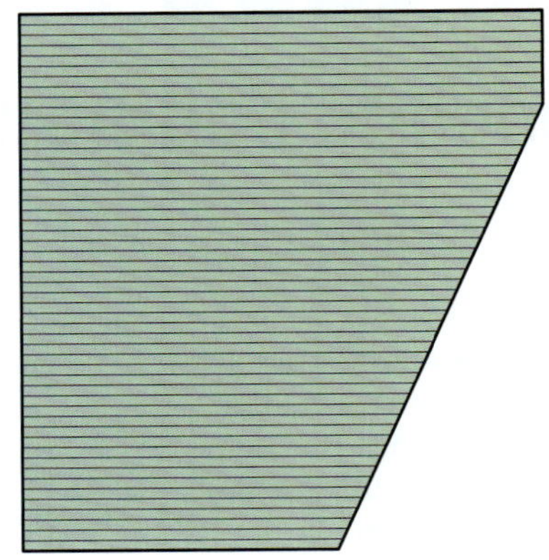

Schrägansicht

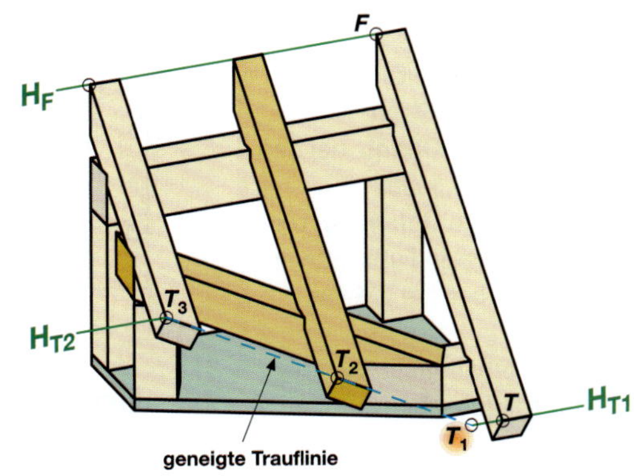

In der Praxis läge unter dem „Traufenknick“ Punkt T_1 ein Sparren. Wegen der besseren Übersichtlichkeit ist dies hier nicht der Fall.

Schrägansicht
ohne Sparren

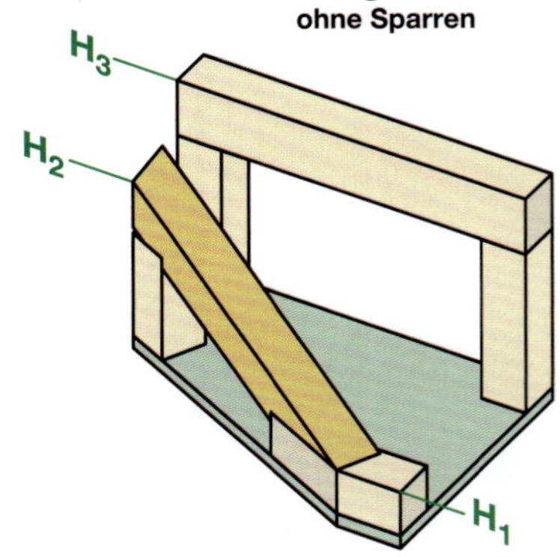

12.3 Grundriss und Profile

① Profil 1 aufreißen.
② Grundriss unter Profil 1 anordnen.
③ Vorderkante Fußpfette Pos. 5 und waagerechte Trauflinie (Normalsparren) in Grundriss übertragen.
④ Mit Grundmaß 10 cm Eckpunkt P_1 und Traufpunkt T_1 („Traufenknick“) festlegen.
⑤ Mit Grundmaß 21,4 cm durch Traufpunkt T_1 die Grundlinie der geneigten Traufe festlegen. Es entsteht Punkt T_3.
⑥ Parallel zur Grundlinie der geneigten Traufe durch P_1 die Vorderkante der geneigten Fußpfette Pos. 6 im Grundriss reißen. Es entsteht Punkt P_2.
⑦ Sparren Pos. 9 mit Grundmaß 30 cm und Breite $b = 5$ cm antragen und rechte (*R*) und linke (*L*) Seite bezeichnen. Es entsteht Punkt P_3.
⑧ Breite $b = 7$ cm der geneigten Fußpfette Pos. 6 antragen und rechte (*R*) und linke (*L*) Seite bezeichnen.

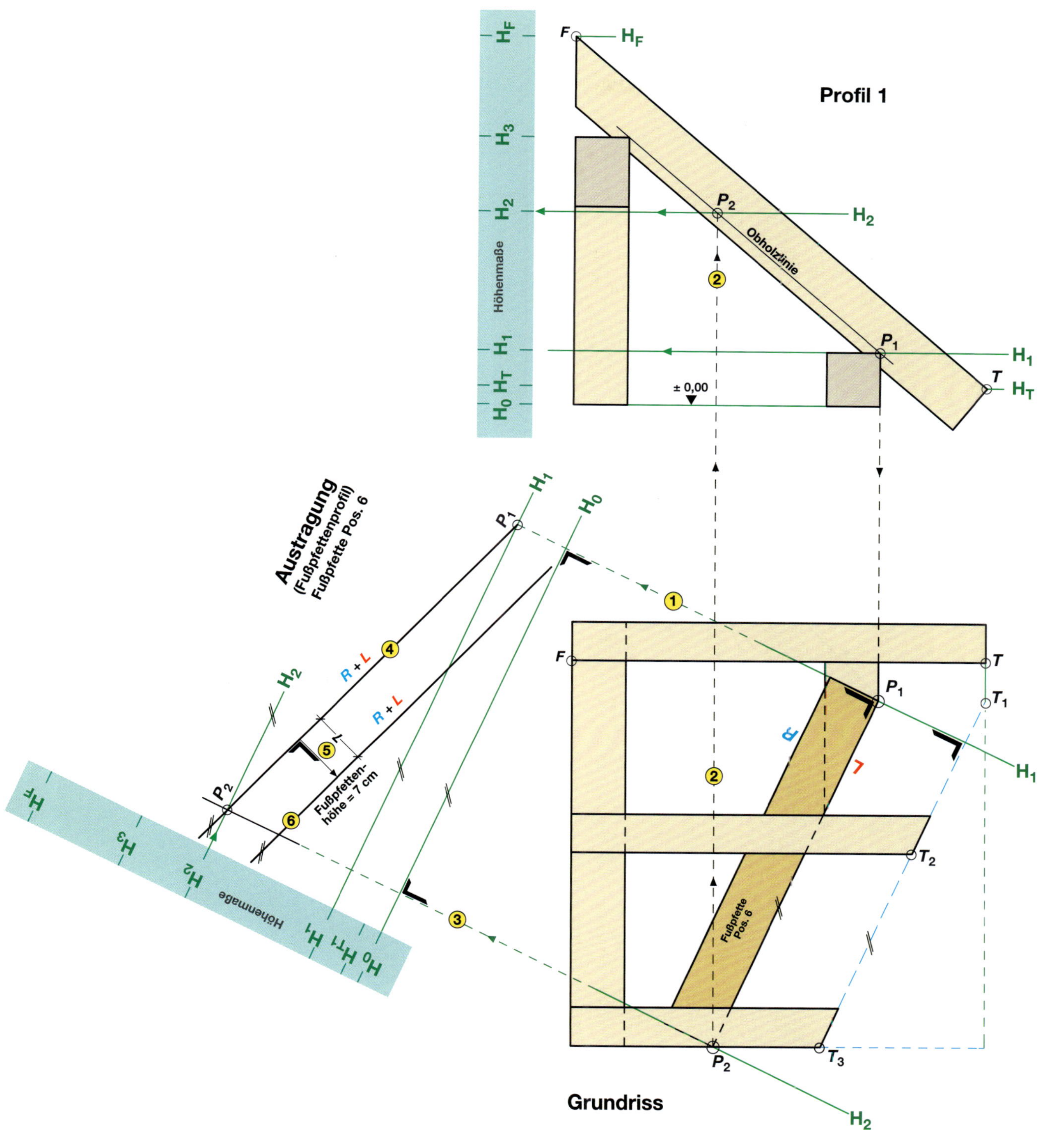

12.4 Austragung der Fußpfette Pos. 6 Ermittlung der Fußpfettenneigung

① Punkt P_1 wird aus dem Grundriss rechtwinklig zur Fußpfettenlängskante in die Austragung übertragen. Punkt P_1 liegt auf Höhe H_1.
② Punkt P_2 wird aus dem Grundriss senkrecht in das Profil 1 übertragen. Punkt P_2 in Profil 2 ist der Schnittpunkt der Übertragungslinie mit der Obholzlinie. Punkt P_2 liegt auf Höhe H_2. Höhe H_2 wird auf die Höhenmaßlatte übertragen.
③ Punkt P_2 wird aus dem Grundriss rechtwinklig zur Fußpfettenlängskante in die Austragung (das Fußpfettenprofil) übertragen. Punkt P_2 in der Austragung ist der Schnittpunkt der Übertragungslinie mit der Höhenlinie H_2 (von der Höhenmaßlatte).
④ Die Verbindungslinie zwischen den Punkten P_1 und P_2 in der Austragung ist die Neigungslinie (OK) der geneigten Fußpfette Pos. 6.
⑤ Die Höhe der Fußpfette wird rechtwinklig zur OK-Fußpfette mit 7 cm abgetragen.
⑥ Parallel zu OK-Fußpfette wird UK-Fußpfette gerissen.

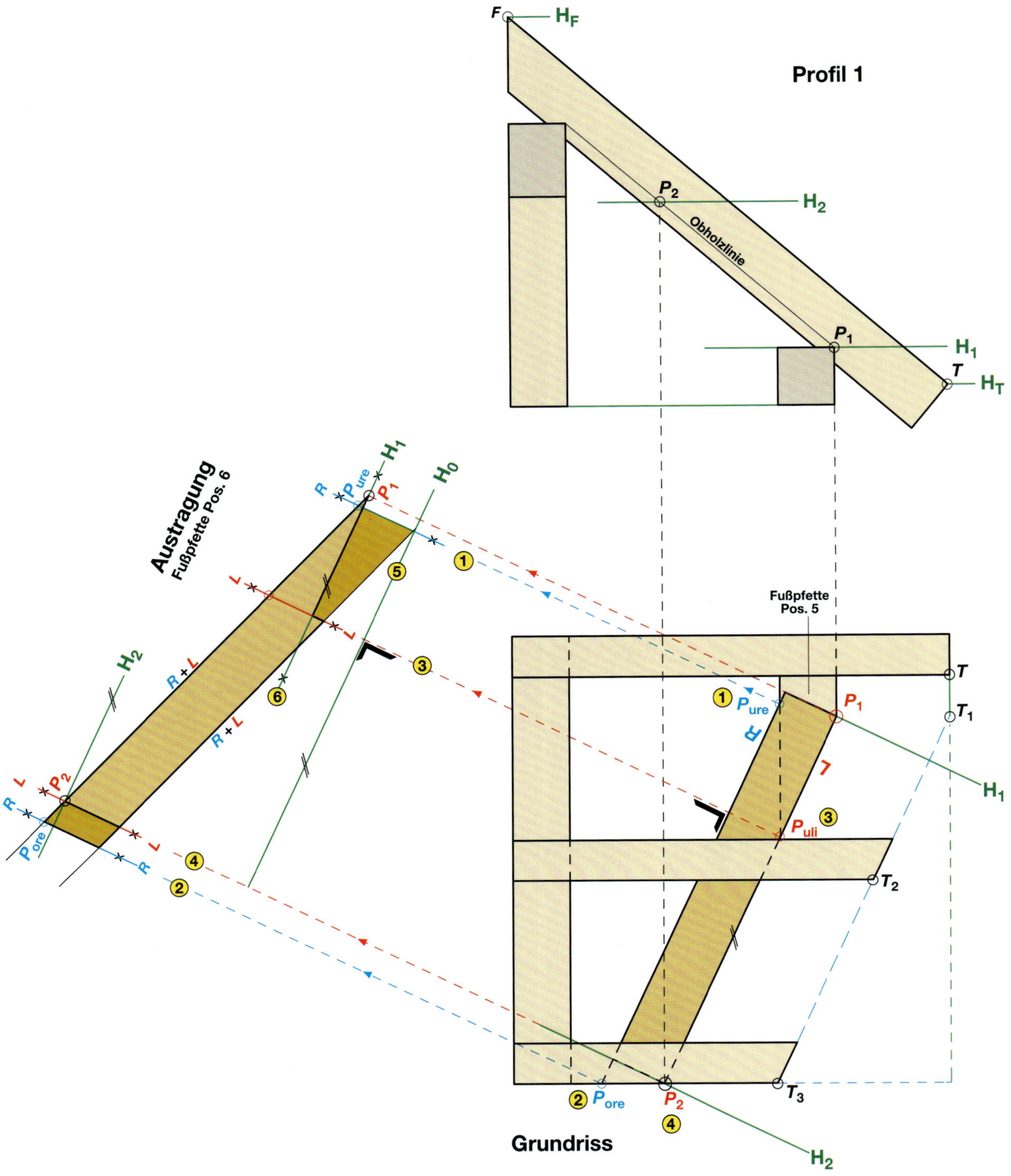

12.5 Austragung der Fußpfette Pos. 6 Ermittlung der Abschnitte

① Der Senkelriss aus Punkt P_{ure} (rechts) wird aus dem Grundriss rechtwinklig zur Fußpfettenlängskante in das Fußpfettenprofil übertragen. Es entsteht der Abschnittsriss der senkrechten Schmiege der geneigten Fußpfette an die waagerechte Fußpfette Pos. 5.

② Der Senkelriss aus Punkt P_{ore} (rechts) wird aus dem Grundriss rechtwinklig zur Fußpfettenlängskante in das Fußpfettenprofil übertragen. Es entsteht der senkrechte Abschnittsriss (rechts).

③ Der Senkelriss aus Punkt P_{uli} (links) wird aus dem Grundriss rechtwinklig zur Fußpfettenlängskante in das Fußpfettenprofil übertragen. Es entsteht der Abschnittsriss der senkrechten Schmiege der geneigten Fußpfette an die waagerechte Fußpfette Pos. 5.

④ Der Senkelriss aus Punkt P_2 (links) wird aus dem Grundriss rechtwinklig zur Fußpfettenlängskante in das Fußpfettenprofil übertragen. Es entsteht der senkrechte Abschnittsriss (links).

⑤ Die Lage der Höhenlinie H_0 zeigt, dass die geneigte Fußpfette unten keinen waagerechten Abschnitt benötigt.

⑥ Die Höhenlinie H_1 (OK-Fußpfette Pos. 5) stellt den waagerechten Abschnittsriss für die Aufklauung der geneigten Fußpfette auf die waagerechte obere Begrenzungsfläche der Fußpfette Pos. 5 dar.

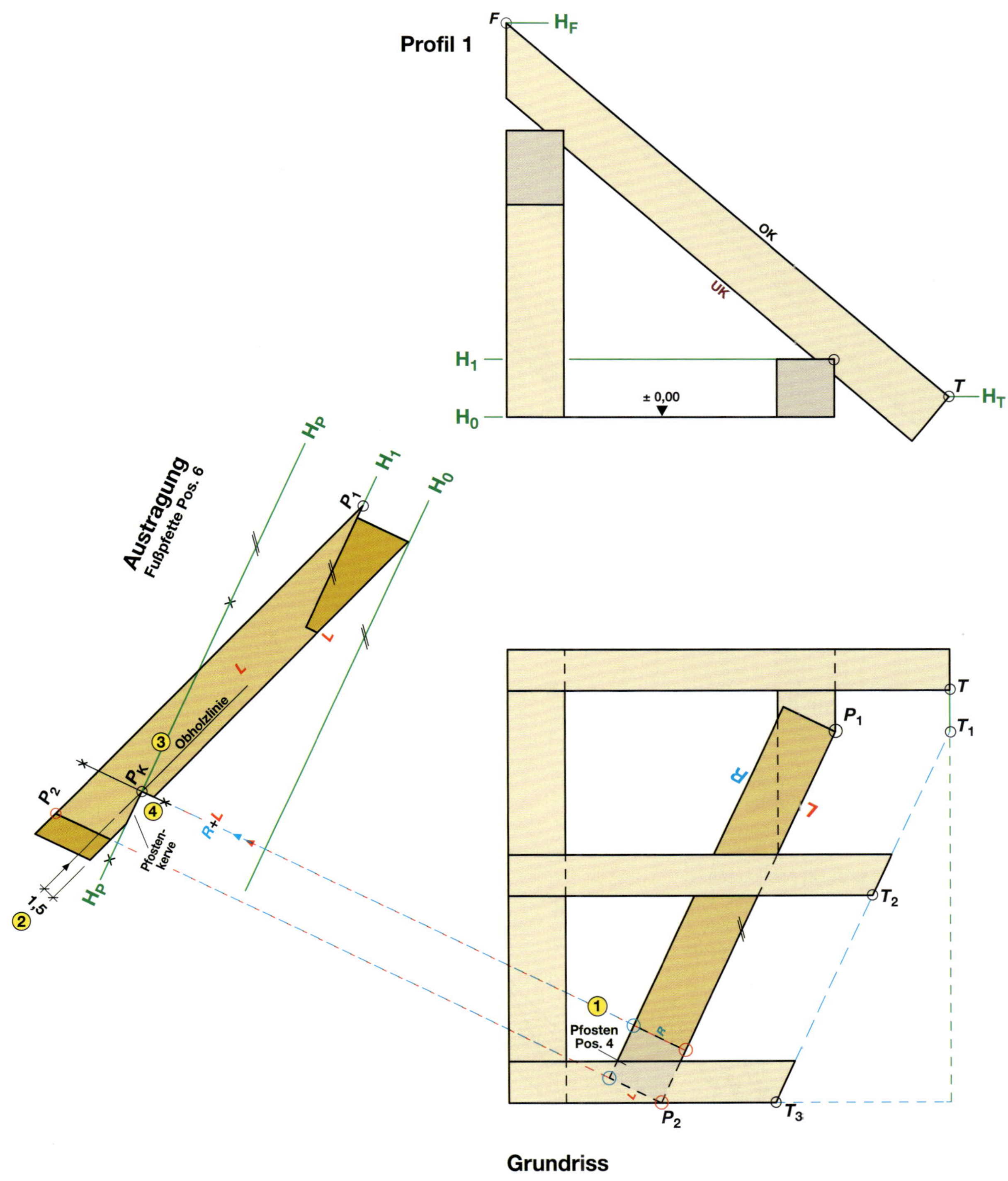

12.6 Austragung der Fußpfette Pos. 6
Ermittlung der Kerve für den Pfosten

① Im Grundriss wird der Pfosten Pos. 4 gemäß den gegebenen Maßen (siehe 12.1) eingezeichnet. Die Lage der Pfostenkanten wird aus dem Grundriss in das Fußpfettenprofil übertragen.

② Im Fußpfettenprofil wird von UK-Fußpfette das in der Aufgabenstellung angegebene rechtwinklige Obholz von **1,5 cm** angetragen. Die Obholzlinie schneidet die rechte Pfostenkante im Kerveneckpunkt P_K.

③ Der Kerveneckpunkt P_K legt den oberen Abschnitt des Pfostens Pos. 4 fest (Höhenlinie H_P = OK-Pfosten).

④ Nur der rechte Pfosten-Senkrelriss schneidet die Höhenlinie H_P innerhalb der geneigten Fußpfette. Somit entsteht eine normale Kerve.

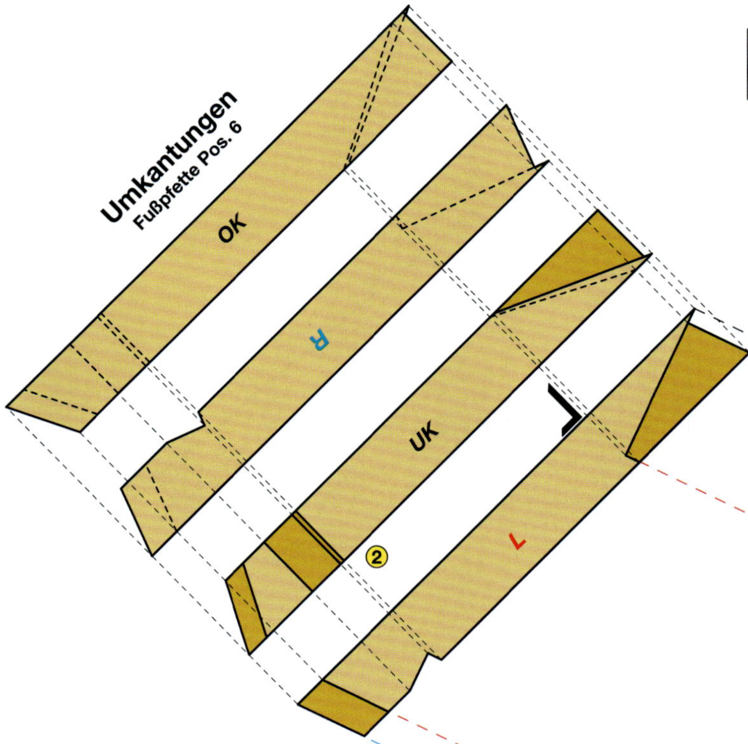

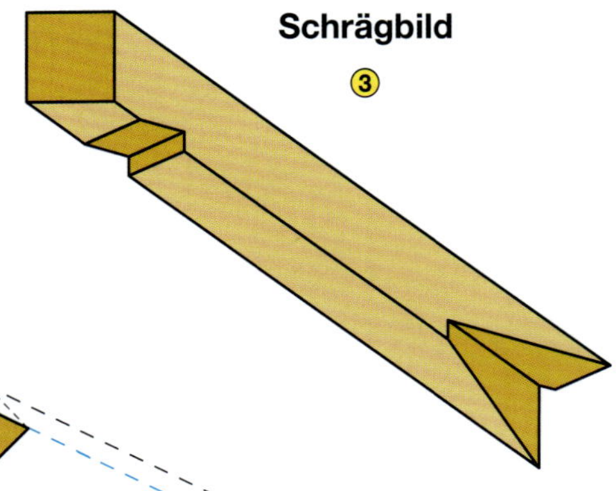

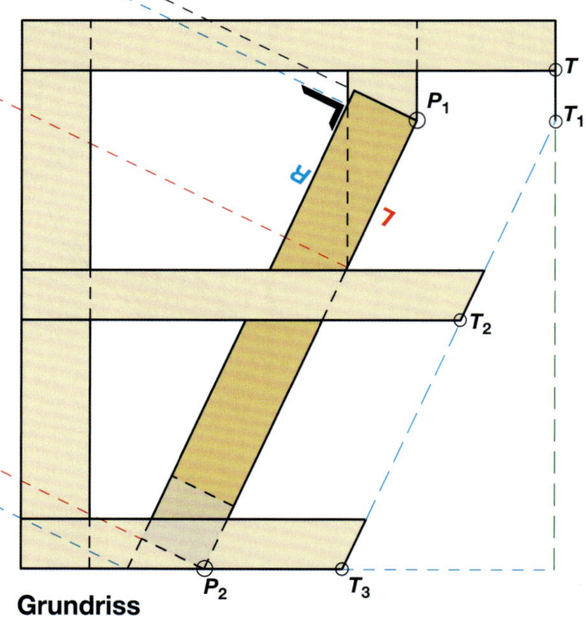

12.7 Umkantungen der geneigten Fußpfette Pos. 6

① Die Austragung (das Profil) der geneigten Fußpfette zeigt, dass die geneigte Fußpfette auf dem Pfosten aufliegt wie ein „normaler" Sparren auf der Pfette.

② Die Umkantung zeigt, dass die Kervenkanten – wie bei einem Sparren – parallel verlaufen.

③ Die Schrägansicht von unten verdeutlicht die Ausbildung der Aufklauung auf die waagerechte Fußpfette Pos. 5.

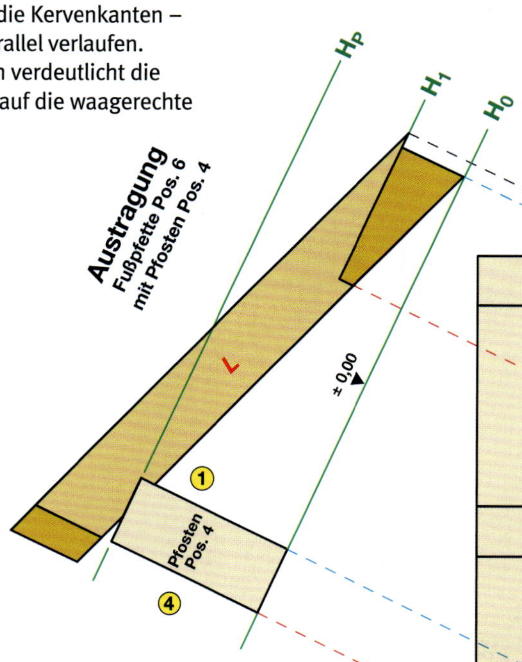

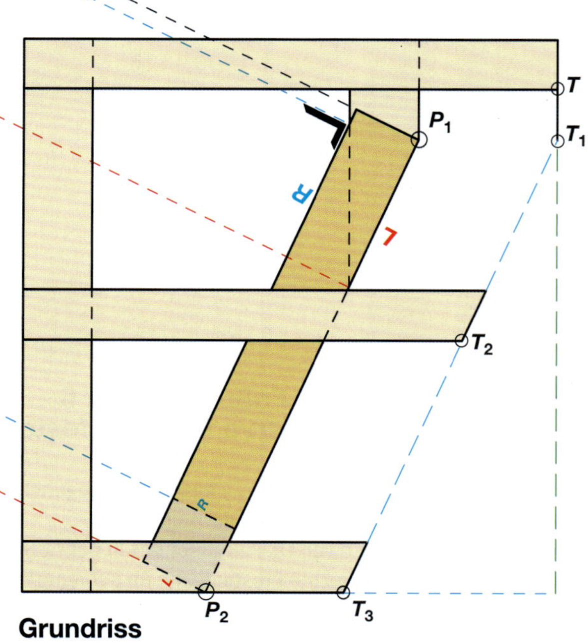

Wahre Größe des Pfostens Pos. 4

④ Die wahre Größe (Länge) des Pfostens Pos. 4 ergibt sich durch den senkrechten Abstand zwischen den Höhenlinien H_0 und H_P in der Austragung der Fußpfette Pos. 6.

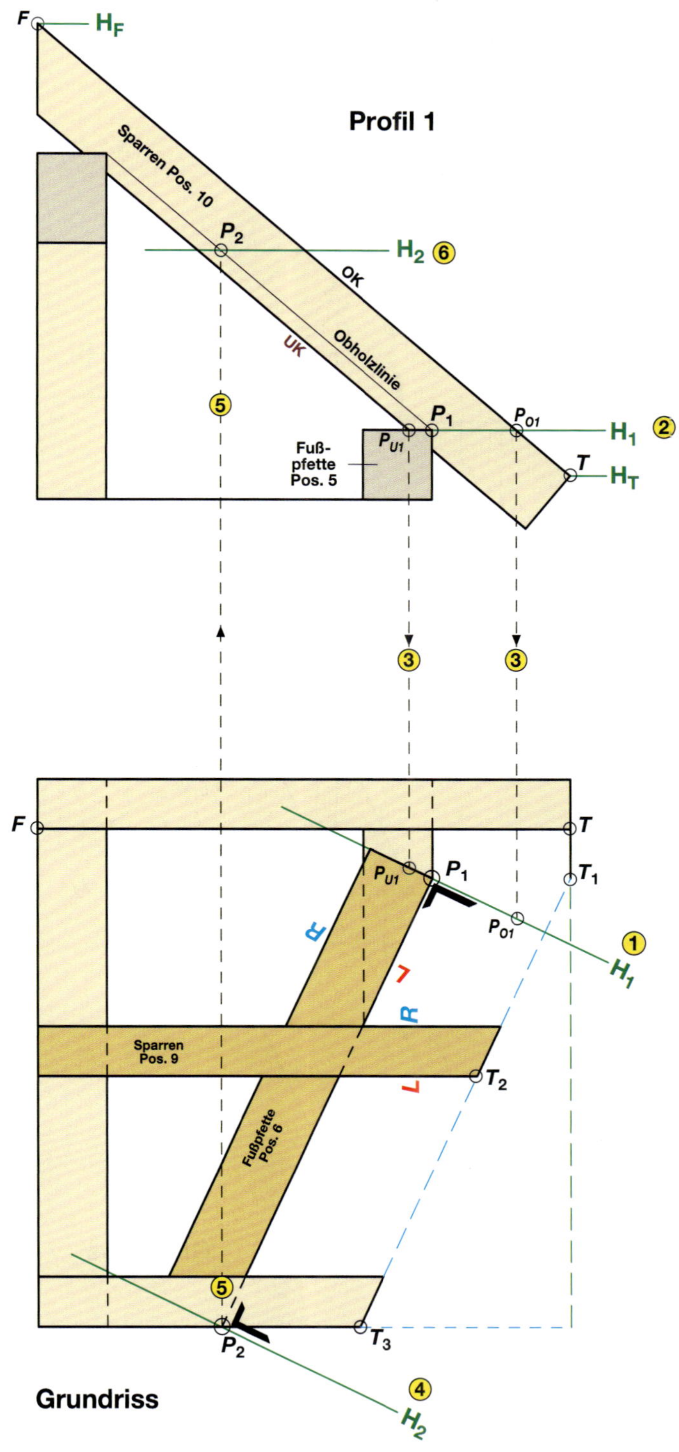

12.8 Verschneidung von oberer Fußpfettenfläche mit Sparrenober- und unterseite – Teil 1

① Höhenlinie H_1 durch den Punkt P_1 rechtwinklig zur Fußpfettengrundrichtung (Fußpfette Pos. 6) im Grundriss reißen.
② Höhenlinie H_1 (OK-Fußpfette Pos 4) in Profil 1 reißen.
③ Die Schnittpunkte der Höhenline H_1 mit OK-Sparren P_{01} und UK-Sparren P_{U1} im Profil 1 senkrecht in den Grundriss übertragen. Auf der Höhenlinie H_1 im Grundriss entstehen die Punkte P_{01} und P_{U1}.
④ Höhenlinie H_2 durch den Punkt P_2 rechtwinklig zur Fußpfettengrundrichtung (Fußpfette Pos. 6) im Grundriss reißen.
⑤ Vorderkante Fußpfette (H_2) senkrecht aus Punkt P_2 in das Profil 1 übertragen und mit der Obholzlinie schneiden. Es entsteht Punkt P_2 in Profil , womit auch die Lage der Höhenlinie H_2 im Profil ermittelt ist.
⑥ Höhenlinie H_2 durch Punkt P_2 in Profil 1 reißen.

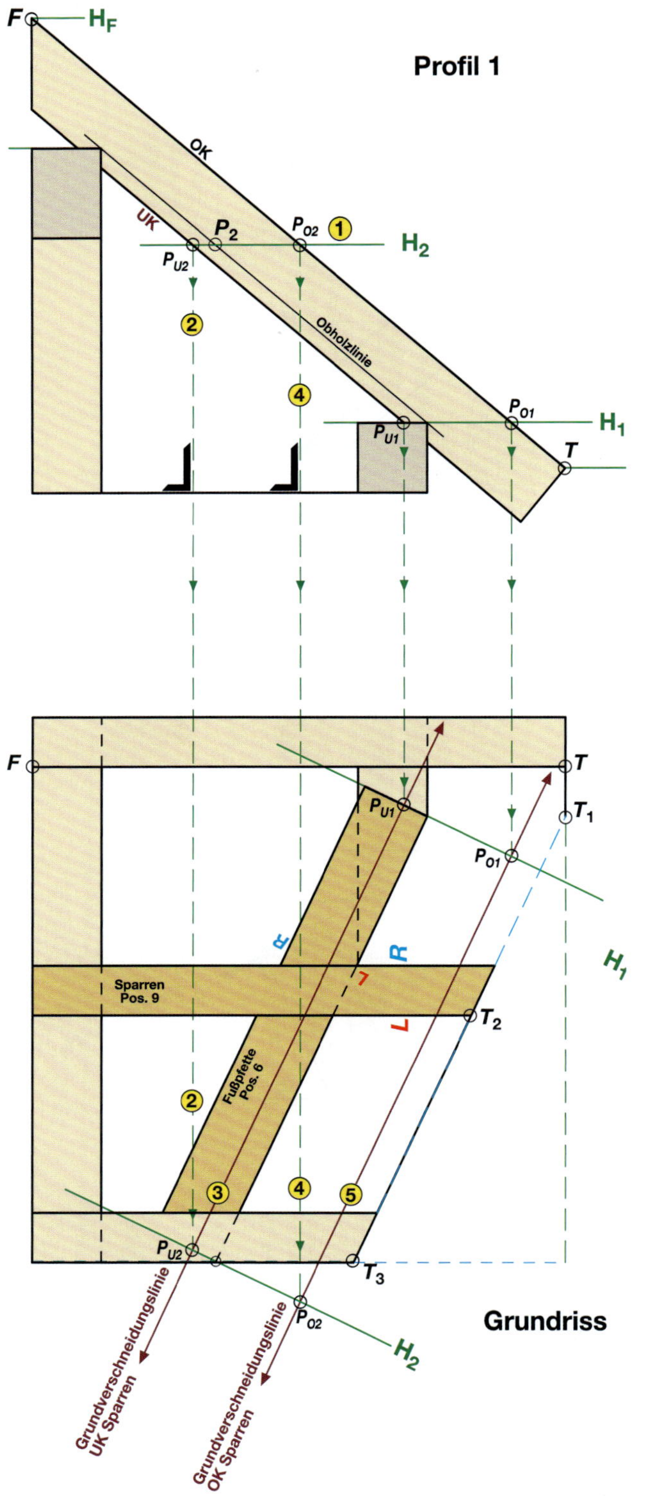

12.9 Verschneidung von oberer Fußpfettenfläche mit Sparrenober- und unterseite – Teil 2

① Höhenlinie H_2 schneidet im Profil OK-Sparren in P_{O2} und UK-Sparren in P_{U2}.
② Punkt P_{U2} senkrecht in den Grundriss auf Höhenlinie H_2 übertragen.
③ Die Gerade durch die Punkte P_{U1} und P_{U2} im Grundriss stellt die Grundverschneidungslinie UK-Sparren dar.
④ Punkt P_{O2} senkrecht in den Grundriss auf Höhenlinie H_2 übertragen.
⑤ Die Gerade durch die Punkte P_{O1} und P_{O2} im Grundriss stellt die Grundverschneidungslinie OK-Sparren dar.

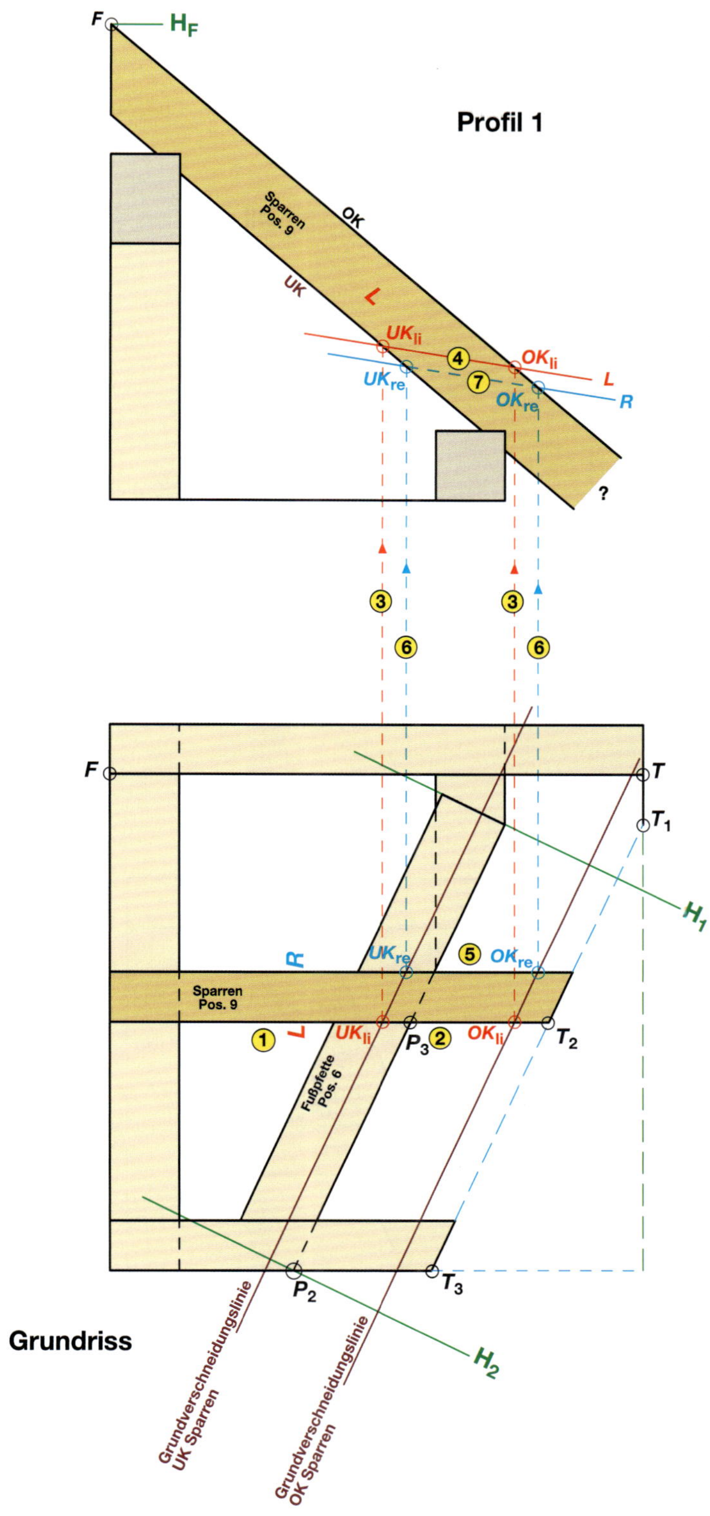

12.10 Austragung des Sparrens Pos. 9 – Ermittlung der Kervenneigung

① Sparren Pos. 9 im Grundriss festlegen und Rechte und Linke Seite bezeichnen (siehe auch 12.3).
② Im Grundriss die Schnittpunkte UK_{li} und OK_{li} der linken Sparrenkante mit den Grundverschneidungslinien UK-Sparren und OK-Sparren festlegen und bezeichnen.
③ Lage der Punkte UK_{li} und OK_{li} aus dem Grundriss in Profil 1 übertragen und dort auf UK- Sparren und auf OK-Sparern markieren.
④ Durch die Punkte UK_{li} und OK_{li} im Profil verläuft die Flucht der Oberkante der geneigten Fußpfette auf der linken Sparrenseite.
⑤ Im Grundriss die Schnittpunkte UK_{re} und OK_{re} der rechten Sparrenkante mit den Grundverschneidungslinien UK-Sparren und OK-Sparren festlegen und bezeichnen.
⑥ Lage der Punkte UK_{re} und OK_{re} aus dem Grundriss in Profil 1 übertragen und dort auf UK-Sparren und auf OK-Sparern markieren.
⑦ Durch die Punkte UK_{re} und OK_{re} verläuft die Flucht der Oberkante der geneigten Fußpfette auf der rechten Sparrenseite.

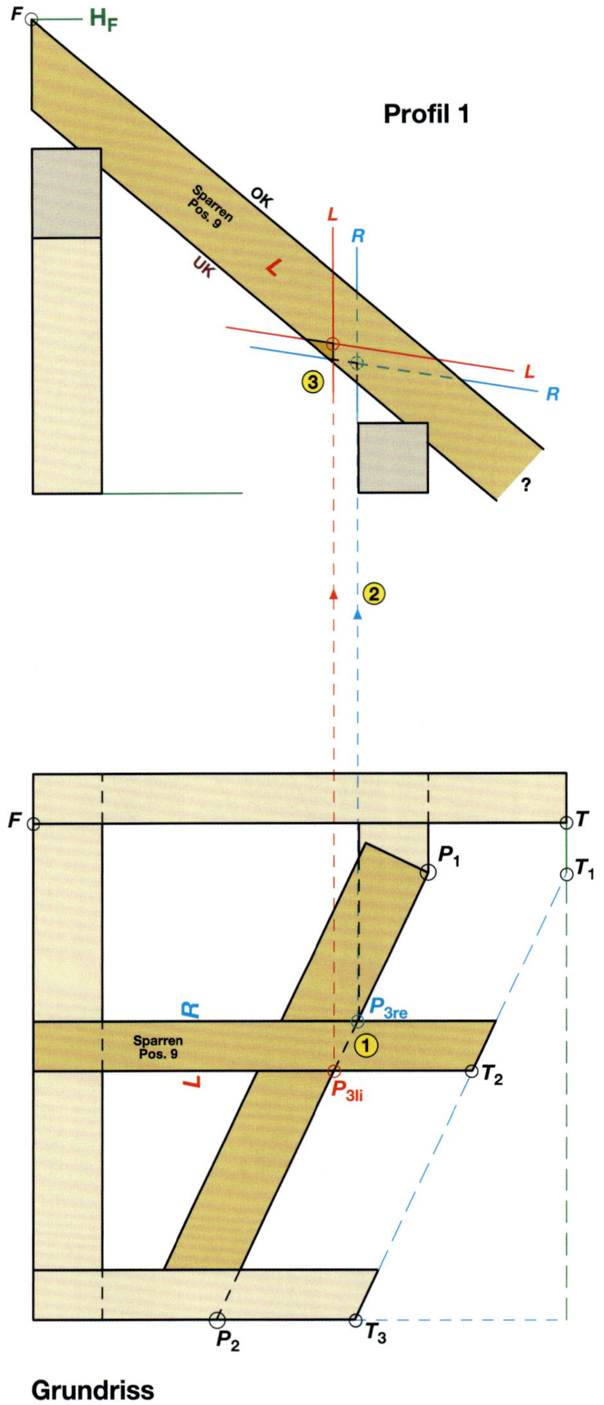

12.11 Austragung des Sparrens Pos. 9 - Ermittlung der Kervensenkel

① Die Schnittpunkte P_{3re} (rechts) und P_{3li} (links) der Sparren-Seitenkanten mit der Vorderkante der geneigten Fußpfette im Grundriss markieren und bezeichnen.

② Punkte P_{3re} (rechts) und P_{3li} (links) in das Profil übertragen und mit der jeweiligen Flucht der Oberkante der geneigten Fußpfette rechts beziehungsweise links verschneiden.

③ Damit ist die geneigte Sparrenkerve auf beiden Sparren-Seitenflächen eindeutig festgelegt und kann angerissen werden.

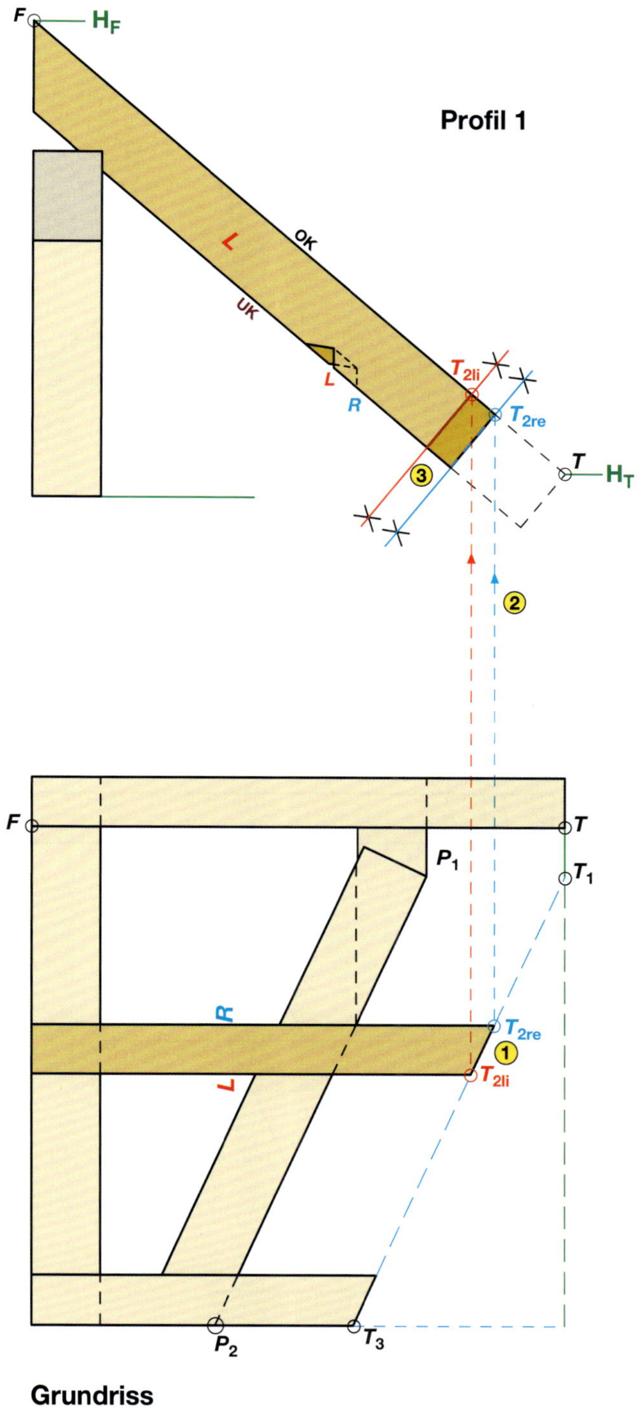

12.12 Austragung des Sparrens Pos. 9 - Ermittlung des Traufabschnitts

① Die Schnittpunkte T_{2re} (rechts) und T_{2li} (links) der Sparren-Seitenkanten mit der Grundlinie der geneigten Traufe im Grundriss markieren und bezeichnen.
② Punkte T_{2re} (rechts) und T_{2li} (links) in das Profil übertragen und dort auf OK-Sparren markieren und bezeichnen.
③ Rechtwinklig zu OK-Sparren den rechten und den linken Traufabschnittsriss reißen. Damit kann der Traufabschnitt angerissen werden.

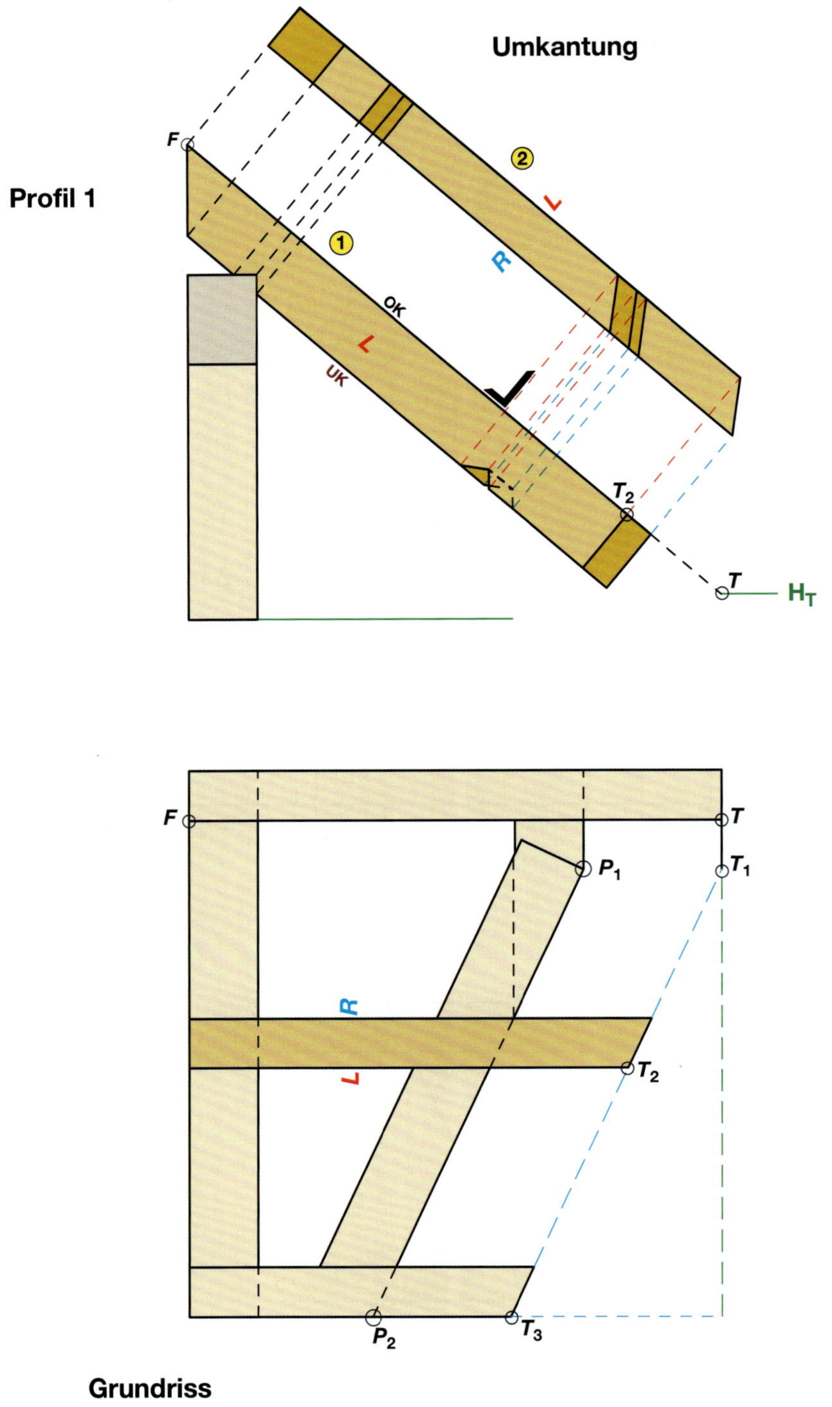

12.13 Austragung des Sparrens Pos. 9 – Umkantung

① Die Übertragung aller für das Aufreißen der Umkantung erforderlichen Punkte erfolgt rechtwinklig zu OK-Sparren.
② Die Umkantung zeigt den Sparren Pos. 9 in der Unteransicht.

Aufgabe 13

Geneigte Fußpfette mit senkrecht stehendem Sparren

In dieser Aufgabe geht es um einen schrägen Sparren – zum Beispiel einen schrägen Giebelsparren – der mit seinen Seitenflächen senkrecht eingebaut wird und auf einer geneigten Fußpfette aufliegt.

Der Einbau mit senkrechten Seitenflächen hat zur Folge, dass der schräge Sparren abgegratet werden muss.
Der schräge Sparren weist folgende Dimensionen auf: ***b* = 5 cm, *h* = 9 cm.**

Das rechtwinklige Obholz bei den **Normalsparren** beträgt **5,5** cm.
Die Fußpfetten weisen die Dimension ***b* = 7 cm, *h* = 7 cm** auf.

Der **Pfosten Pos. 5** dient – ähnlich wie eine Pfette – als Auflager für die geneigte **Fußpfette Pos. 7**.

Das rechtwinklige Obholz an der geneigten **Fußpfette zum Pfosten** beträgt **1,5 cm**.

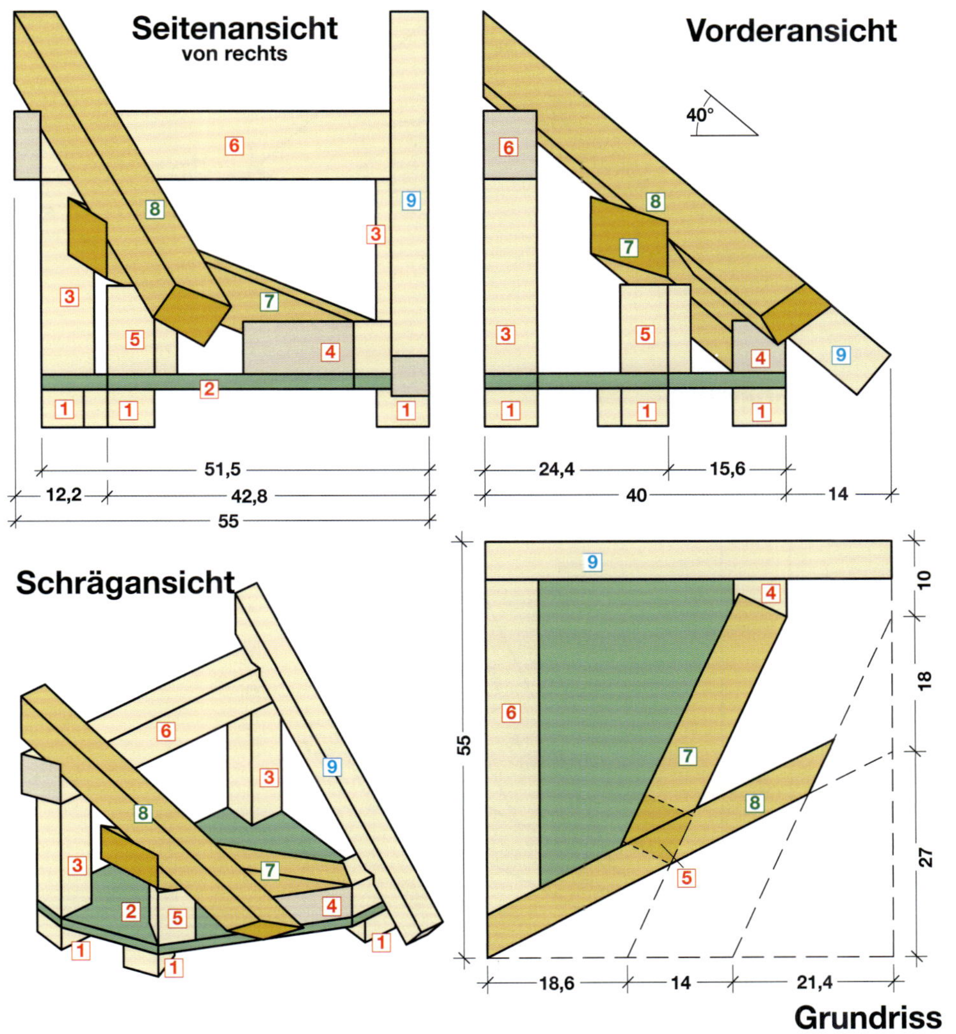

13.1: Das Modell für die Aufgabe 13 in Grundriss, Vorderansicht, Seitenansicht und Schrägansicht.

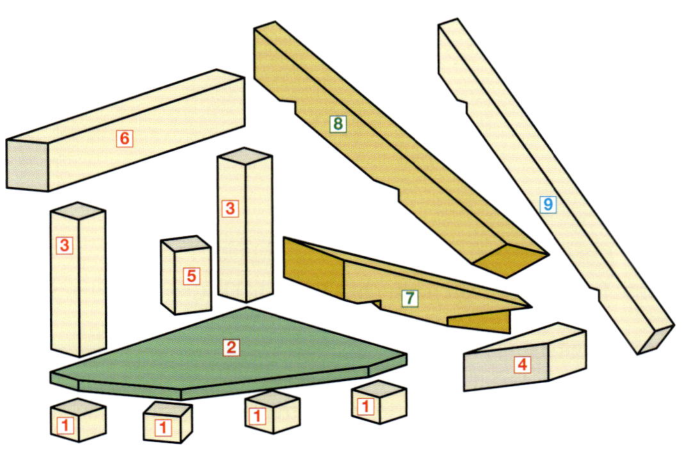

Holzliste

Position	Bezeichnung	Anzahl	Breite [cm]	Höhe [cm]	Länge [cm]
1	Pfosten	4	7	7	5
2	Bodenplatte	1	40	2	55
3	Pfosten	2	7	7	31
4	Fußpfette	1	7	7	26
5	Pfosten	1	7	7	12
6	Firstpfette	1	7	9	53
7	Fußpfette geneigt	1	7	7	51
8	Schräger Sparren	1	5	9	68
9	Sparren	1	5	7	71

13.2: Explosionszeichnung und Holzliste des Modells. Die Pfosten und Pfetten sind rot, die geneigte Fußpfette und der schräge Sparren grün, und der Sparren ist blau bezeichnet.

Profil 1
Dachneigung 40°
①

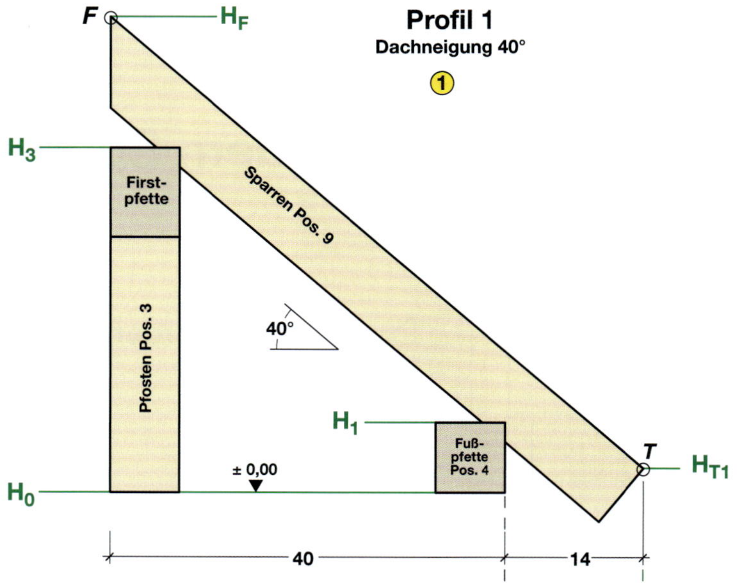

Grundriss
②

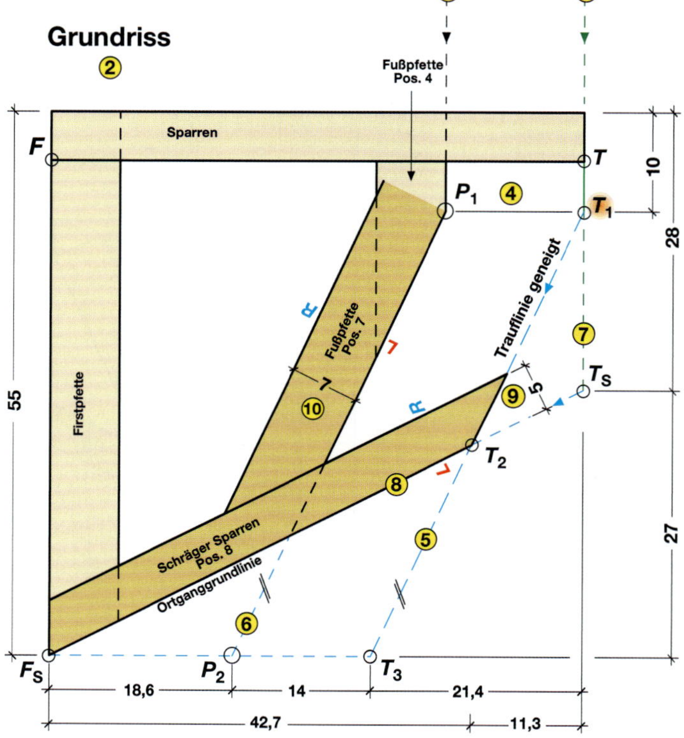

Dachausmittlung
ohne Maßstab

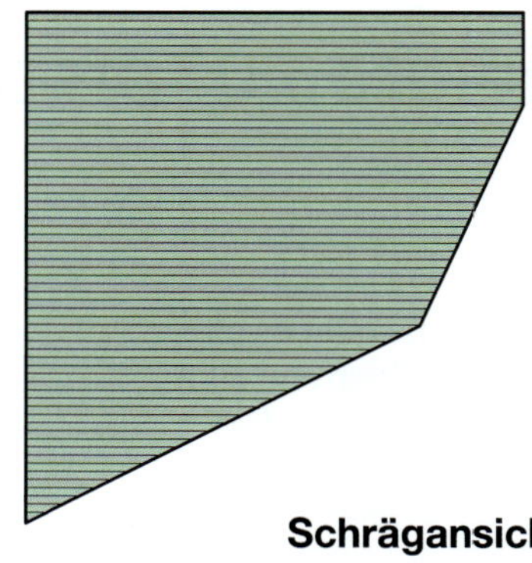

Schrägansicht

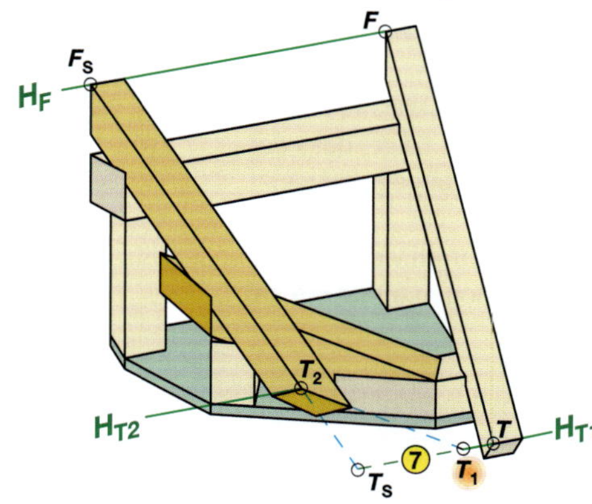

In der Praxis läge unter dem „Traufenknick" Punkt T_1 ein Sparren. Wegen der besseren Übersichtlichkeit ist dies hier nicht der Fall.

Schrägansicht
ohne Sparren

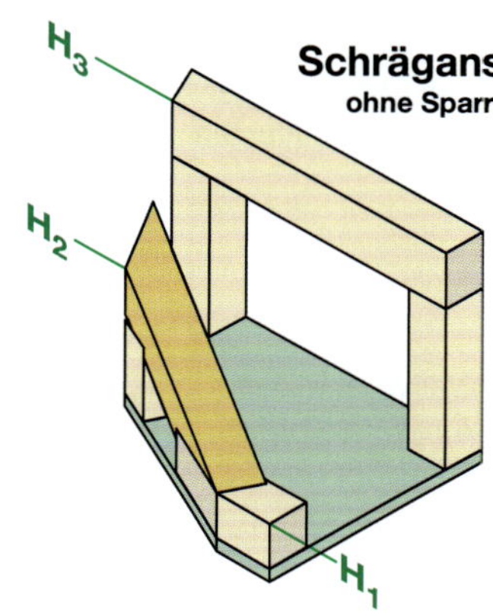

13.3 Grundriss und Profile

① Profil 1 aufreißen.
② Grundriss unter Profil 1 anordnen.
③ Vorderkante Fußpfette Pos. 4 im Grundriss eintragen und die waagerechte Trauflinie $\mathbf{H}_{T1}$ von Traufpunkt ***T*** (Profil 1) in Grundriss eintragen.
④ Mit Grundmaß 10 cm Eckpunkt P_1 und Traufpunkt T_1 festlegen.
⑤ Mit Grundmaß 21,4 cm die Grundrichtung der geneigten Traufe festlegen. Es entsteht Punkt T_3.
⑥ Parallel dazu die Vorderkante der geneigten Fußpfette im Grundriss durch Punkt P_1 reißen. Es entsteht Punkt P_2.
⑦ Mit Grundmaß 28 cm den Traufpunkt T_S des schrägen Sparrens auf der waagerechten Trauflinie (Normalsparren) festlegen.
⑧ Lage des schrägen Sparrens im Grundriss durch Verbindung des Traufpunkts T_S und des Firstpunkts F_S festlegen.
⑨ Breite (5 cm) des schrägen Sparrens antragen und rechte (*R*) und linke (*L*) Seite bezeichnen.
⑩ Breite (7 cm) der geneigten Fußpfette Pos. 7 antragen und rechte (*R*) und linke (*L*) Seite bezeichnen.

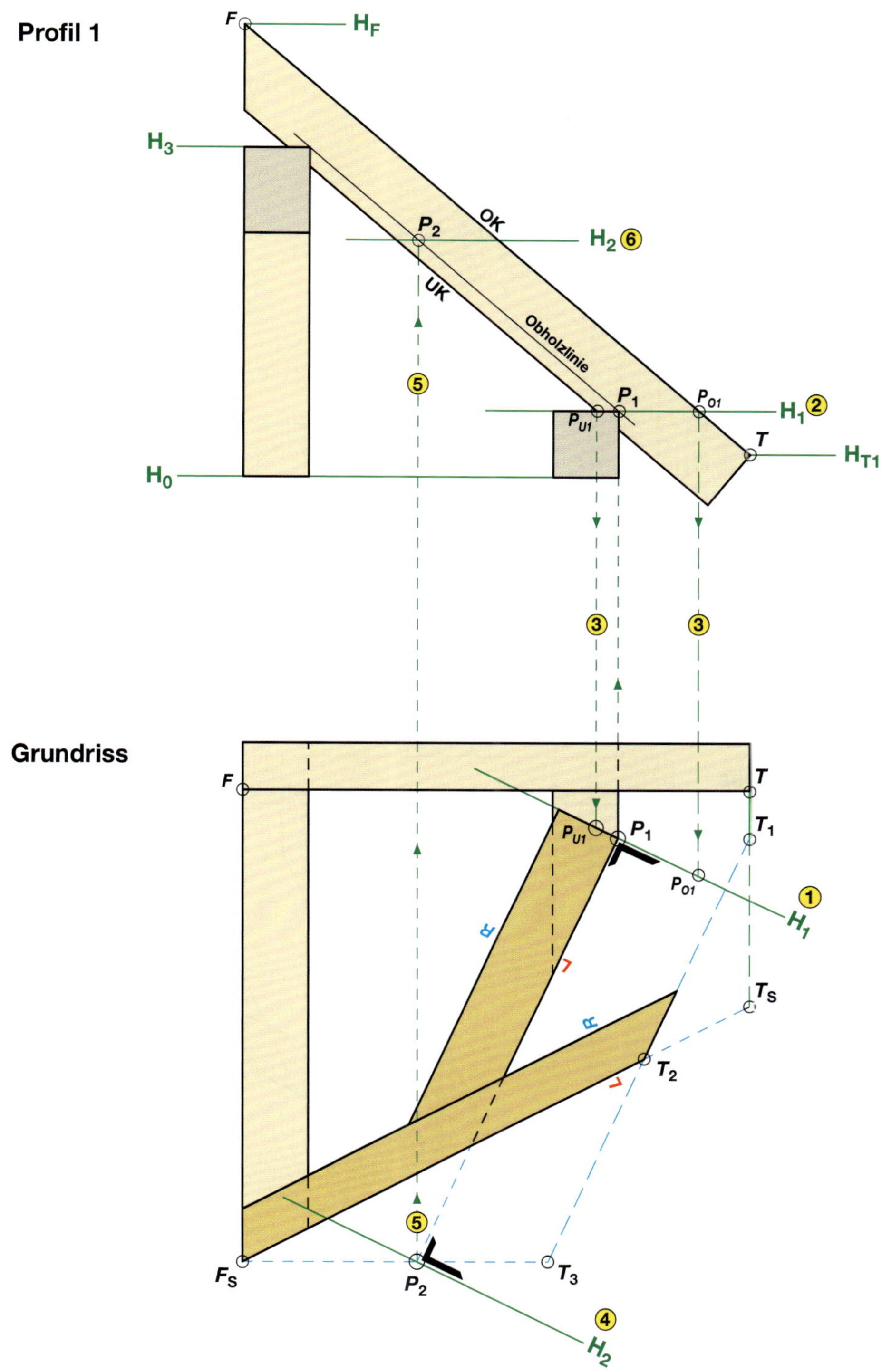

13.4 Verschneidung von oberer Fußpfettenfläche mit Sparrenober- und unterseite – Teil 1

① Höhenlinie H_1 durch den Punkt P_1 rechtwinklig zur Fußpfettengrundrichtung (Fußpfette Pos. 7) im Grundriss reißen.
② Höhenlinie H_1 (OK-Fußpfette Pos 4) in Profil 1 reißen.
③ Die Schnittpunkte der Höhenline H_1 mit OK-Sparren P_{01} und UK-Sparren P_{U1} im Profil 1 senkrecht in den Grundriss übertragen. Auf der Höhenlinie H_1 im Grundriss entstehen die Punkte P_{01} und P_{U1}.
④ Höhenlinie H_2 durch den Punkt P_2 rechtwinklig zur Fußpfettengrundrichtung (Fußpfette Pos. 7) im Grundriss reißen.
⑤ Vorderkante Fußpfette (H_2) senkrecht aus Punkt P_2 in das Profil 1 übertragen und mit der Obholzlinie schneiden. Es entsteht Punkt P_2.
⑥ Höhenlinie H_2 durch Punkt P_2 in Profil 1 reißen.

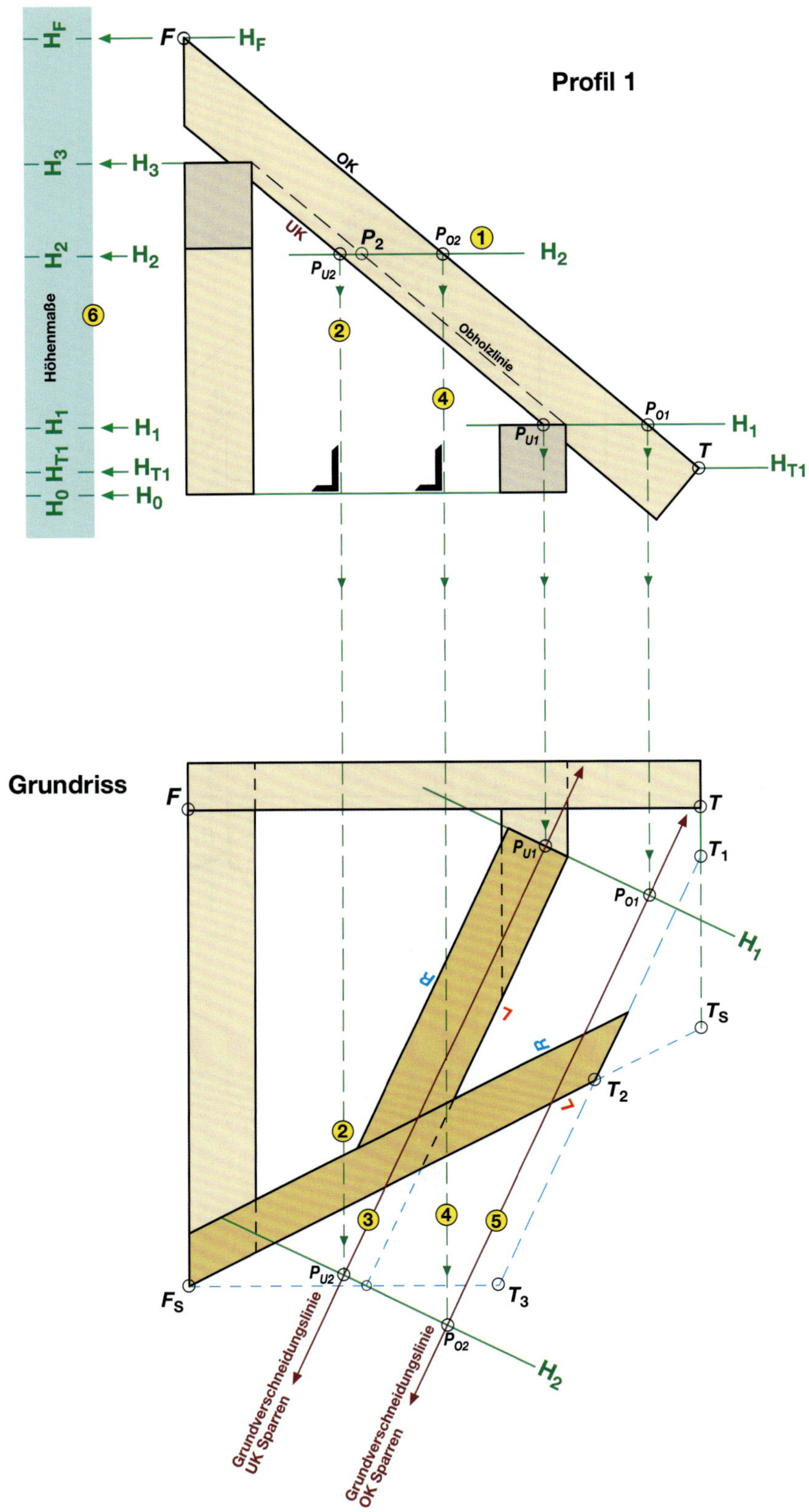

13.5 Verschneidung von oberer Fußpfettenfläche mit Sparrenober- und unterseite – Teil 2

① Höhenlinie H_2 schneidet im Profil OK-Sparren in P_{O2} und UK-Sparren in P_{U2}.
② Punkt P_{U2} senkrecht in den Grundriss auf Höhenlinie H_2 übertragen.
③ Die Gerade durch die Punkte P_{U1} und P_{U2} im Grundriss stellt die Grundverschneidungslinie UK-Sparren dar.
④ Punkt P_{O2} senkrecht in den Grundriss auf Höhenlinie H_2 übertragen.
⑤ Die Gerade durch die Punkte P_{O1} und P_{O2} im Grundriss stellt die Grundverschneidungslinie OK-Sparren dar.
⑥ Höhenmaße auf Höhenmaßlatte übertragen.

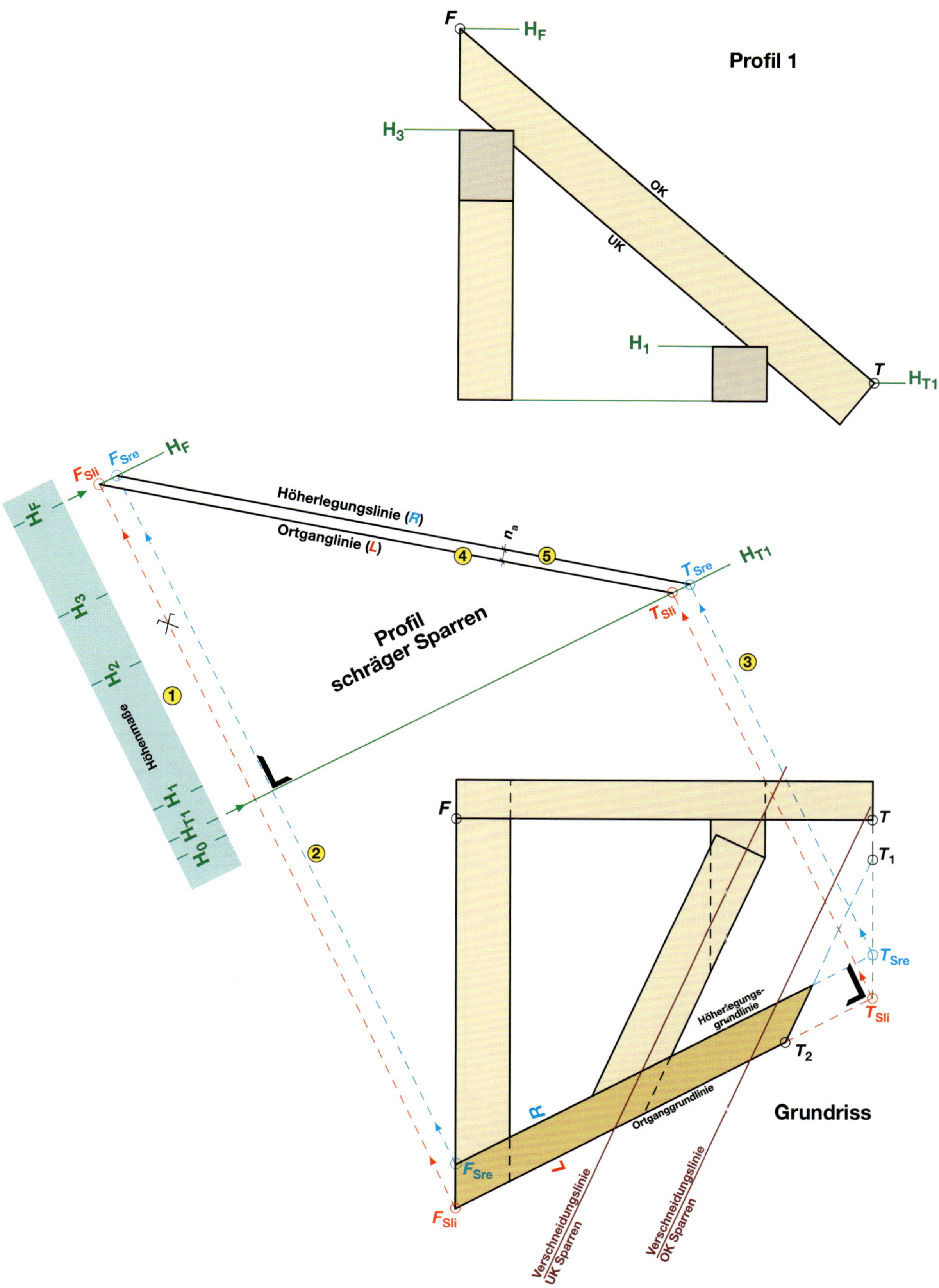

13.6 Austragung des schrägen Sparrens

① Das Profil des schrägen Sparrens rechtwinklig zu seinen Grundrisslängskanten austragen und die Höhen H_{T1} und H_F mit Höhenmaßlatte antragen.

② Die Firstpunkte rechts F_{Sre} und links F_{Sli} auf die Höhenlinie H_F im Profil des schrägen Sparrens übertragen.

③ Die Traufpunkte rechts T_{Sre} und links T_{Sli} auf die Höhenlinie H_{T1} im Profil des schrägen Sparrens übertragen.

④ Die Ortganggrundlinie (linke obere Kante des schrägen Sparrens) als Verbindungslinie zwischen den Punkten F_{Sli} und T_{Sli} reißen.

⑤ Die Höherlegungslinie (rechte obere Kante des schrägen Sparrens) als Verbindungslinie zwischen den Punkten F_{Sre} und T_{Sre} reißen.

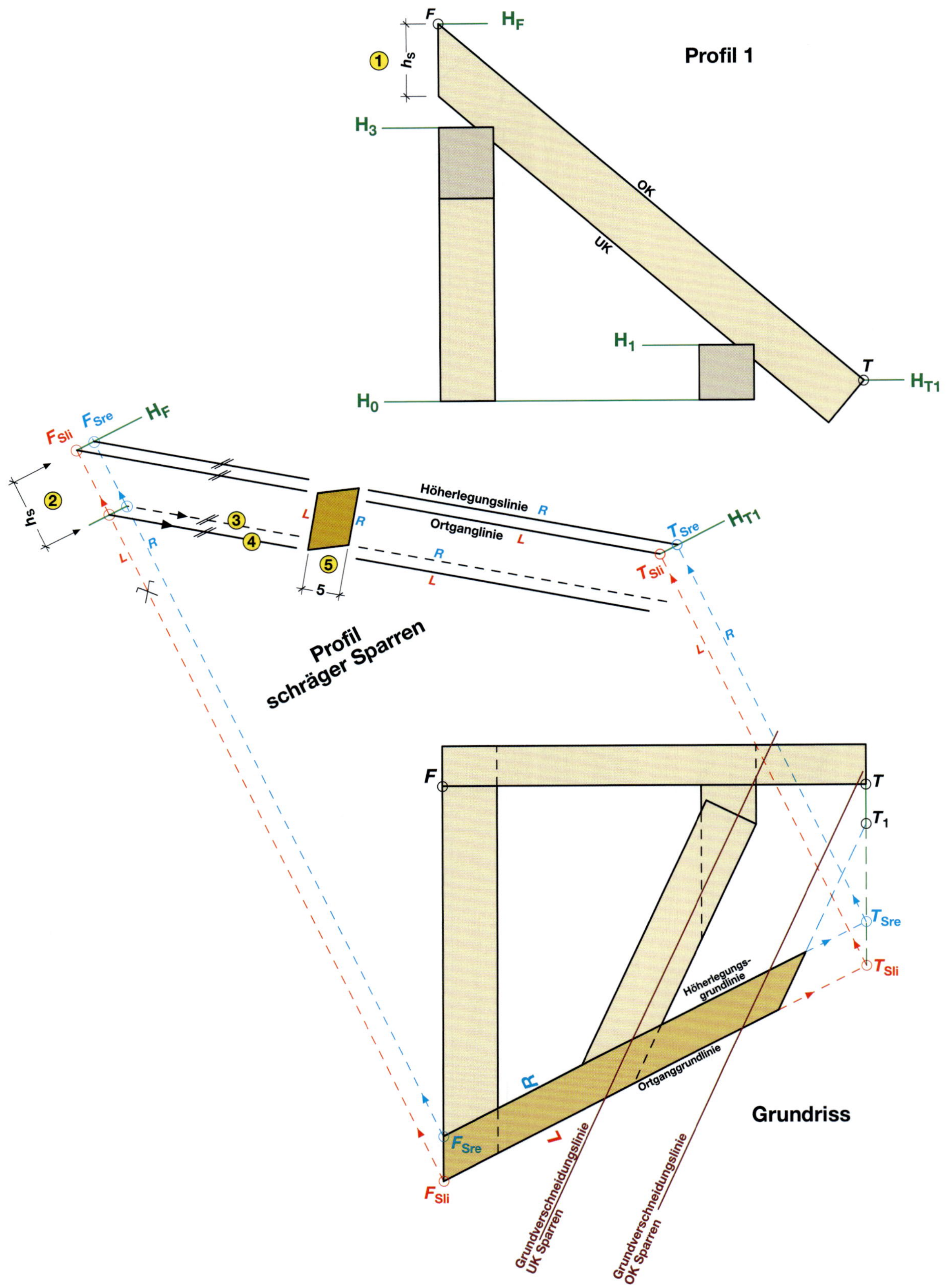

13.7 Ermittlung der Pfettenkerven: 1. Anpassung der Höhe des schrägen Sparrens an den Normalsparren

① Um die Kerve anreißen zu können, ist es erforderlich, dass die untere Begrenzungsfläche ("Unterkante") des schrägen Sparrens bekannt ist. Ausgegangen wird von der senkrechten Höhe h_s ("Senkelhöhe") des Normalsparrens in Profil 1.
② Die Höhe h_s wird im Schrägsparrenprofil senkrecht von den Firstpunkten F_{Sli} und F_{Sre} abgetragen.
③ Die Unterkante rechts (*R*) wird als Parallele zur Höherlegungslinie gerissen.
④ Die Unterkante links (*L*) wird als Parallele zur Ortganggrundlinie gerissen.
⑤ Rechtwinklig zur Höherlegungslinie kann nun der Querschnitt des schrägen Sparrens mit seiner Breite von 5 cm dargestellt werden.

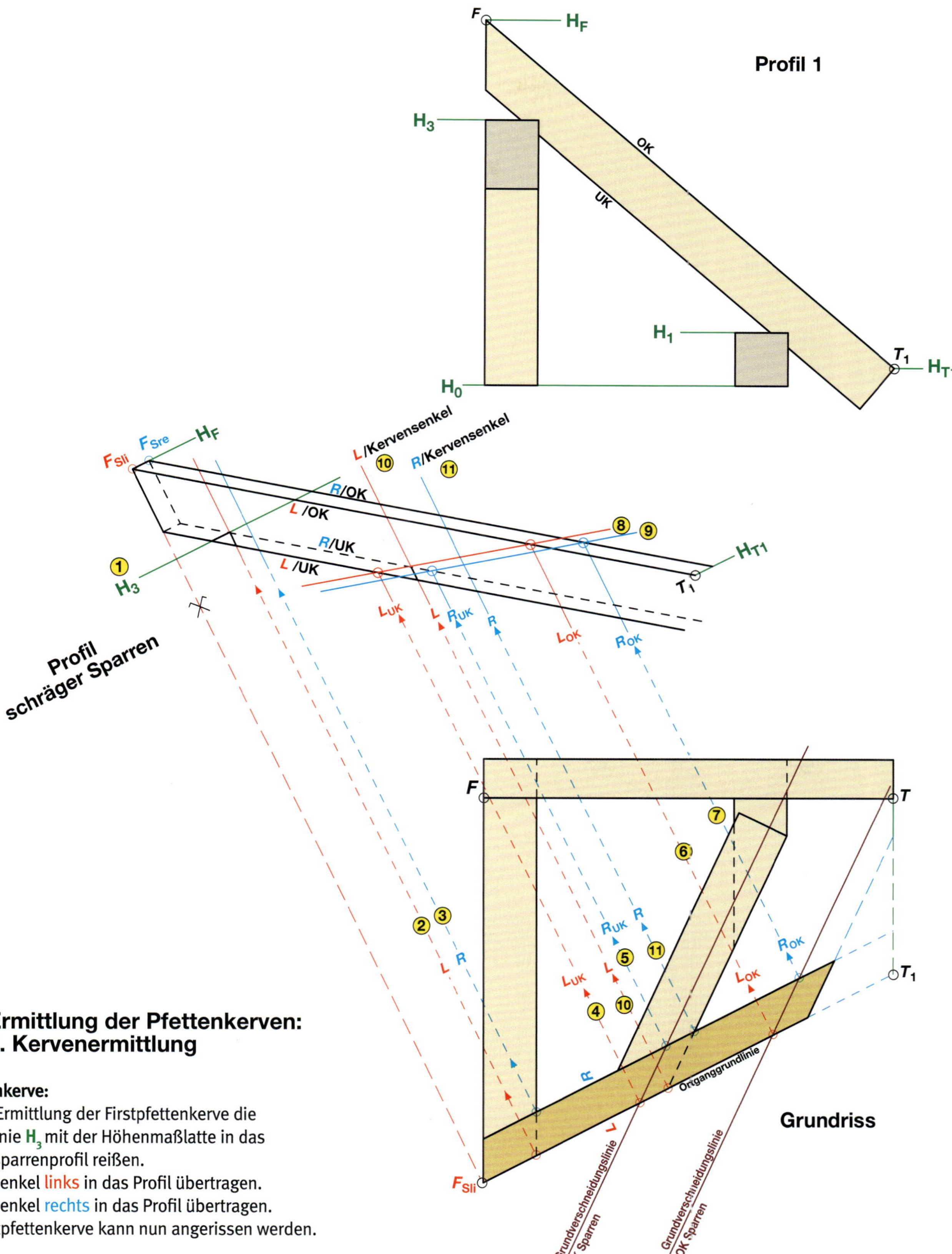

13.8 Ermittlung der Pfettenkerven: 2. Kervenermittlung

Firstpfettenkerve:

① Für die Ermittlung der Firstpfettenkerve die Höhenlinie H_3 mit der Höhenmaßlatte in das Schrägsparrenprofil reißen.
② Kervensenkel links in das Profil übertragen.
③ Kervensenkel rechts in das Profil übertragen.
Die Firstpfettenkerve kann nun angerissen werden.

Fußpfettenkerve (geneigte Fußpfette Pos 7):

④ UK-Sparren links aus Grundriss zu UK-Sparren links im Profil übertragen.
⑤ UK-Sparren rechts aus Grundriss zu UK-Sparren rechts im Profil übertragen.
⑥ OK-Sparren links aus Grundriss zu OK-Sparren links im Profil übertragen.
⑦ OK-Sparren rechts aus Grundriss zu OK-Sparren rechts im Profil übertragen.
⑧ Kervenschmiege links reißen.
⑨ Kervenschmiege rechts reißen.
⑩ Kervensenkel links reißen.
⑪ Kervensenkel rechts reißen.

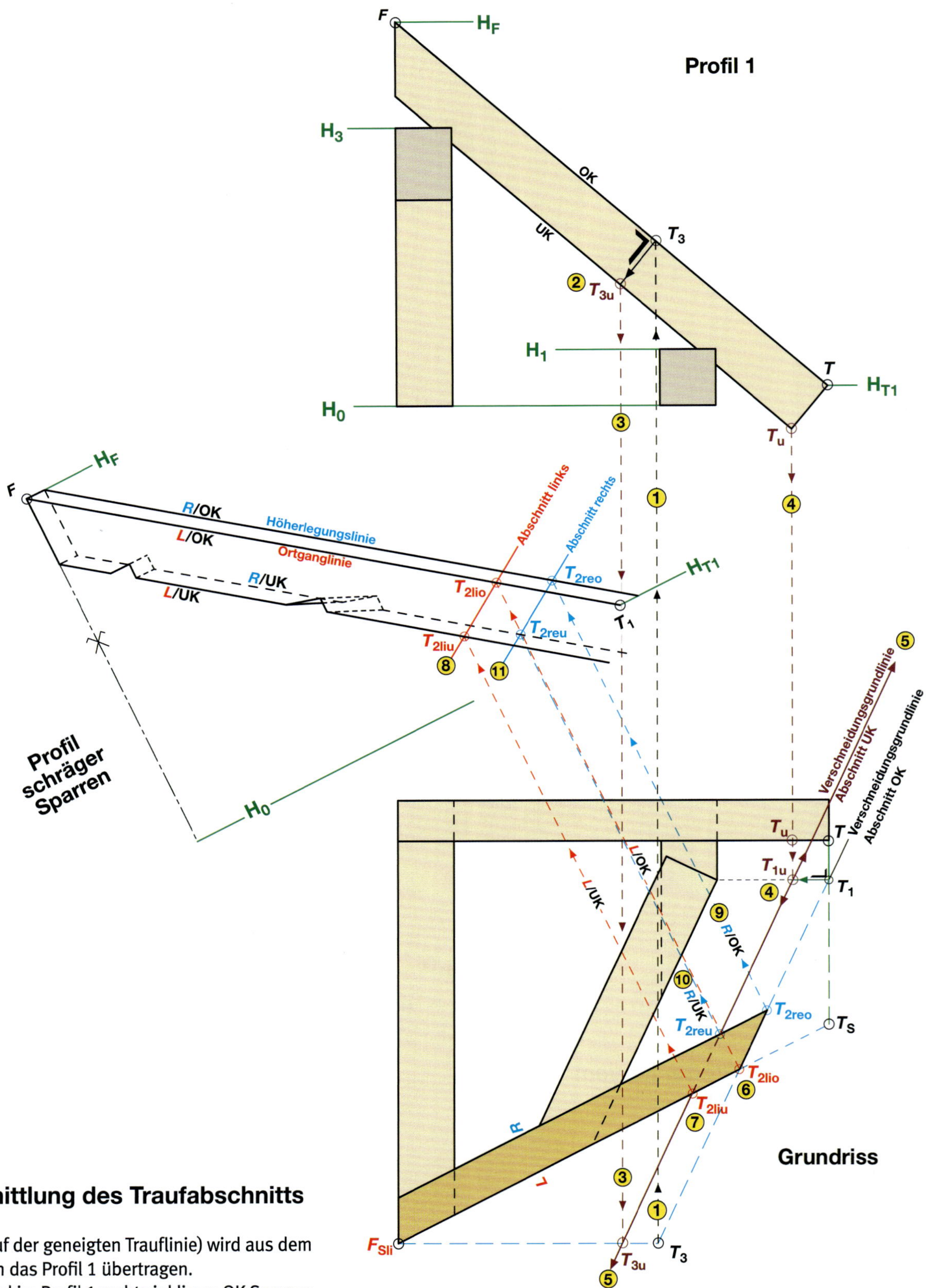

13.9 Ermittlung des Traufabschnitts

① Punkt T_3 (auf der geneigten Trauflinie) wird aus dem Grundriss in das Profil 1 übertragen.

② Punkt T_3 wird im Profil 1 rechtwinklig zu OK-Sparren auf UK-Sparren übertragen. Es entsteht Punkt T_{3u}.

③ Punkt T_{3u} wird in den Grundriss auf die Grundlinie T_3–F_{Sli} übertragen.

④ Der Senkelriss aus dem Traufabschnittspunkt (unten) T_u in Profil 1 schneidet im Grundriss die Rechtwinklige aus T_1 in T_{1u}.

⑤ Die Verbindungslinie T_{1u} – T_{3u} ist die Verschneidungsgrundlinie von UK-Abschnitt.

⑥ Traufpunkt (oben) T_{2lio} aus dem Grundriss in das Schrägsparrenprofil übertragen und dort auf der Ortganglinie (*L*/OK) markieren.

⑦ Traufpunkt (unten) T_{2liu} aus dem Grundriss in das Schrägsparrenprofil übertragen und dort auf UK-Sparren (*L*/UK) markieren.

⑧ Abschnittsriss (links) verläuft durch die Punkte T_{2lio} und T_{2liu}.

⑨ Traufpunkt (oben) T_{2reo} aus dem Grundriss in das Schrägsparrenprofil übertragen und dort auf der Höherlegungslinie (*R*/OK) markieren.

⑩ Traufpunkt (unten) T_{2reu} aus dem Grundriss in das Schrägsparrenprofil übertragen und dort auf UK-Sparren (*R*/UK) markieren.

⑪ Abschnittsriss (rechts) verläuft durch die Punkte T_{2reo} und T_{2reu}.

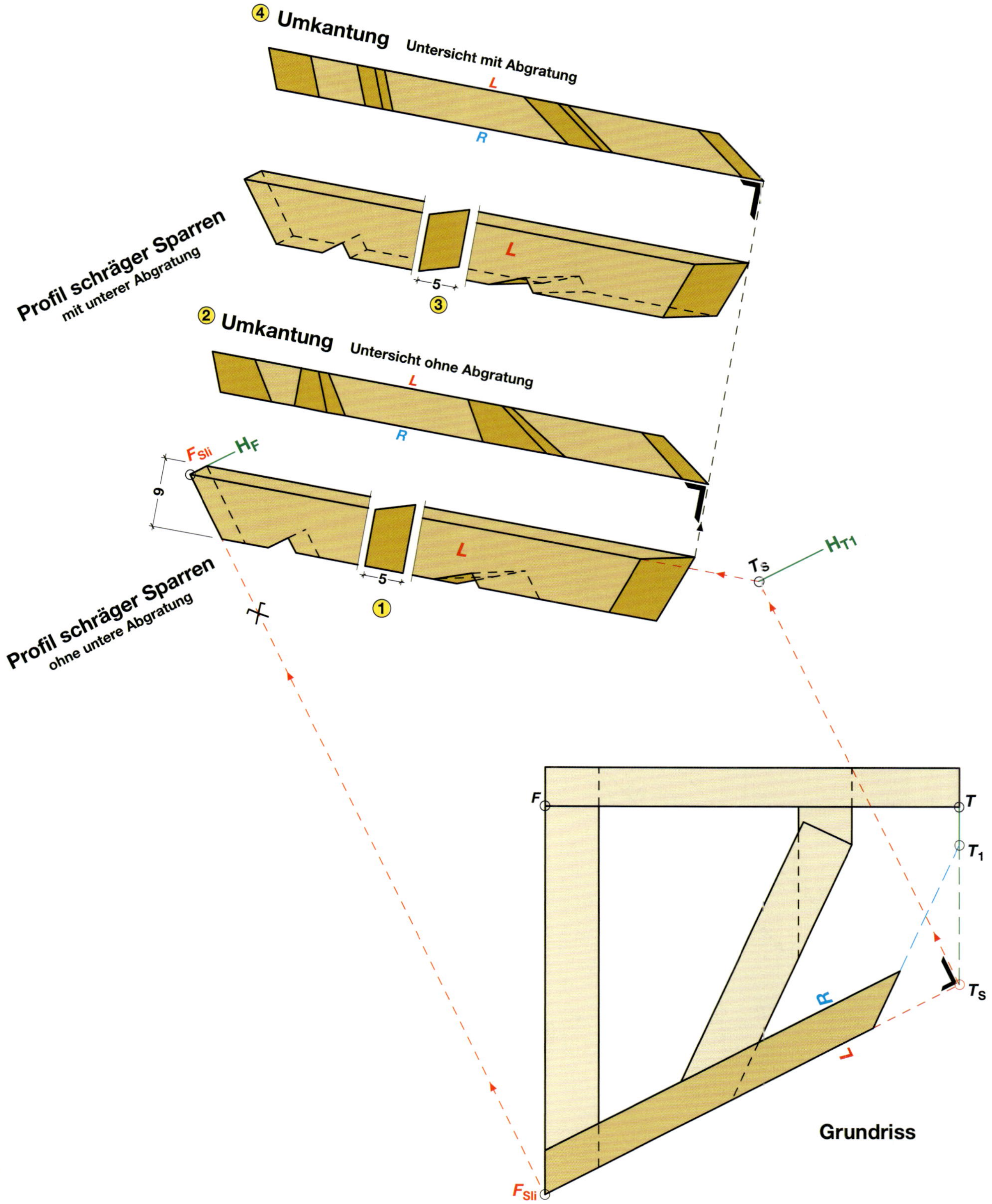

13.10 Schräger Sparren in senkrechter Einbaulage Vergleich der Ausführungen mit und ohne untere Anpassung an die Normalsparrenhöhe (untere Abgratung)

① Der Querschnitt verdeutlicht die obere Abgratung. Unten ist hier keine Anpassung erfolgt.
② Die Umkantung mit Blick auf die Unterseite des schrägen Sparrens zeigt, dass die Kervenkanten nicht parallel verlaufen.
③ Zum Vergleich daneben das Profil des schrägen Sparrens mit Anpassung/unterer Abgratung aus Bild 13.9.
④ Die Umkantung mit Blick auf die Unterseite des schrägen Sparrens mit Anpassung zeigt, dass die Kervenkanten parallel verlaufen.

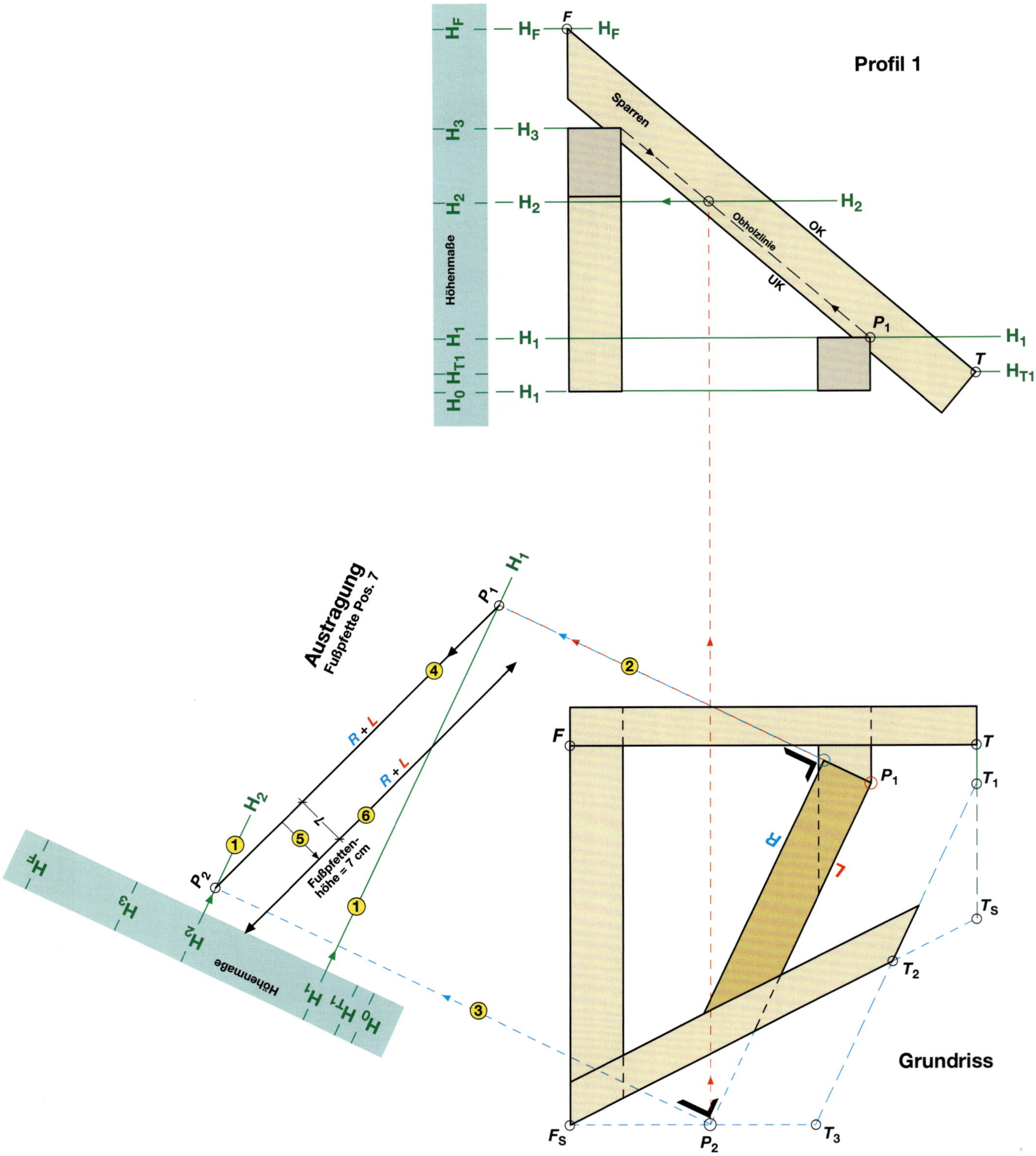

13.11 Austragung der Fußpfette Pos. 7 Ermittlung der Fußpfettenneigung

① Höhenlinien H_1 und H_2 parallel zur Fußpfettenlängskante in der Austragung festlegen.
② Punkt P_1 wird aus dem Grundriss rechtwinklig zur Fußpfettenlängskante in die Austragung übertragen. Punkt P_1 liegt auf Höhe H_1.
③ Punkt P_2 wird aus dem Grundriss rechtwinklig zur Fußpfettenlängskante in die Austragung übertragen. Punkt P_2 liegt auf Höhe H_2.
④ Die Verbindungslinie zwischen den Punkten P_1 und P_2 ist die Neigungslinie (OK) der geneigten Fußpfette.
⑤ Die Höhe der Fußpfette wird rechtwinklig zur OK-Fußpfette mit 7 cm abgetragen.
⑥ Parallel zu OK-Fußpfette wird UK-Fußpfette gerissen.

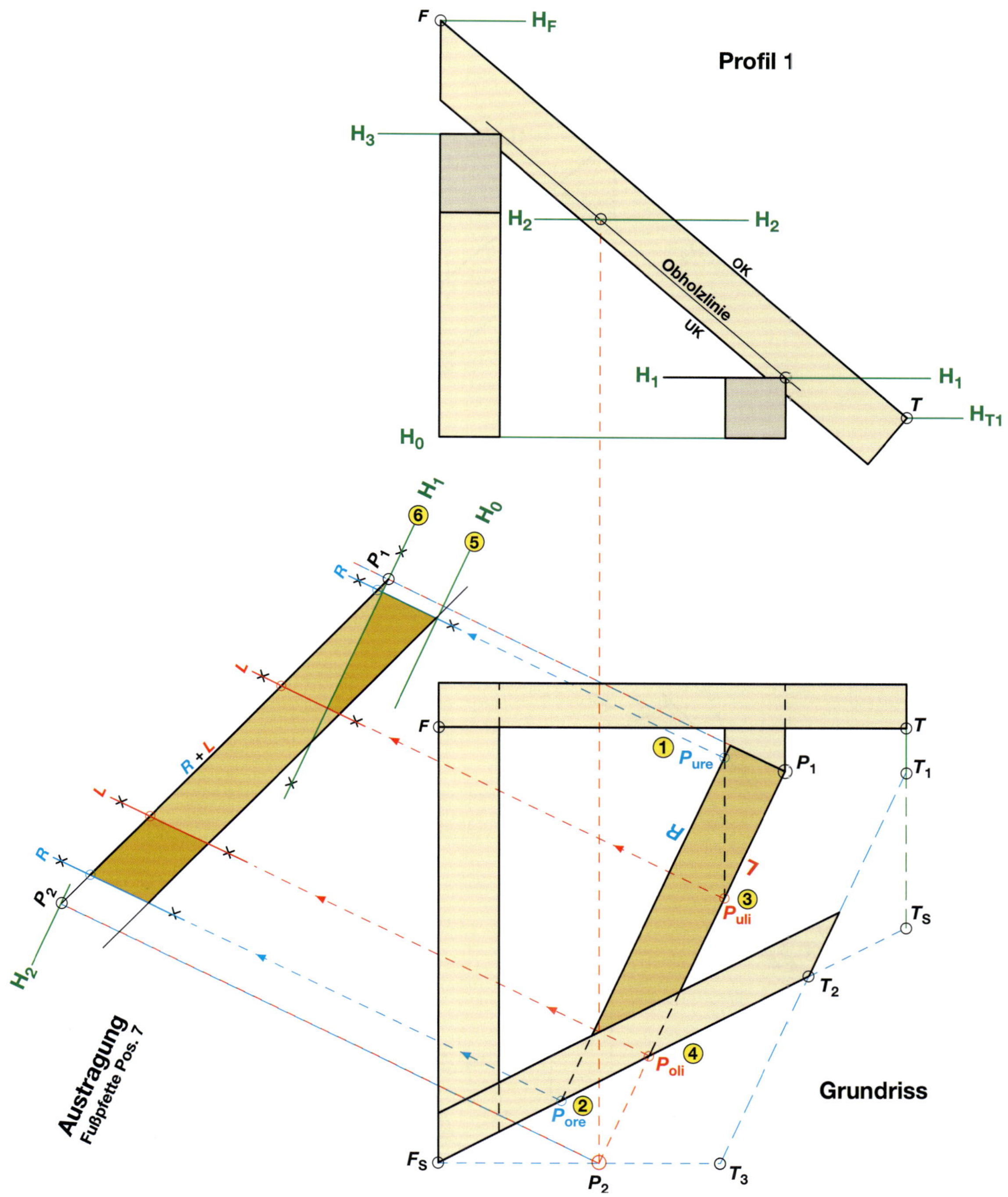

13.12 Austragung der Fußpfette Pos. 7 Ermittlung der Abschnitte

① Der Senkelriss aus Punkt P_{ure} (rechts) wird aus dem Grundriss rechtwinklig zur Fußpfettenlängskante in das Fußpfettenprofil übertragen. Es entsteht der Abschnittsriss der senkrechten Schmiege der geneigten Fußpfette an die waagerechte Fußpfette Pos. 4.

② Der Senkelriss aus Punkt P_{ore} (rechts) wird aus dem Grundriss rechtwinklig zur Fußpfettenlängskante in das Fußpfettenprofil übertragen. Es entsteht der senkrechte Abschnittsriss (rechts).

③ Der Senkelriss aus Punkt P_{uli} (links) wird aus dem Grundriss rechtwinklig zur Fußpfettenlängskante in das Fußpfettenprofil übertragen. Es entsteht der Abschnittsriss der senkrechten Schmiege der geneigten Fußpfette an die waagerechte Fußpfette Pos. 4.

④ Der Senkelriss aus Punkt P_{oli} (links) wird aus dem Grundriss rechtwinklig zur Fußpfettenlängskante in das Fußpfettenprofil übertragen. Es entsteht der senkrechte Abschnittsriss (links).

⑤ Die Lage der Höhenlinie H_0 zeigt, dass die geneigte Fußpfette unten keinen waagerechten Abschnitt benötigt.

⑥ Die Höhenlinie H_1 (OK-Fußpfette Pos. 4) stellt den waagerechten Abschnittsriss für die Aufklauung der geneigten Fußpfette auf die waagerechte obere Begrenzungsfläche der Fußpfette Pos. 4 dar.

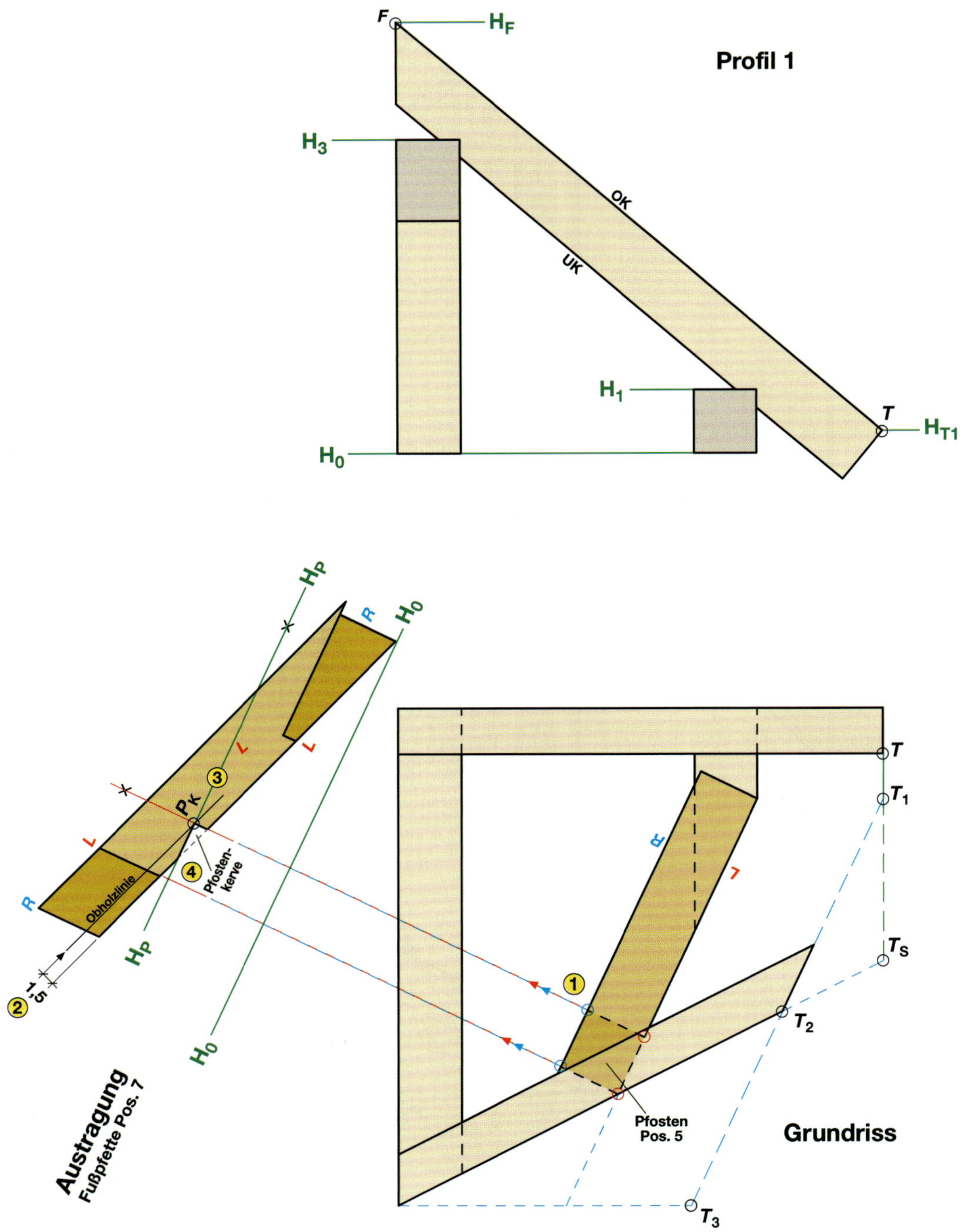

13.13 Austragung der Fußpfette Pos. 7
Ermittlung der Kerve für den Pfosten

① Im Grundriss wird der Pfosten Pos. 5 gemäß den gegebenen Maßen (siehe 13.1) eingezeichnet. Die Lage der Pfostenkanten wird aus dem Grundriss in das Fußpfettenprofil übertragen.

② Im Fußpfettenprofil wird von UK-Fußpfette das in der Aufgabenstellung angegebene rechtwinklige Obholz von **1,5 cm** angetragen. Die Obholzlinie schneidet die rechte Pfostenkante im Kerveneckpunkt P_K.

③ Der Kerveneckpunkt P_K legt den oberen Abschnitt des Pfostens Pos. 5 fest (Höhenlinie H_P = OK-Pfosten).

④ Nur der rechte Pfosten-Senkrelriss schneidet die Höhenlinie H_P innerhalb der geneigten Fußpfette. Somit entsteht eine normale Kerve.

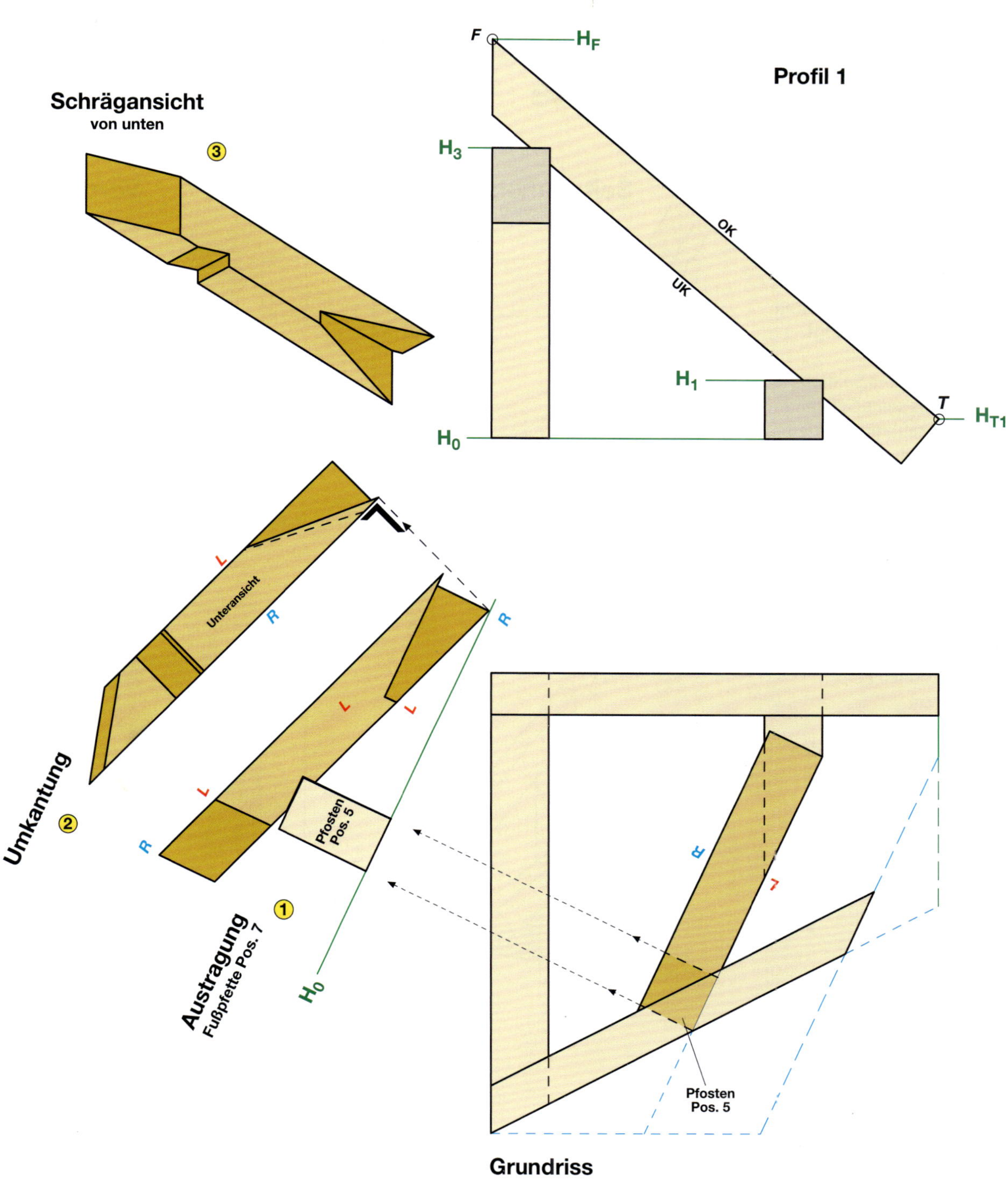

13.14 Umkantung der geneigten Fußpfette Pos. 7

① Die Austragung (das Profil) der geneigten Fußpfette zeigt, dass die geneigte Fußpfette auf dem Pfosten aufliegt wie ein „normaler“ Sparren auf der Pfette.

② Die Umkantung zeigt, dass die Kervenkanten – wie bei einem Sparren – parallel verlaufen.

③ Die Schrägansicht von unten verdeutlicht die Ausbildung der Aufklauung auf die waagerechte Fußpfette Pos. 4.

Aufgabe 14

Geneigte Fußpfette mit schrägem Sparren, verkantet zur Dachfläche

In dieser Aufgabe geht es um einen schrägen Sparren – zum Beispiel einen schrägen Giebelsparren – der verkantet zur Dachfläche eingebaut wird und bei geneigter Trauflinie auf einer geneigten Fußpfette aufliegt.

Unter „Verkantung" des Sparrens ist zu verstehen, dass seine Seitenflächen nicht mehr senkrecht stehen. Der Sparren wird um den Firstpunkt so gedreht, dass seine obere Kantenfläche in der Dachfläche liegen bleibt.
Der Sparren kann so in seinem Querschnitt unbearbeitet bleiben, es ist keine Abgratung erforderlich.

Der schräge verkantete Sparren weist folgende Dimensionen auf:
***b* = 5 cm, *h* = 7 cm.**

Das rechtwinklige Obholz bei den Normalsparren beträgt **5,5** cm.

Die Fußpfette hat die Dimensionen
***b* = 7 cm, *h* = 7 cm.**

14.1: Das Modell für die Aufgabe 14 in Grundriss, Vorderansicht, Seitenansicht und Schrägansicht. ➤

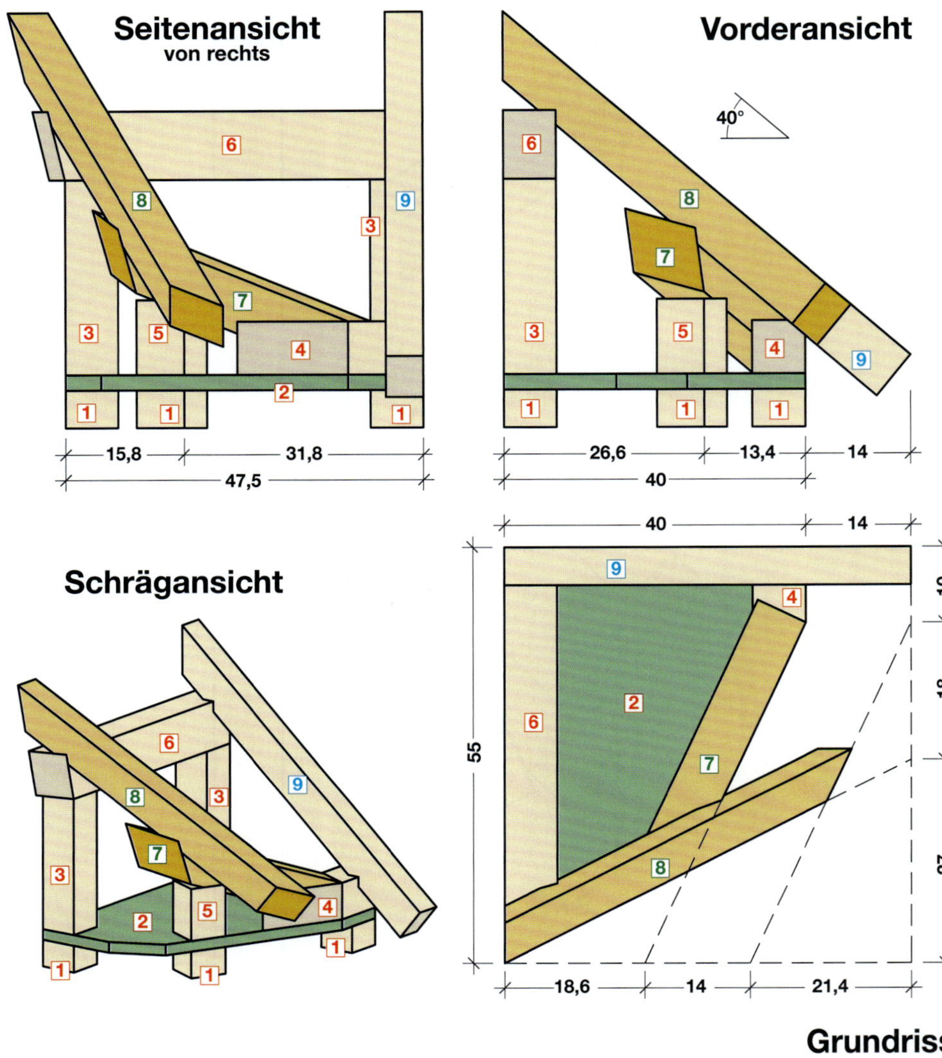

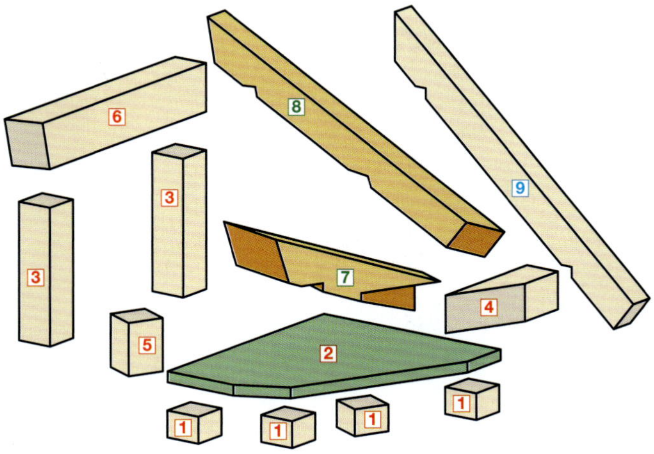

Holzliste

Position	Bezeichnung	Anzahl	Breite [cm]	Höhe [cm]	Länge [cm]
1	Pfosten	4	7	7	5
2	Bodenplatte	1	40	2	55
3	Pfosten	2	7	7	31
4	Fußpfette	1	7	7	26
5	Pfosten Fußpfette	1	7	7	11
6	Firstpfette	1	7	9	53
7	Fußpfette geneigt	1	7	7	46
8	Schräger Sparren	1	5	7	68
9	Normalsparren	1	5	7	71

14.2: Explosionszeichnung und Holzliste des Modells. Die Pfosten und Pfetten und die Bodenplatte sind rot, der schräge Sparren und die geneigte Fußpfette grün und der Normalsparren blau bezeichnet.

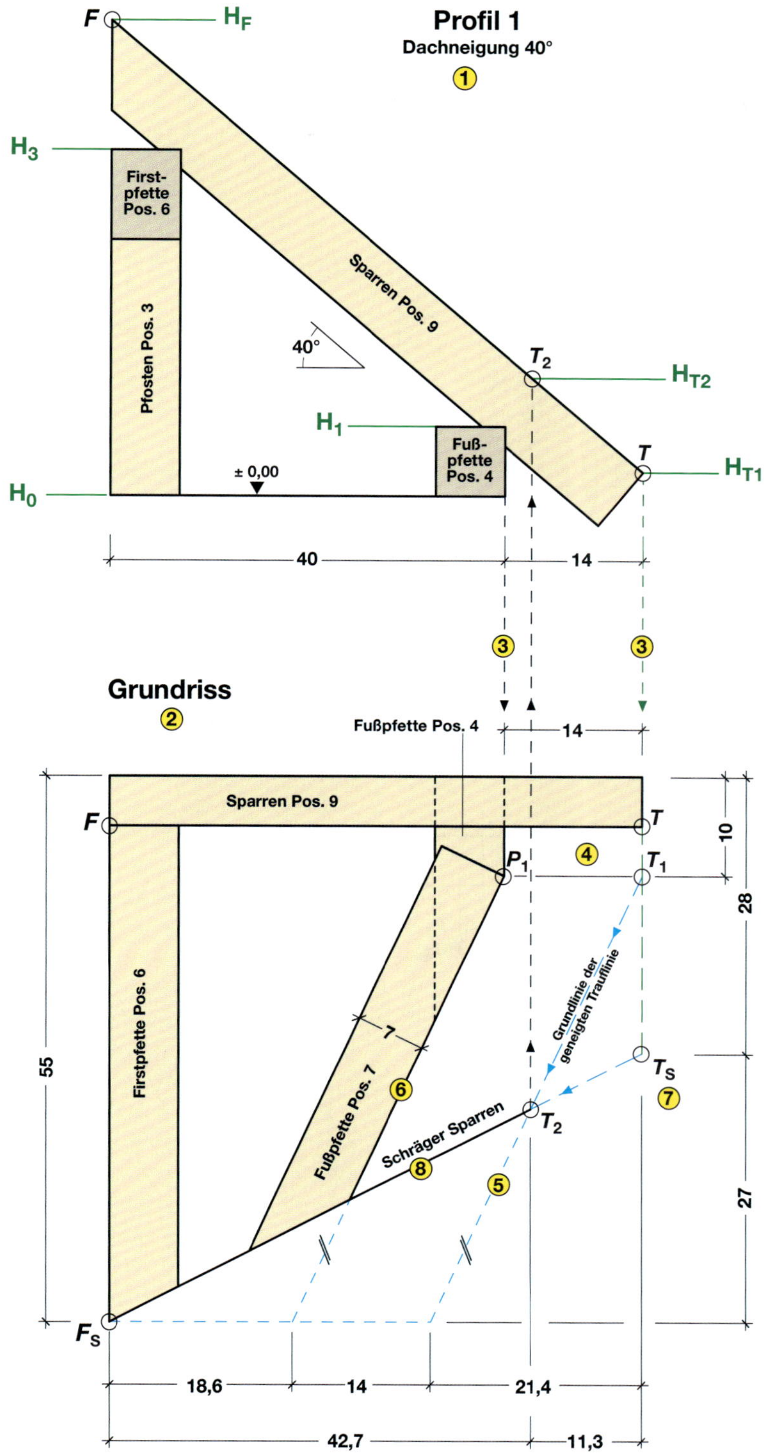

Schrägansicht
mit Sparren

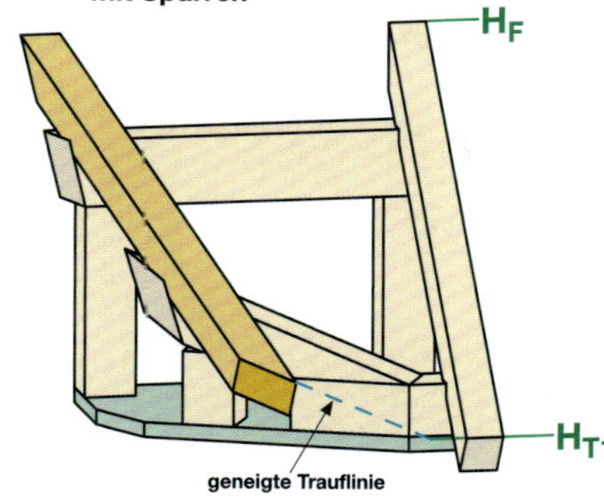

Schrägansicht
ohne Sparren

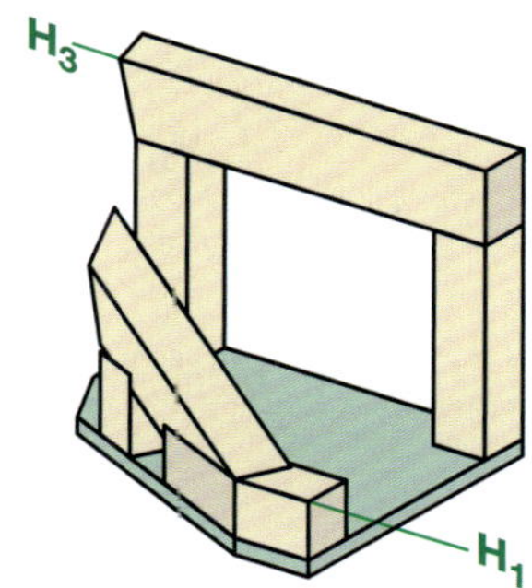

Schrägansicht
Trauf- und Firstpunkte

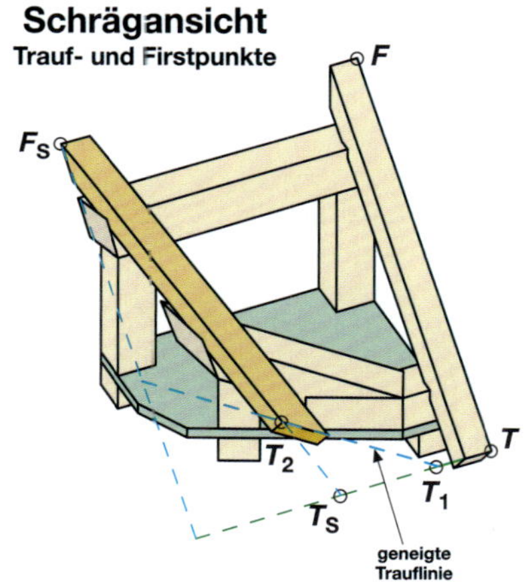

Dachausmittlung
ohne Maßstab

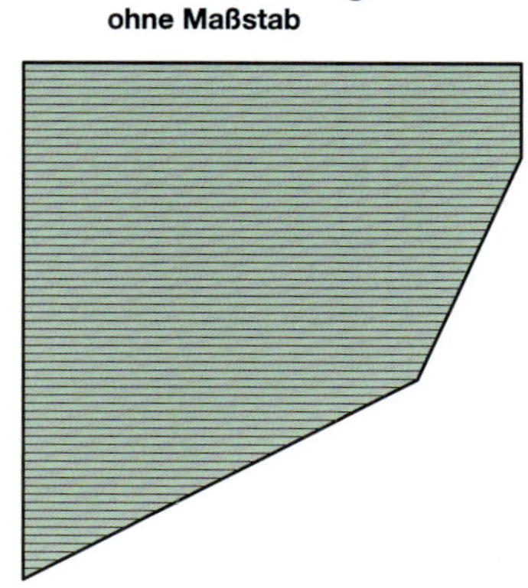

14.3 Grundriss und Profile

① Profil 1 aufreißen.
② Grundriss unter Profil 1 anordnen.
③ Vorderkante Fußpfette und waagerechte Trauflinie (Normalsparren) in Grundriss eintragen.
④ Mit Grundmaß 10 cm Eckpunkt P_1 und Traufpunkt T_1 festlegen.
⑤ Mit Grundmaß 21,4 cm die Grundrichtung der geneigten Traufe festlegen.
⑥ Parallel zur Grundlinie der geneigten Traufe von P_1 ausgehend die Vorderkante der geneigten Fußpfette im Grundriss reißen.
⑦ Mit Grundmaß 28 cm den Traufpunkt T_S des schrägen Sparrens auf der waagerechten Normalsparren-Trauflinie festlegen.
⑧ Ortgangrichtung des Schrägen Sparrens durch Verbindung des Traufpunkts T_S und des Firstpunkts F_S festlegen.

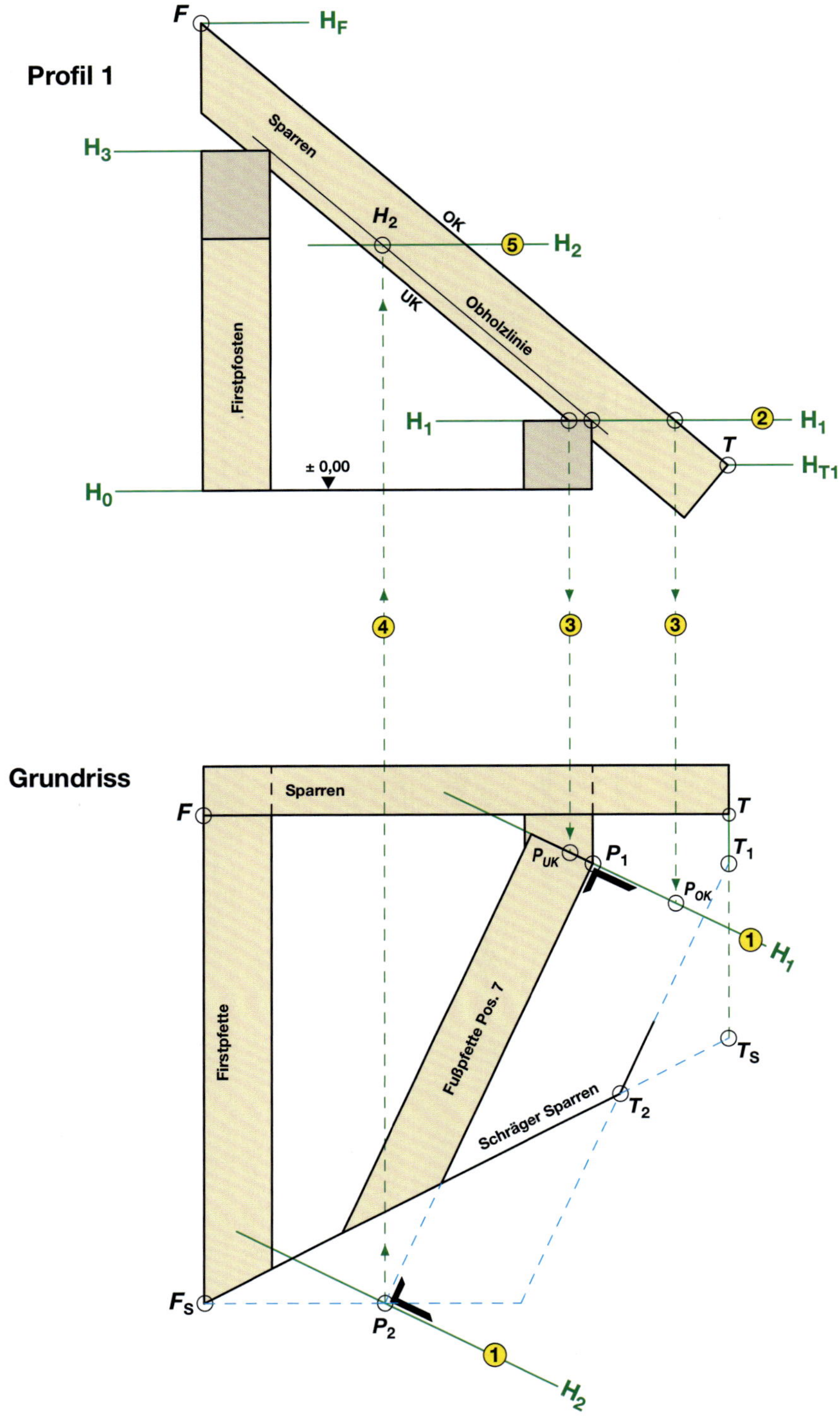

14.4 Verschneidung von oberer Fußpfettenfläche mit Sparrenober- und unterseite – Teil 1

① Höhenlinien H_1 und H_2 durch die Punkte P_1 und P_2 rechtwinklig zur Fußpfettengrundrichtung (Fußpfette Pos. 7) im Grundriss reißen.
② Höhenlinie H_1 ins Profil 1 reißen.
③ Die Schnittpunkte der Höhenlinie H_1 mit Oberkante- und Unterkante-Sparren im Profil 1 senkrecht in den Grundriss übertragen. Auf der Höhenlinie H_1 im Grundriss entstehen die Punkte P_{OK} und P_{UK}.
④ Vorderkante Fußpfette (H_2) senkrecht aus Punkt P_2 in das Profil 1 übertragen und mit der Obholzlinie schneiden. Es entsteht Punkt H_2.
⑤ Höhenlinie H_2 durch Punkt H_2 in Profil 1 reißen.

Profil 1

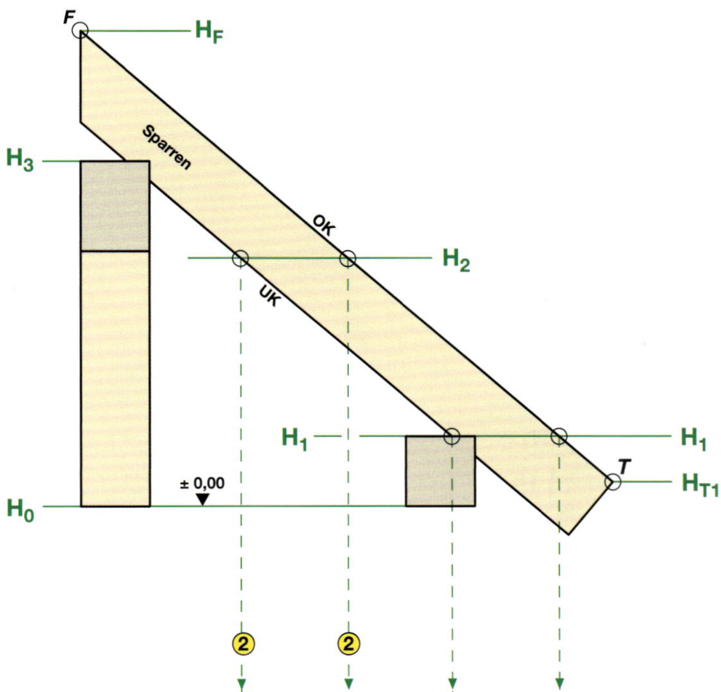

Schrägansicht
Fußpfettenflächen
von vorne

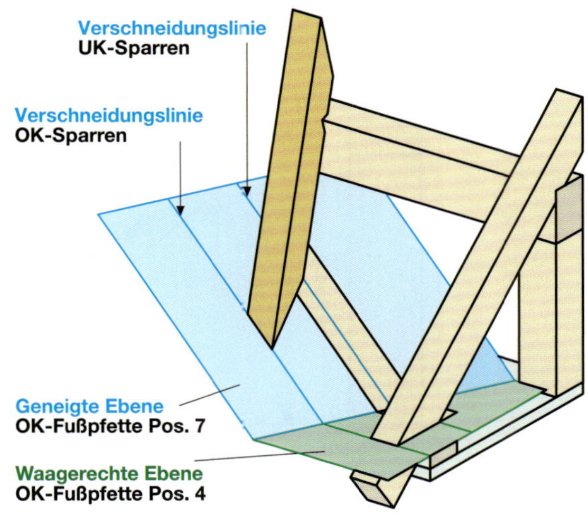

Grundriss

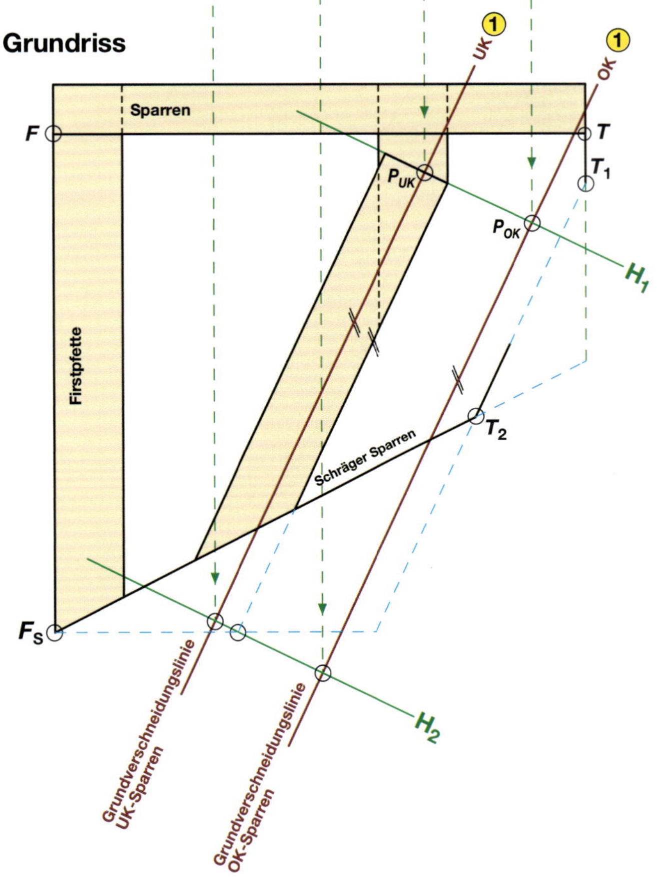

Schrägansicht
Fußpfettenflächen
von hinten

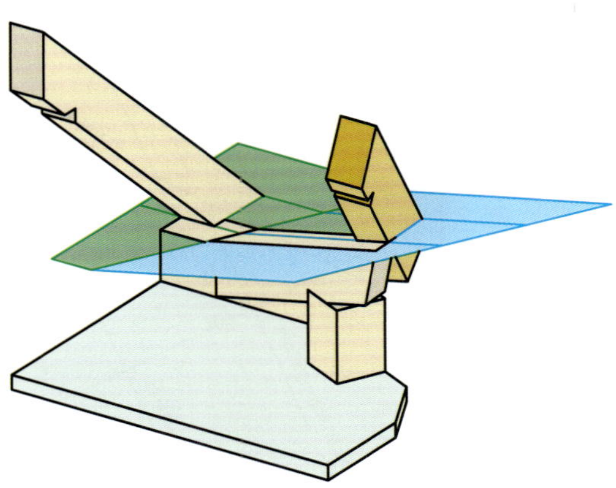

14.5 Verschneidung von oberer Fußpfettenfläche mit Sparrenober- und unterseite – Teil 2

① Grundverschneidungslinien OK-Sparren durch Punkt P_{OK} und UK-Sparren durch Punkt P_{UK} parallel zur Fußpfetten-Grundrichtung reißen
② Senkelt man die Schnittpunkte der Höhenlinie H_2 mit OK- und UK-Sparren von Profil 2 in den Grundriss, so liegen die Schnittpunkte der Senkelrisse mit der Höhenlinie H_2 im Grundriss ebenfalls auf den Grundverschneidungslinien OK-Sparren und UK-Sparren.

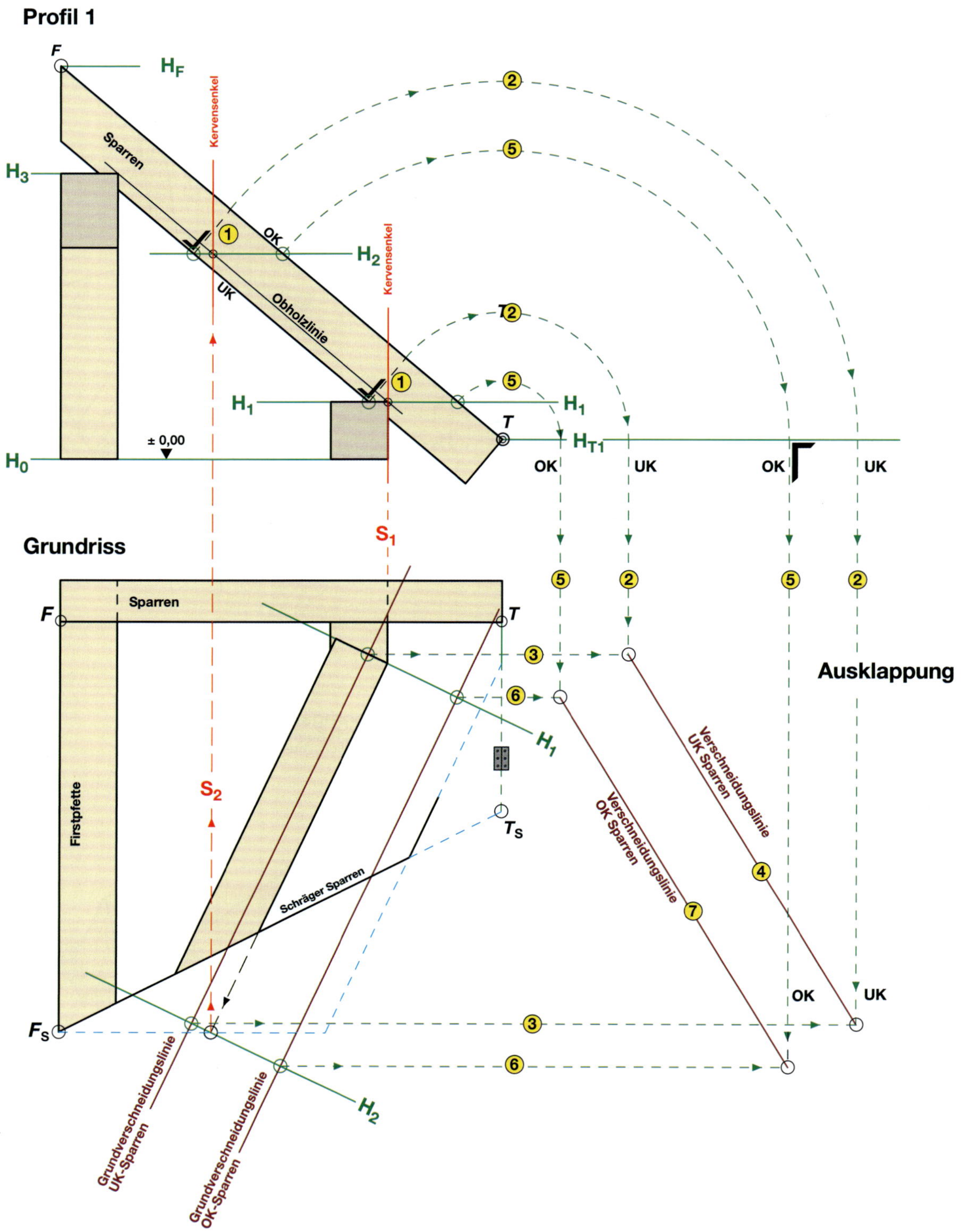

14.6 Ausklappung der Verschneidungslinien für die Pfettenoberkanten

① Die Anfallspunkte der Höhenlinien H_1 und H_2 an UK-Sparren auf OK-Sparren winkeln.
② Höhenlinien UK über Drehpunkt *T* in die Grundrissebene ausklappen.
③ Schnittpunkte Grundverschneidungslinie UK-Sparren mit Höhenlinie H_1 und H_2 aus dem Grundriss in die Ausklappung übertragen.
④ Verschneidungslinie UK-Sparren in der Ausklappung reißen.
⑤ Die Anfallspunkte der Höhenlinien H_1 und H_2 an OK-Sparren über Drehpunkt *T* in die Grundrissebene ausklappen.
⑥ Schnittpunkte Grundverschneidungslinie OK-Sparren mit Höhenlinie H_1 und H_2 aus dem Grundriss in die Ausklappung übertragen.
⑦ Verschneidungslinie OK-Sparren in der Ausklappung reißen.

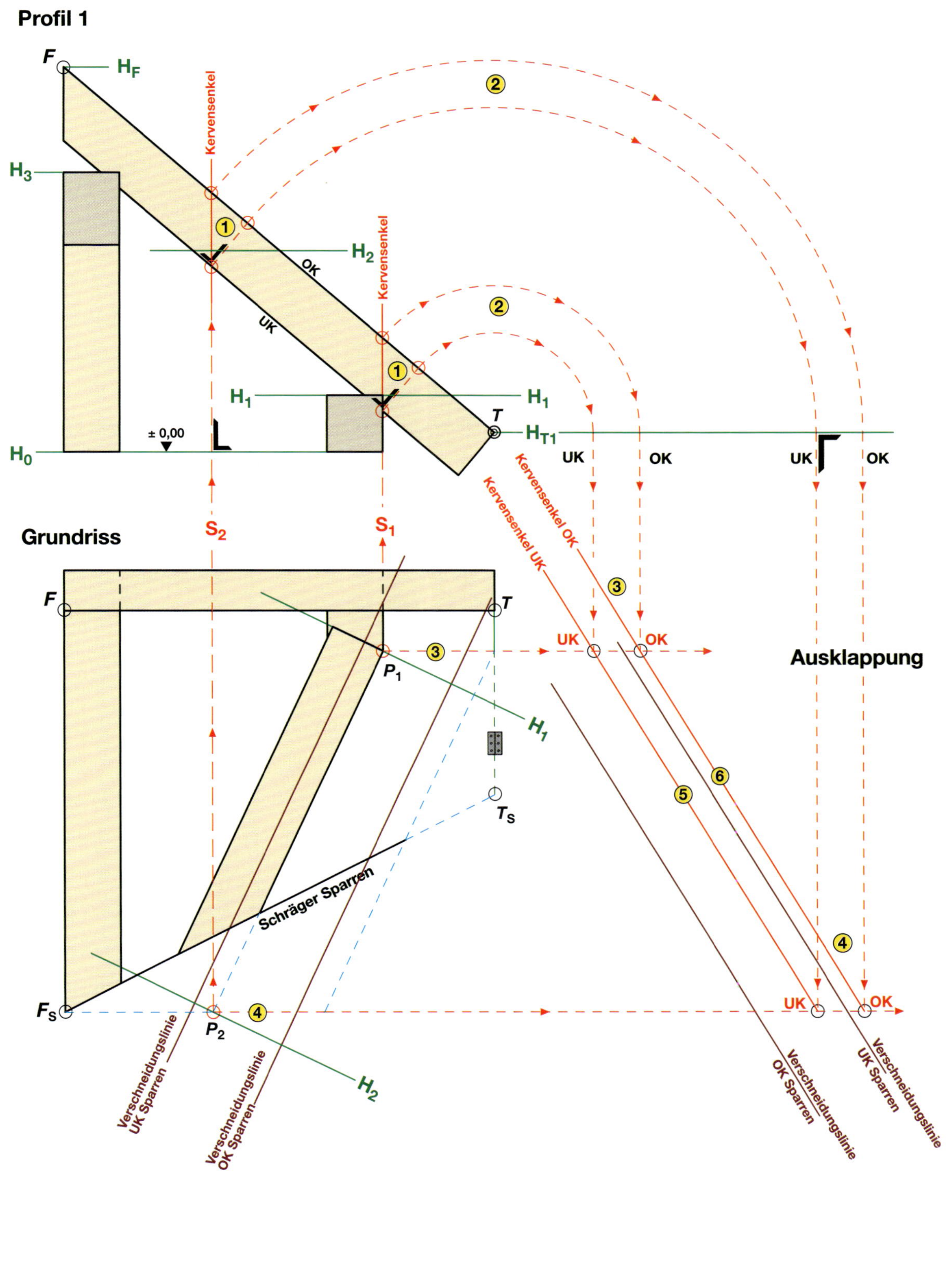

14.7 Ausklappung der Kervensenkel

① Die Anfallspunkte der Senkellinien S_1 und S_2 an UK-Sparren auf OK-Sparren winkeln.
② OK und UK Kervensenkel über Drehpunkt *T* in die Grundrissebene ausklappen.
③ Kervensenkel S_1 durch Punkt P_1 aus dem Grundriss in die Ausklappung übertragen und mit den Übertragungslinien OK und UK Kervensenkel schneiden.
④ Kervensenkel S_2 durch Punkt P_2 aus dem Grundriss in die Ausklappung übertragen und mit den Übertragungslinien OK und UK Kervensenkel schneiden.
⑤ Kervensenkel UK-Sparren in der Ausklappung reißen.
⑥ Kervensenkel OK-Sparren in der Ausklappung reißen.

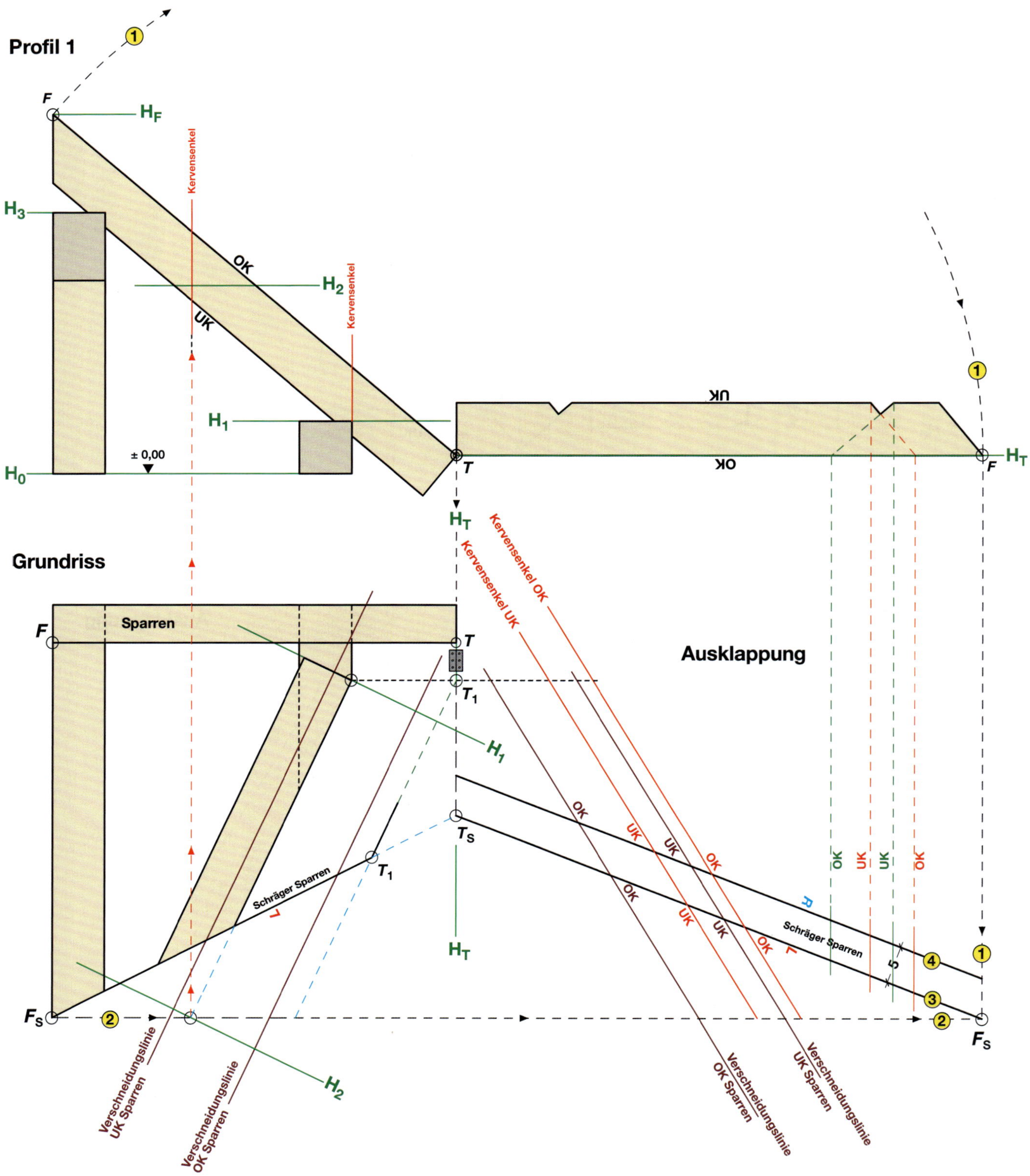

14.8 Ausklappung des schrägen Sparrens

① Den Firstpunkt ***F*** des Normalsparrens von Profil 1 über Drehpunkt ***T*** in die Ausklappung reißen.

② Den Firstpunkt F_S des Schrägen Sparrens vom Grundriss über Drehachse H_T in die Ausklappung reißen. Es ergibt sich der Firstpunkt F_S des Schrägen Sparrens in der Ausklappung.

③ Den Traufpunkt T_S des Schrägen Sparrens mit Firstpunkt F_S in des Ausklappung verbinden. Dies ist die **linke** Kante ***L*** des Schrägen Sparrens in der Ausklappung.

④ Die Sparrenbreite (5 cm) des Schrägen Sparrens antragen. Es ergibt sich die **rechte** Kante ***R*** des Schrägen Sparrens.

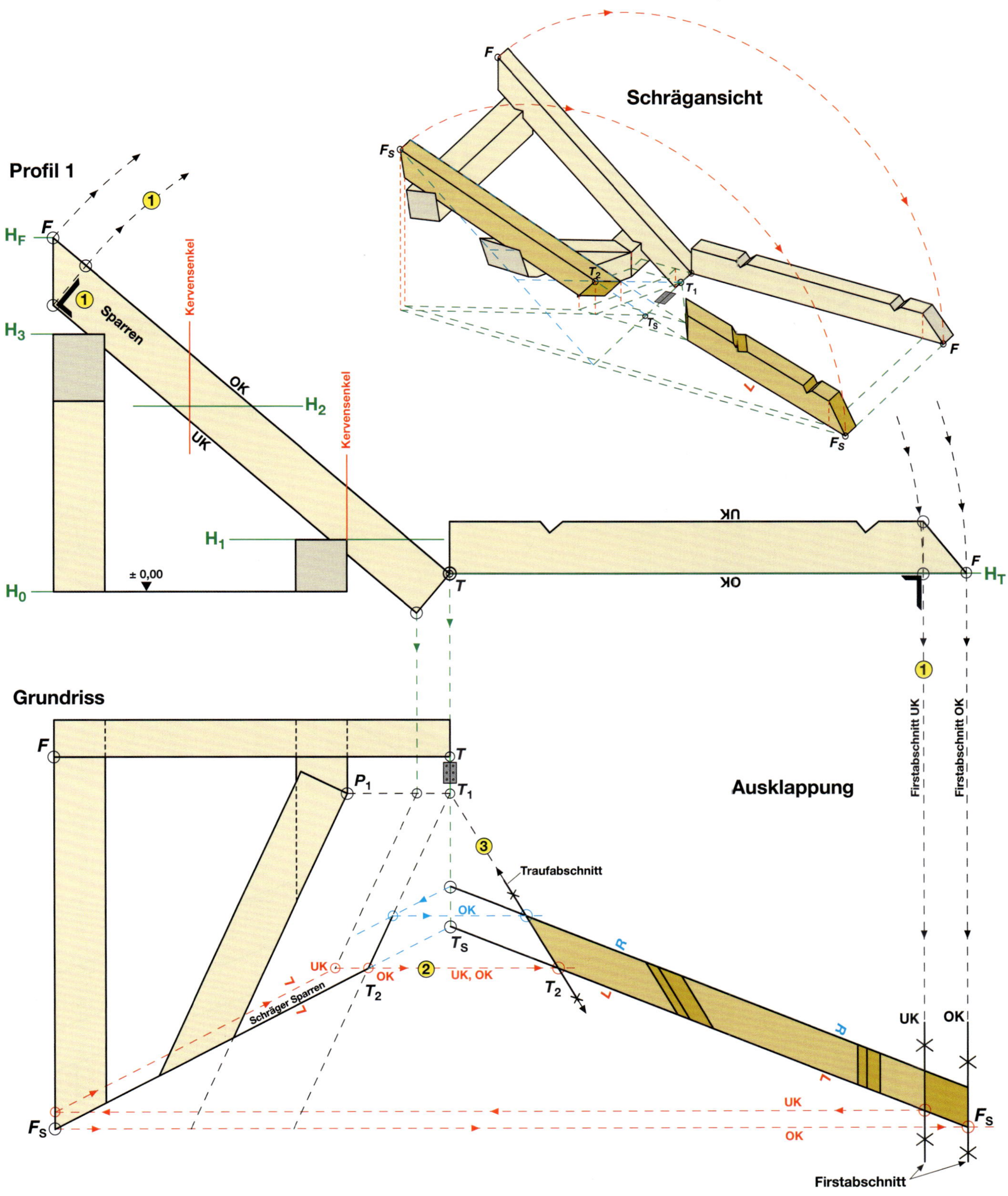

14.9 Ausklappung des Traufabschnitts und des Firstabschnitts

① Unterkante Firstabschnitt auf Oberkante Sparren winkeln und in die Ausklappung übertragen (Firstabschnitt UK).
② Traufpunkt T_2 des Schrägen Sparrens in die Ausklappung auf die Sparrenkante (*L*) winkeln.
③ Die Punkte T_1 und T_2 verbinden, es ergibt sich die Richtung des Traufabschnitt am Schrägsparren in der Ausklappung.

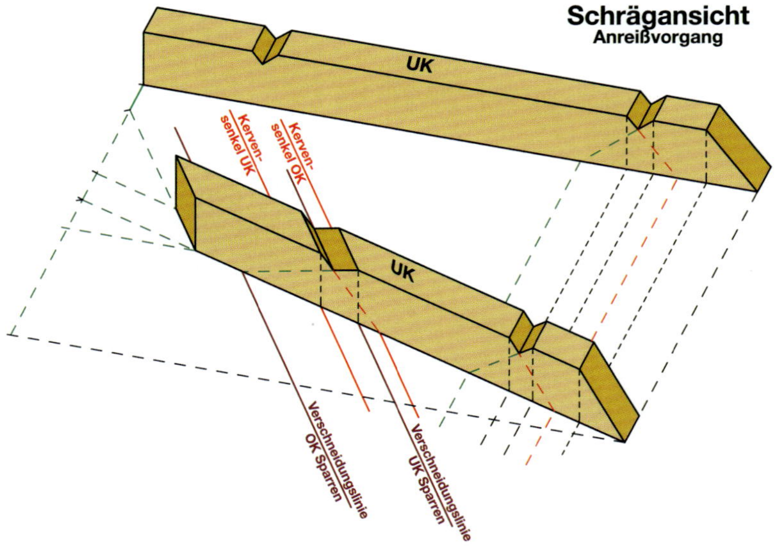

Profil 1

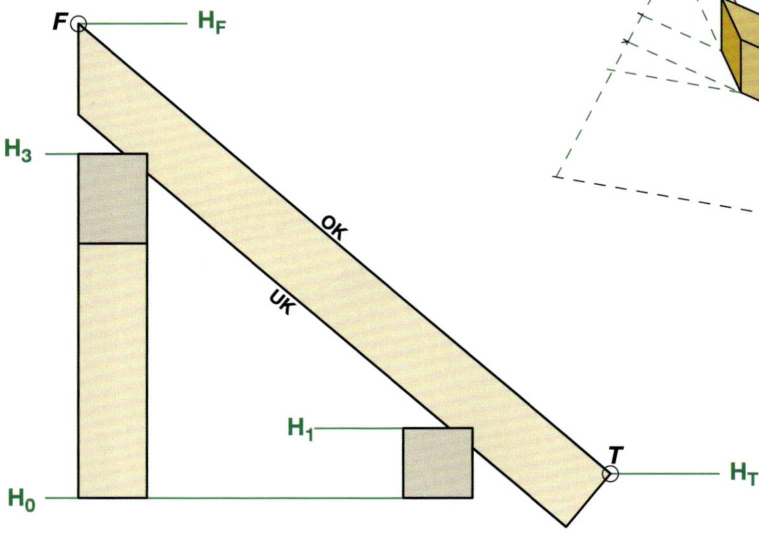

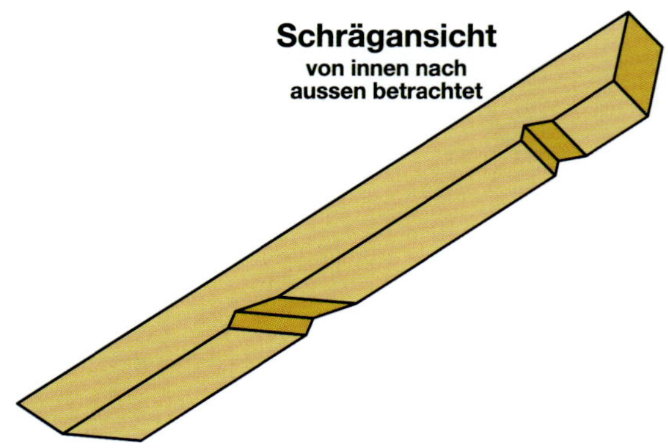

Grundriss

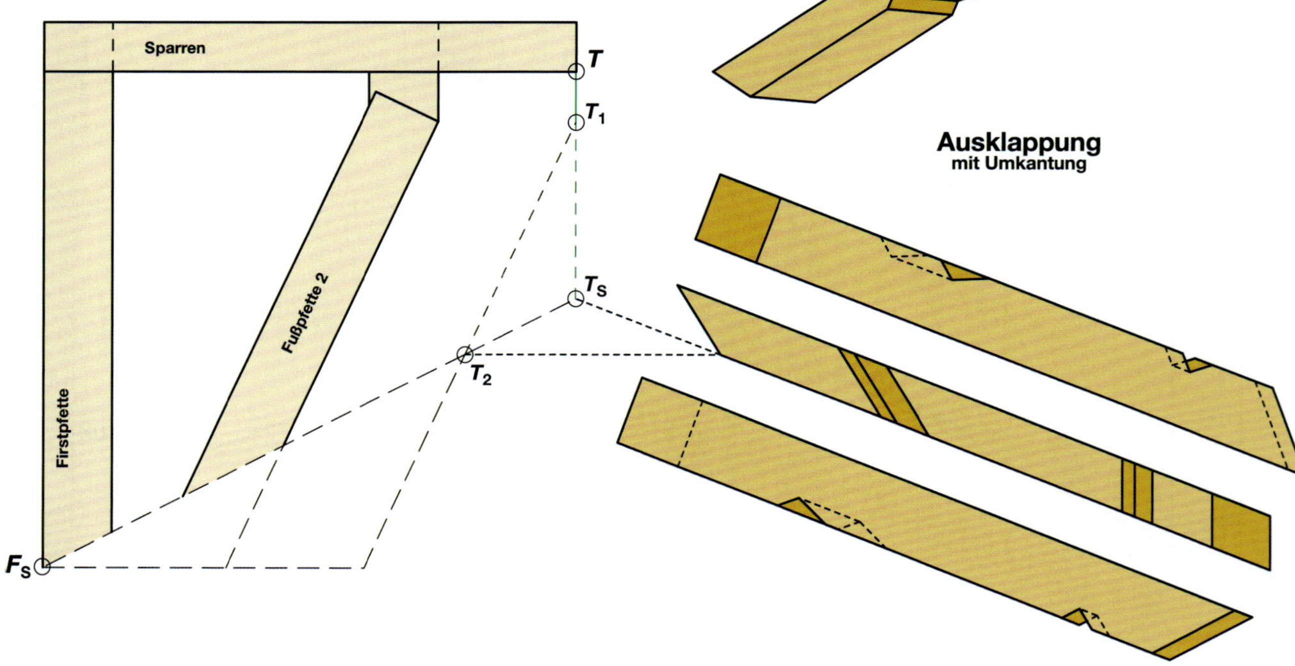

14.10 Anreißen des schrägen Sparrens und Umkantungen in der Ausklappung

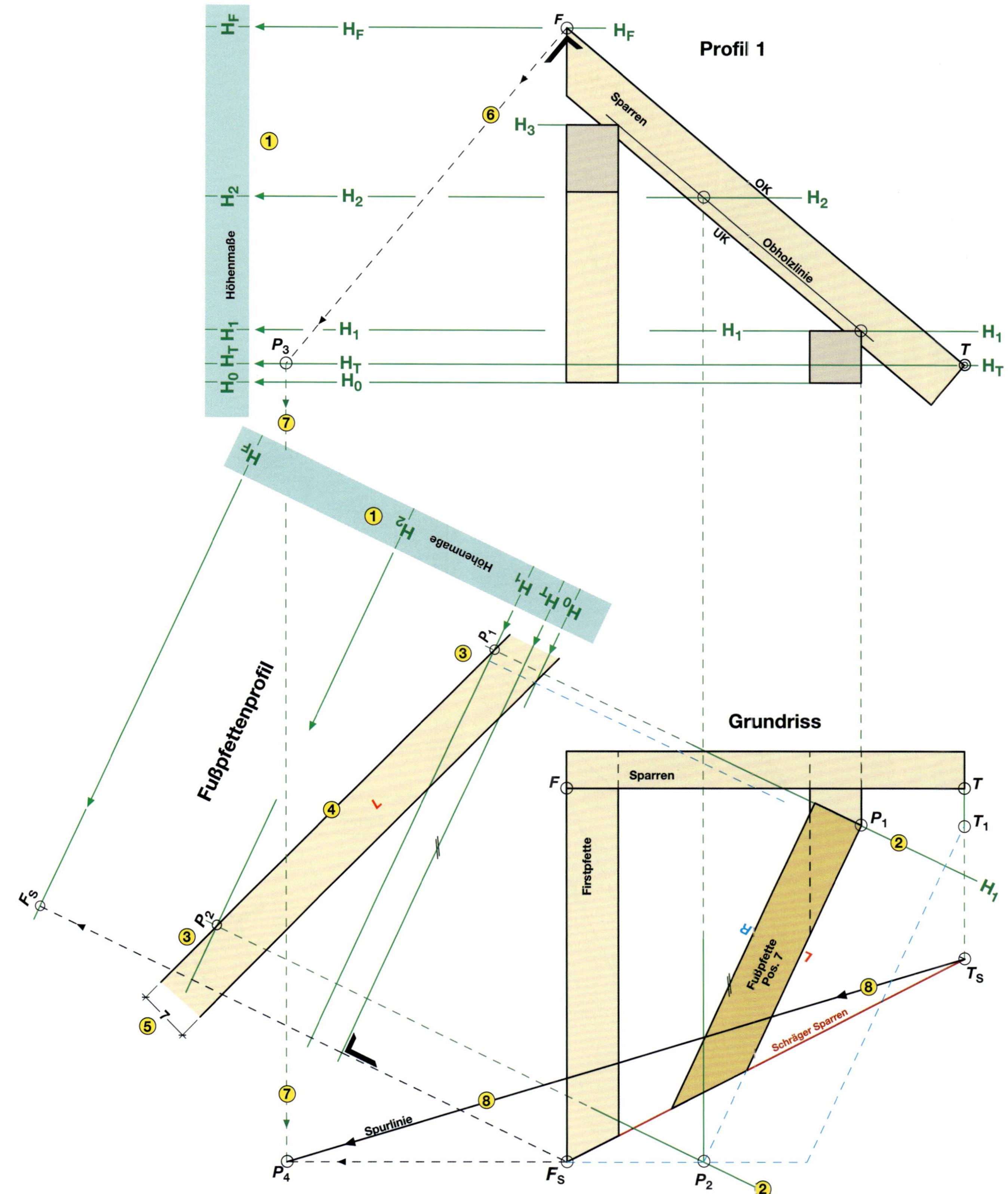

14.11 Austragung der Fußpfette und Ermittlung der Spurlinie

① Zum Reißen des Fußpfettenprofils Höhenmaße H_0, H_T, H_1, H_2 und H_F in die grundrissbezogene Austragung der Fußpfette übertragen.
② Höhenlinie H_1 und H_2 aus dem Grundriss in das Fußpfettenprofil winkeln und dort mit den entsprechenden Höhenlinien schneiden.
③ Es entstehen im Fußpfettenprofil die Punkte P_1 auf Höhenlinie H_1 und P_2 auf Höhenlinie H_2.
④ Konstruktion der Pfetten-Oberkante durch Verbinden den Punkte P_1 und P_2.
⑤ Pfettenhöhe (7 cm) nach unten abtragen und Pfetten-Unterkante reißen.
⑥ In Profil 1 den Firstpunkt F rechtwinklig zur Sparren-Oberkante auf die Traufhöhenlinie H_T projizieren. Es entsteht Punkt P_3.
⑦ Punkt P_3 senkrecht in den Grundriss übertragen und mit der Verlängerung der Strecke P_2–F_S schneiden. Es entsteht Punkt P_4.
⑧ Im Grundriss Punkt T_S mit Punkt P_4 verbinden. Damit ist die Spurlinie der Pfetten-Abschnittsfläche in der Höhenebene H_T erzeugt.

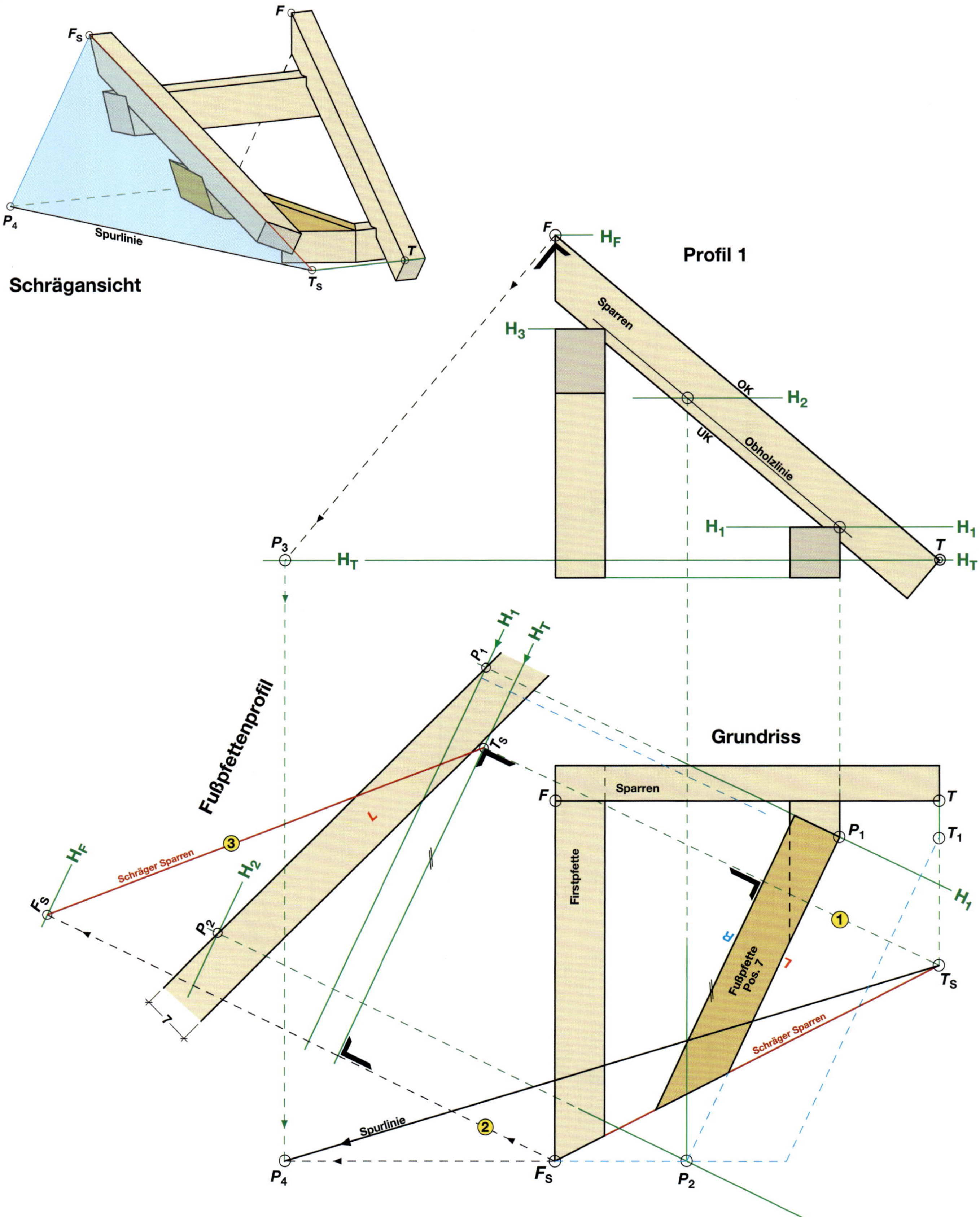

14.12 Reißen des Hilfsprofils

① Den Traufpunkt T_S aus dem Grundriss rechtwinklig zur Fußpfetten-Längskante ins Fußpfettenprofil auf Höhe H_T übertragen.
② Den Firstpunkt F_S aus dem Grundriss rechtwinklig zur Fußpfetten-Längskante ins Fußpfettenprofil auf Höhe H_F übertragen.
③ Im Fußpfettenprofil Firstpunkt F_S mit Traufpunkt T_S verbinden. Dieses Hilfsprofil stellt die linke obere Kante des schrägen Sparrens in der Ansicht der Schwelle dar (siehe Schrägansicht).

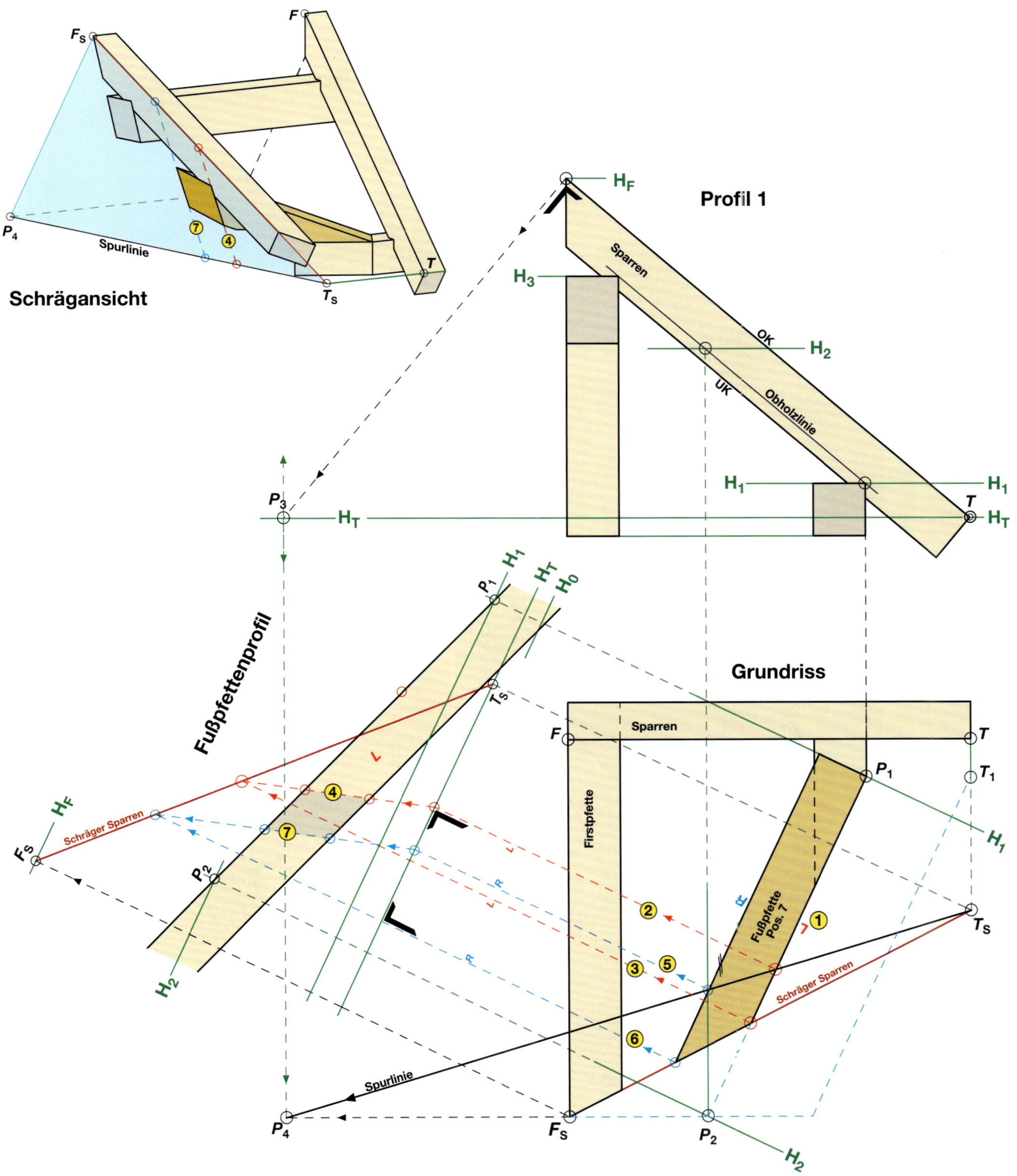

14.13 Reißen des Fußpfettenabschnitts am Ortgang

① Bezugseiten Links (*L*) und Rechts (*R*) für die geneigte Fußpfette im Grundriss festlegen.
② Den Schnittpunkt (Links) der Fußpfetten-Vorderkante mit der Spurlinie aus dem Grundriss zur Trauflinie H_T in das Fußpfettenprofil übertragen
③ Den Schnittpunkt (Links) der Fußpfetten-Vorderkante mit der Außenkante des schrägen Sparrens aus dem Grundriss zur Hilfsprofillinie im Fußpfettenprofil übertragen.
④ Den Abschnittsriss (Links) der Fußpfette reißen (siehe auch Schrägansicht).
⑤ Den Schnittpunkt (Rechts) der Fußpfetten-Hinterkante mit der Spurlinie aus dem Grundriss zur Trauflinie H_T im Fußpfettenprofil übertragen
⑥ Den Schnittpunkt (Rechts) der Fußpfetten-Hinterkante mit der Außenkante des schrägen Sparrens aus dem Grundriss zur Hilfsprofillinie im Fußpfettenprofil übertragen.
⑦ Den Abschnittsriss (Rechts) der Fußpfette reißen (siehe auch Schrägansicht).

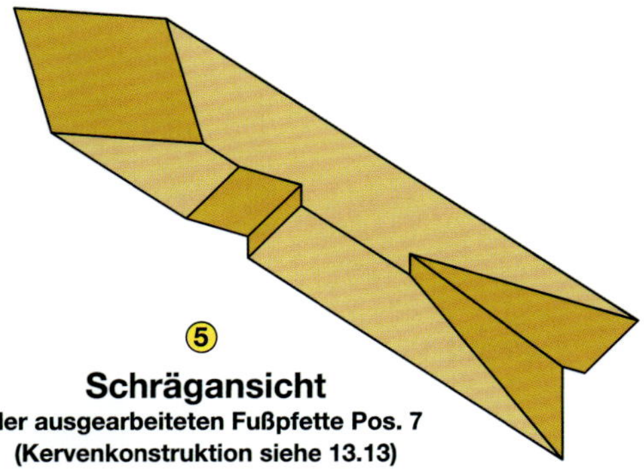

⑤ **Schrägansicht**
der ausgearbeiteten Fußpfette Pos. 7
(Kervenkonstruktion siehe 13.13)

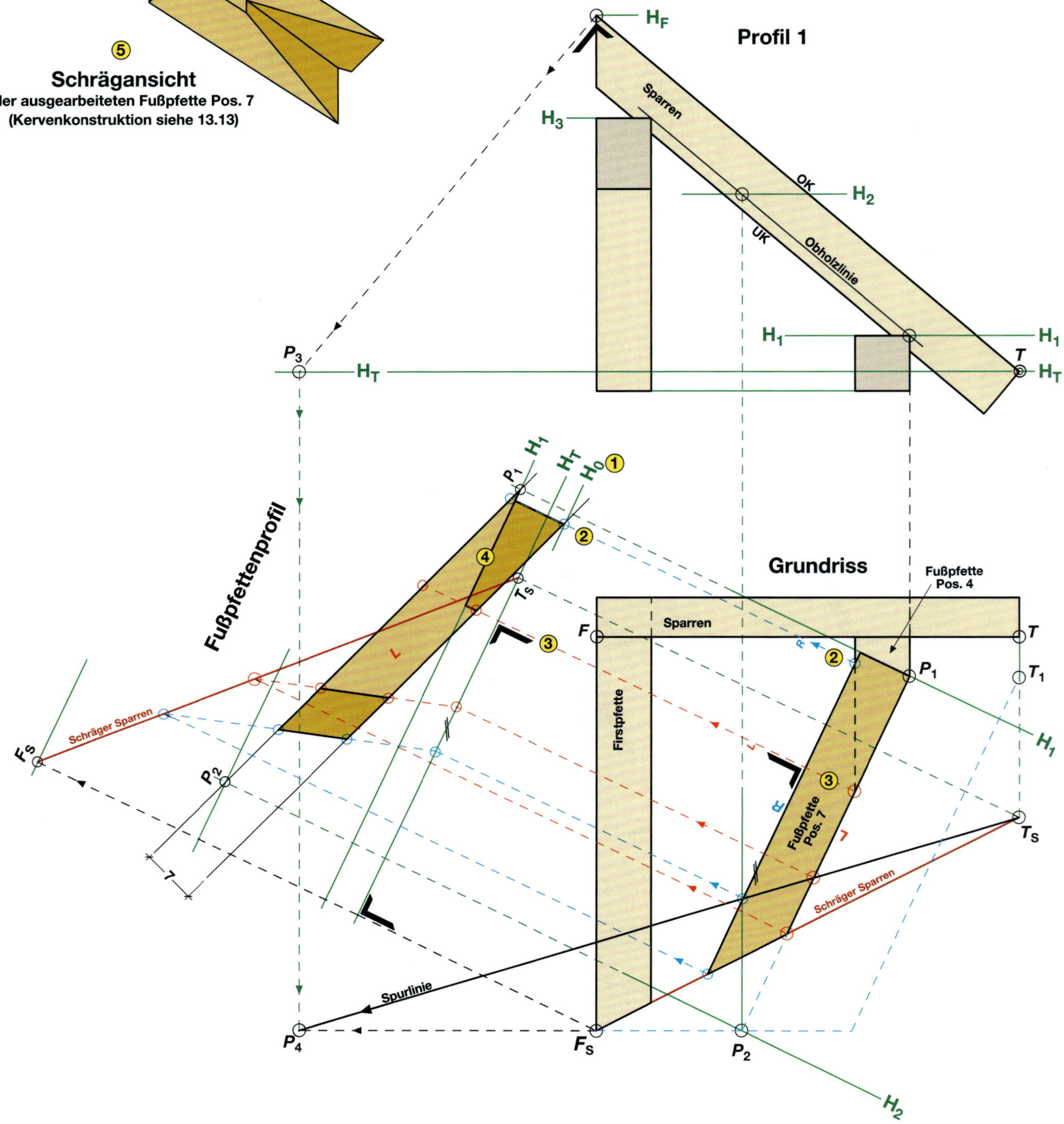

14.14 Reißen der Aufklauung der geneigten Fußpfette auf die Fußpfette Pos. 4

① Im Fußpfettenprofil die Unterkante der Fußpfette als Höhenlinie H_0 (± 0,00) einzeichnen.
② Den Schnittpunkt (Rechts) der Fußpfetten-Hinterkante mit der Hinterkante von Fußpfette Pos. 4 in das Fußpfettenprofil übertragen. Es ergibt sich dort ein senkrechter (nicht völlig durchgehender) Abschnittsriss an der geneigten Fußpfette.
③ Den Schnittpunkt (Links) der Fußpfetten-Vorderkante mit der Hinterkante von Fußpfette Pos. 4 in das Fußpfettenprofil übertragen. Es ergibt sich dort ein senkrechter (nicht völlig durchgehender) Abschnittsriss an der geneigten Fußpfette.
④ Die Höhenlinie H_1 bezeichnet den waagerechten Abschnitt der geneigten Fußpfette als Schmiege auf der Fußpfette Pos. 4.
⑤ Die Schrägansicht zeigt die fertig ausgearbeitete geneigte Fußpfette Pos 7.